AF514622

PLC styring med Ladder Diagram (LD)

FORORD

Jeg er glad for, at jeg nu kan udgive en bog om Ladder programmering. Mange har spurt efter en bog om Ladder programmering lige siden jeg i 2018 udgav bogen "PLC Styring med Structured Text (ST)". Dette skyldes at Ladder programmering er det første programmeringssprog man bliver præsenteret for, når man skal have undervisning i PLC styringer.
Bogen har således været længe undervejs, men jeg vil gerne have en bog som jeg kan være tilfreds med, da jeg også selv skal bruge bogen, når jeg underviser på Automationsteknolog uddannelsen (en 2-årig videregående uddannelse) hos Erhvervsakademi Dania i Randers.

Efter at have undervist gennem 5 år i Ladder programmering har jeg fået en del erfaring med hvor udfordringerne ligger, når nybegyndere skal lære Ladder programmering, også i forhold til studerende uden el-teknisk bagrund. Denne udfordring har jeg løst ved, at have mange tegninger og illustrationer med i bogen samt at forklaringer til de forskellige fagbegreber og fagord kommer undervejs. Det håber jeg er lykkes.

Jeg håber du bliver glad for bogen.

Tak til studerende for review, feedback og inspiration.

Kommentarer, ris og ros samt forslag til forbedringer modtages gerne.
Send dem til TomMejerAntonsen@gmail.com

God fornøjelse!

Tom Mejer Antonsen

Randers, maj 2021

Tom Mejer Antonsen

PLC styring med Ladder Diagram (LD)

IEC 61131-3 og introduktion til Ladder-programmering

© 2021 Tom Mejer Antonsen

1. udgave, maj 2021

Alle rettigheder forbeholdes. Enhver form for gengivelse, kopi eller deling, af dele eller hele bogen er ikke tilladt uden tilladelse.

Illustrationer: ***Tom Mejer Antonsen***

Oversættelse: ***Tom Mejer Antonsen***

Forlag: BoD – Books on Demand, Hellerup, Danmark

Tryk: BoD – Books on Demand, Norderstedt, Tyskland

ISBN: 978-87-4303-289-2, sort/hvid

Indholdsfortegnelse

1 INDLEDNING 5
1.1 BAGGRUND FOR LADDER PROGRAMMERING 6
1.2 FORUDSÆTNING FOR AT LÆRE LADDER PROGRAMMERING 7
1.3 VIDENSGRUNDLAG 7
1.4 FORDELE VED LD-PROGRAMMERING 8
1.5 UDFORDRINGER VED LD-PROGRAMMERING 9
2 INDLEDNING TIL PLC STYRING 10
3 PLC HARDWARE 14
3.1 DIGITAL INDGANGSMODUL (DI - DIGITAL INPUT) 16
3.2 DIGITALT UDGANGSMODUL (DO - DIGITAL OUTPUT) 18
3.3 ANALOG IND- OG UDGANGSMODUL 20
3.4 ANALOG INDGANGSMODUL (AI - ANALOG INPUT) 20
3.5 ANALOG UDGANGSMODUL (AO - ANALOG OUTPUT) 23
3.6 HARDWARE TIL MOTORSTYRING 24
4 PROGRAMMERING OG VIRKEMÅDE AF PLC 27
4.1 SOFT PLC 27
4.2 ELEKTRISK KREDSLØB I EN PLC 28
4.3 PROGRAM GENNEMLØB – AFVIKLING AF PLC-KODE 29
4.4 VARIABLER 32
4.5 TALSYSTEMER 34
5 DATATYPER (DATA TYPES) 36
5.1 STANDARD DATATYPER (INT, REAL, BOOL...) 36
6 VARIABEL ERKLÆRING (VARIABLE SCOPE) 40
6.1 EKSEMPEL: VARIABLER, OPRETTELSE OG IO-MODUL 42
7 VARIABEL NAVNE (NAMING THE VARIABLES) 43
7.1 VARIABLER MED ENHED (UNIT) 48
7.2 VARIABLER MED KONSTANTE VÆRDIER (CONSTANT) 49

© 2021 Tom Mejer Antonsen

8 RUTEDIAGRAM (FLOWCHART) ... 50
8.1 EKSEMPEL: ANTAL PAKKER ... 52
8.2 EKSEMPEL: LAMPE DER SKAL BLINKE ... 53
8.3 EKSEMPEL: TRANSPORTBÅND ... 54
8.4 RUTEDIAGRAM: REGLER OG OPSUMMERING ... 56

9 LD-PROGRAMMERING ... 57
9.1 SYMBOLER TIL INDGANGSSIGNAL OG UDGANGSSIGNAL ... 57
9.1.1 Eksempel: En drejekontakt og en lampe ... 58
9.1.2 Eksempel: Drejekontakter i serie forbindelse ... 60
9.1.3 Eksempel: Drejekontakter i parallel forbindelse ... 61
9.1.4 Eksempel: PLC programmering med selvhold (Latch) ... 62
9.1.5 Eksempel: Styring til transportbånd ... 64
9.2 SYMBOLER TIL SET / RESET AF UDGANGSSIGNAL ... 66
9.2.1 Eksempel: PLC programmering med SET/RESET ... 67
9.2.2 Eksempel: Styring af transportbånd ... 69
9.2.3 Eksempel: Manuel tank styring ... 70
9.3 MANUELLE OMSKIFTERE VS MANUELLE TRYKKONTAKTER ... 72
9.3.1 Eksempel: PLC styring til cylinder ... 74

10 LOGISKE OPERATORER (=, <, <=, >, >=, <>) ... 76
10.1.1 Eksempel: Kontrolvejning af fyldt palle ... 77
10.1.2 Eksempel: Temperaturstyring af varme i tank ... 78
10.1.3 Eksempel: Beskyttelse af varmeelement ... 79
10.1.4 Eksempel: Pumpe styret efter vandniveau ... 80

11 MATEMATIK FUNKTIONER (STANDARD) ... 82
11.1 EKSEMPEL PÅ EN BEREGNING ... 83
11.2 VALG AF DATATYPE VED BEREGNINGER ... 84
11.3 DIVISION MED NUL (0) ... 85
11.4 PROGRAMSCAN TÆLLER ... 86
11.5 EKSEMPEL: PLC PROGRAM TIL TRAFIKLYS ... 87

12 FUNKTIONER TIL KONVERTERING AF DATATYPER ... 88

13 MATEMATIK FUNKTIONER (VIDENSKABELIG) ... 90
13.1.1 Eksempel: Beregning af højde på robotarm ... 92
13.1.2 Eksempel: Simuleringssignaler ... 93

 © 2021 Tom Mejer Antonsen

14 LOGIK OG BIT FUNKTIONER (AND, OR, XOR, NOT) 94
14.1 FUNKTIONER TIL VALG AF EN VÆRDI 96
14.1.1 Eksempel: Indstiling af hastighed på motor og ventilator 98
14.2 FUNKTIONER TIL BIT FORSKYDNING (BIT SHIFTS) 100
14.2.1 Eksempel: Brug af skifteregister til at fjerne flasker 101

15 KANT TRIG FUNKTIONER: R_TRIG, F_TRIG 102
15.1.1 Eksempel: Brug af stigende flanke funktion 104
15.1.2 Eksempel: Gør-det-selv kode til stigende flanke funktion 105

16 TÆLLEFUNKTIONER: CTU, CTD, CTUD 106
16.1.1 Eksempel: Program til at tælle antal pakker 108
16.1.2 Eksempel: Flyt palle en bestemt afstand 110
16.1.3 Eksempel: Antal flasker i maskinen 111

17 FUNKTIONER TIL TIDSFORSINKELSE: TON, TOF 112
17.1.1 Eksempel: Ventilator skal køre i en periode 114
17.1.2 Eksempel: Niveaustyring til tank 115
17.1.3 Eksempel: Tidsstyring af en mixer 116
17.1.4 Eksempel: Alarm overvågning af cylinder bevægelse 117
17.1.5 Eksempel: Rampestyring til motor (soft starting) 118
17.1.6 Eksempel: Antal flasker produceret 120
17.1.7 Eksempel: Anvend program-scan som timer 121

18 OPDELING AF PLC PROGRAM 122
18.1 PROGRAMMODULER 122
18.2 PROGRAMSTRUKTUR 124
18.2.1 Eksempel: Robotstyring til pakning af emner 126
18.2.2 Eksempel: Simulering af robotprogram 139

19 FUNKTIONER 140
19.1 FUNKTIONER (FC) OG FUNKTIONSBLOKKE (FB) 142
19.2 DESIGN GUIDE TIL OPBYGNING AF FUNKTIONER 144
19.3 INDGANGSSIGNAL EN OG UDGANGSSIGNAL ENO 147
19.3.1 Eksempel FC: Omregning af temperatur 148
19.3.2 Eksempel FC: Niveaumåling i palle tank 150
19.3.3 Eksempel FB: 2-vejs skiftekontakt (Toggle Switch) 152
19.3.4 Eksempel FC: Lineær skalering af analog sensor signal 153
19.3.5 Eksempel FB: Tidsstyret Puls-Pause funktion 156
19.3.6 Eksempel FB: Blinkende lys (Flashing light) 158

© 2021 Tom Mejer Antonsen

20 SEKVENSDIAGRAM ... 160
20.1 GRUNDLÆGGENDE SYMBOLER TIL ET SEKVENSDIAGRAM ... 162
20.1.1 Eksempel: Sekvensdiagram til lampeblink ... 166
20.1.2 Eksempel: Sekvensdiagram til styring af cylinder ... 167
20.1.3 Eksempel: Styring til ventilation ... 168
20.1.4 Eksempel: Styring til to ventilatorer med parallel drift ... 169
20.1.5 Eksempel: Sekvensdiagram til styring af transportbånd ... 170

21 PROGRAMMERING EFTER ET SEKVENSDIAGRAM ... 172
21.1 EKSEMPEL: TRANSPORTBÅND MED SEKVENSSTYRING ... 174
21.2 STOPKONTAKT I SEKVENSPROGRAMMERING ... 183
21.3 EKSEMPEL: OPVARMNING AF VÆSKE I TANK ... 186
21.4 PUMPESTYRING MED TO PUMPER ... 194
21.5 PUMPESTYRING MED SEKVENSPROGRAMMERING ... 198
21.6 PUMPESTYRING MED AUTOMATISK OG MANUEL DRIFT ... 202
21.7 TEST AF PUMPESTYRING ... 203

22 BEST PRACTICE LD-PROGRAMMERING ... 204
22.1 UNDGÅ SPAGHETTI KODE ... 204
22.2 GOD PROGRAMSTRUKTUR ... 204
22.3 BRUG AF VARIABLER ... 205
22.4 KODE TIL OG FRA INTERNETTET ... 205
22.5 CHECKLISTE TIL EN GOD PROGRAMSTRUKTUR ... 206

23 ARBEJDE MED PROGRAMMERINGSOPGAVER ... 207

24 BLOKDIAGRAM ... 210

25 STIKORDSREGISTER ... 214

 © 2021 Tom Mejer Antonsen

1 Indledning

Denne bog giver en introduktion til programmeringssproget **L**adder **D**iagram (**LD**), der benyttes i **P**rogrammerbare **L**ogiske **C**ontrollere (PLC).

Bogen giver en generel introduktion til Ladder programmering med fokus på at læsere uden en el-teknisk uddannelse kan lære Ladder programmering.

Bogen går systematisk frem, så der opbygges mere og mere viden. Derfor anbefales det at læse bogen fra starten af, da de første kapitler er en generel introduktion til PLC programmering og dette er grundlaget for at kunne skrive et godt PLC program. Bagefter kan bogen bruges som opslagsværk til løsning af konkrete problemstillinger.

Mange steder i bogen findes uddybende forklaringer til programkode eksemplerne, og der er fokus på at programkoden er overskuelig, læsbar og struktureret.

Bogen er primært udarbejdet til brug på den 2-årige videregående fuldtidsuddannelse **Automationsteknolog** og deltidsuddannelsen **Automation og Drift**, hvor en stor del af studiet indeholder PLC styring. Men bogen er naturligvis også velegnet på de mange uddannelser der indeholder PLC styring. Her tænkes på uddannelserne til elektriker, styrings- og reguleringselektriker, automatiktekniker samt de videregående uddannelser til maskinmester og ingeniør.

Bogen tager udgangspunkt i Ladder programmering som beskrevet i standarden DS 61131-3. PLC leverandører fortolker denne standard forskelligt og ikke alle leverandører følger standarden, selvom de giver udtryk for dette på deres produkter. Det betyder at nogle af programeksemplerne her i bogen måske ikke virker i den PLC type du bruger. Derudover er der forskel på hvordan den enkelte PLC leverandør viser de grafiske symboler der benyttes i Ladder programmering.

Dette er en bog for begyndere, og derfor er de avancerede og specielle teknikker som ARRAY, LOOPS, STRUCT, ENUM, STRING, PID og FIFO **ikke** medtaget.

Der gives ingen garanti eller support på PLC-kode eksemplerne i bogen.

1.1 Baggrund for Ladder programmering

Den første PLC styring blev udviklet sidst i 1960'erne til den amerikanske bilindustri. Udviklingen skyldtes et stort behov for at automatisere produktionen, og samtidig skulle det være hurtigt og nemt at ændre produktionen til nye bilmodeller. Automatisering bestod tidligere af et stort el-skab (styreskab) med mange relæer (elektriske omskiftere), hvor det tog lang tid at ændre produktionen til en ny bilmodel. Ændringerne bestod i at ændre de elektriske forbindelser inde i styreskabet.

I en PLC styring kan ændringer fortages ved at ændre i det software program en PLC styring består af. I starten benyttede de forskellige PLC leverandører hver især deres egne metoder (programmeringssprog) til at skrive software programmet, hvilket gjorde det svært for de, som skulle skrive og ændre i programmet. Derfor var der et behov for at standardisere programmeringssprogene til en PLC.

De forskellige PLC leverandører gik sammen om at udvikle en fælles standard (krav) til PLC programmeringssprog, og standarden udkom i 1993. Standarden er udgivet af International Electrotechnical Commission (IEC) og hedder IEC 61131-3.

Den seneste danske udgave DS/EN 61131-3 er fra 2013.

Standarden indeholder fem PLC programmeringssprog, hvor Ladder programmering (Ladder Diagram, forkortet **LD**) er det mest kendte og udbredte.

Oversigt over PLC programmeringssprog:

Dansk		**Engelsk**	
Forkortelse	**Beskrivelse**	**Forkortelse**	**Beskrivelse**
LD	Ladder programmering	**LD**	Ladder Diagram
FBD	Funktionsblok diagram	**FBD**	Function Block Diagram
IL	Instruktionsliste	**IL**	Instruction List
ST	Struktureret tekst	**ST**	Structured Text
SFC	Sekventiel funktionsdiagram	**SFC**	Sequential Function Chart

Der forventes en ny udgave af IEC 61131-3 standarden i 2021, hvor det er meddelt at PLC programmeringssproget Instruction List (**IL**) vil blive fjernet. Dette betyder i praksis at PLC leverandører ikke behøver at have programmeringssproget med i deres PLC produkter, og man kan ikke forvente at få undervisning i IL-programmering under sin uddannelse. Det medfører at IL langsomt vil uddø, men der vil være mange PLC styringer med IL, som forsat skal vedligeholdes og udbygges.

 © 2021 Tom Mejer Antonsen

1.2 Forudsætning for at lære Ladder programmering

Det er en forudsætning at have en teknisk forståelse og "et vist kendskab" til matematik, fysik, mekanik, elektronik, maskiner, automation og grundlæggende PLC-kendskab, for at lære Ladder (**LD**) programmering.

Bogen er skrevet på dansk, så et fremmedsprog ikke er en forhindring for at lære LD-programmering. Dog er variabel navne på engelsk, da ikke alle PLC-typer tillader danske tegn. PLC-kode eksempler og illustrationer er også på engelsk, da mange virksomheder bruger engelsk i deres PLC-kode.

De som er uddannet i, eller har erfaring med programmering (f.eks. programmering af hjemmesider), har lidt nemmere ved at lære LD, da programmering handler meget om bit og bytes og hvordan en computer arbejder. Programafviklingen i en PLC er dog anderledes end i et traditionelt PC program eller en Web applikation.

Man bliver på ingen måde ekspert ved at læse en bog om programmering. Det kræver, at man selv løser mange programmeringsopgaver. Som det første, kan du afprøve nogle af program eksemplerne her i bogen. Efterfølgende har din underviser eller kollega nok nogle programmeringsopgaver du kan løse.

1.3 Vidensgrundlag

Forfatteren har 25-års erfaring inden for specifikation, udvikling og levering af komplekse styringsløsninger og overvågningssystemer. Heraf 7-års erfaring inden for Pascal programmering samt 12-års erfaring med løsninger og systemer, der indeholder PLC. Erfaringen fra ansættelse i fire internationale virksomheder og levering af mere end 1000 systemløsninger til 20 lande, er således en stor del af grundlaget for indholdet i bogen.

Forfatteren har i gennem fem år undervist i Ladder programmering på videregående uddannelser, både deltids- og fuldtidsuddannelser. De studerende har inden studiet fra 0 til 20 års erhvervserfaring inden for PLC, automation og teknisk vedligehold.

Grundlaget for bogen er et materiale, som er udarbejdet løbende med feedback fra undervisere og de mange studerende på automationsteknolog-uddannelsen hos Erhvervsakademi Dania i Randers.

Endvidere er internettet, standarden DS/EN 61131-3 og en række bøger inden for PLC-styring brugt som inspiration og afklaring på problemstillinger.

Forfatteren er Svagstrømsingeniør (B.Sc.E.E.) fra Århus Teknikum.

1.4 Fordele ved LD-programmering

Ladder programmering er det mest udbredte programmeringssprog til en PLC og normalt kan Ladder programmering benyttes til alle PLC fabrikater. Dette betyder også at de fleste der arbejder med automation kan programmere i Ladder.

Det er meget enkelt at lave en mindre PLC styring med Ladder programmering.

Ladder programmeringsproget er udviklet så det ligner et el-diagram (styrestrømsskema). Et styrestrømsskema er en grafisk oversigt med de elektriske komponenter og de elektriske forbindelser, der er nødvendige for at styre en maskine eller et industri anlæg med en PLC.

Et Ladder program benytter, på samme måde som et styrestrømsskema, grafiske symboler forbundet med linjer (elektriske forbindelser, også kaldet strømveje), og dette bevirker at mange teknikere har forholdsvis nemt ved at fejlfinde i et Ladder program. Når et Ladder program afvikles (simuleres) i en PLC, er det nemt at se de aktive symboler (svarende til de elektriske komponenter) og strømveje.

PLC styring og Ladder programmering er normalt en del af uddannelsen til elektriker, automatiktekniker, maskinmester og automationsteknolog.

Opsummering af fordele ved LD programmering:

- Mange teknikere og elektrikere kan programmere i LD
- Der benyttes grafiske symboler
- Ligner et styrestrømsskema (el-diagram)
- Benyttes i både helt små (micro) PLC og store PLC
- Benyttes i en sikkerheds PLC (Safety PLC) [1]
- Mange har nemt ved at fejlfinde i et LD-program
- Det mest udbredte PLC sprog

[1)] En separat PLC eller specielle områder i en almindelig PLC, der benyttes til at afbryde motorer og andre bevægelige maskindele, hvis nødstop kontakten aktiveres. Der skal være 100% garanti for, at afbrydelsen sker, og derfor afvikles dens kode i en sikkerheds-PLC, som er godkendt til formålet.

 © 2021 Tom Mejer Antonsen

1.5 Udfordringer ved LD-programmering

Selvom Ladder programmering er meget udbredt og har en lang række fordele, så der er også en del udfordringer:

En stor udfordring er, at en del unge og f.eks. ingeniører har lært at programmere hvor programmeringen er tekstbaseret (f.eks. Java, Visual Basic eller Python). De er vant til at tænke i tekst programmering, og de mange grafiske symboler der bruges i Ladder programmering kan være en udfordring og svære at lære. Dette bevirker også at Ladder programmering ikke altid er deres foretrukne PLC programmeringssprog.

De mange grafiske symboler fylder meget på skærmen, og ofte er det svært at printe et Ladder program ud på papir, på en måde så det er pænt opstillet og læsbart.

De grafiske Ladder symboler er ofte ikke ens hos de forskellige PLC leverandører, og det kan gøre det svært at skifte mellem de enkelte PLC leverandører. Desuden er det ikke muligt direkte at kopiere et Ladder program fra en type PLC til en anden type PLC. Hvert program er meget bundet til den enkelte PLC leverandør eller PLC type.

Matematiske beregninger skrives som en lommeregner vil beregne det. Dette kræver ekstra kendskab til hvordan en lommeregner vil udføre beregningen. Dette bevirker også at Ladder ikke altid er det fortrukne PLC programmeringssprog, når en PLC skal udføre mere komplekse matematiske beregninger.

Til meget store og komplekse PLC programmer med mange matematiske beregninger (algoritmer) og opsamling af måleværdier (big data), er Ladder programmering ikke det programmeringssprog de fleste foretrækker. De mange grafiske symboler gør at man kan miste overblikket, og det kan være svært at fejlfinde i beregninger, da den færdige programkode ikke ligner en matematisk formel.

Opsummering af udfordringer ved LD programmering:

- Den yngre generation er vokset op med tekstprogrammering
- Programmer kan ikke umiddelbart genbruges til andre PLC fabrikater
- Programmer fylder meget på skærmen
- Programmer er svære at printe ud så det bliver pænt og læsbart
- Matematiske beregninger skal kodes som en lommeregner beregner det
- Ikke velegnet til store mænger data (f.eks. håndtering af bigdata)
- Ikke det fortrukne PLC sprog til store komplekse PLC styringer

© 2021 Tom Mejer Antonsen

2 Indledning til PLC Styring

En PLC er en computer der er designet til at styre maskiner og industri anlæg. Den kan bruges til at styre rigtig mange forskellige typer af maskiner og anlæg.
Dette kunne f.eks. være at styre og overvåge en produktionslinje der fylder vand på flasker, sætter låg og etiket på:

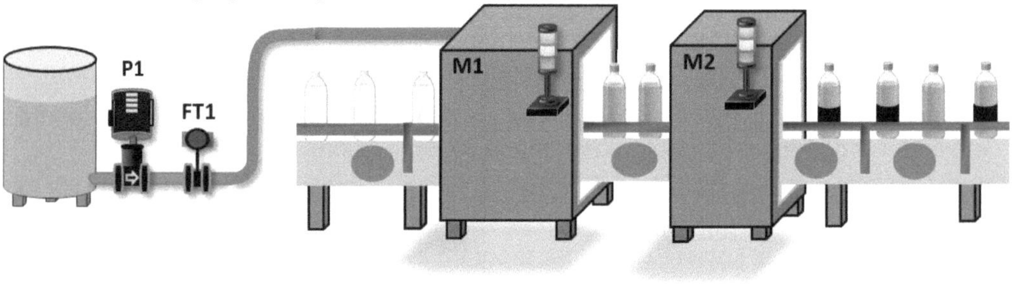

En PLC vil kunne bruges til at styre hele produktionslinjen. PLC kan sætte den rigtige hastighed på transportbåndet, så det kører hurtigt uden at flaskerne vælter og PLC kan programmeres til at frasortere flasker, der ikke fik sat en etiket på.

Produktionslinjen består af en tank med vand og en pumpe **P1** der flytter (pumper) vandet fra tanken hen til den maskine **M1** som fylder vandet på flaskerne.
Der er en flowmåler **FT1**, som måler hvor meget vand der kommer gennem røret.
Maskine **M2** sørger for at sætte en etiket på hver flaske. Hele produktionslinjen vil normalt være styret af en PLC, men de to maskiner **M1** og **M2** kan have deres egen PLC. Det betyder at de to maskiner er lokalt styret og dette kaldes også for **DCS** (**D**ecentral **C**ontrol **S**ystem). I dette eksempel er der derfor i alt tre PLC.

For at en PLC skal kunne styre maskinen, skal maskinen have monteret en del sensorer, som således er maskinens øjne og øre. De er monteret forskellige steder på maskinen og ud fra signalerne fra sensorerne kan PLC programmet styre maskinen.

Der er to typer af sensor signaler:

Digitalt signal

Signal der kan have to tilstande:
ON: Tændt, høj signal, aktiveret, TRUE.
OFF: Slukket, ingen signal, lavt signal, ikke aktiveret, FALSE.

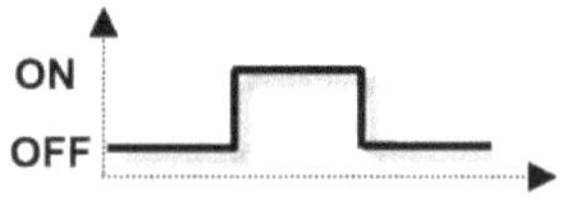

Analogt signal

Mange signal niveauer. Som f.eks. en temperatur måling, hastigheden på et transportbånd eller væskeniveau i en tank.

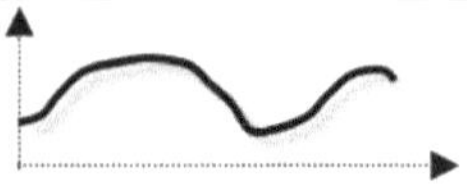

 © 2021 Tom Mejer Antonsen

Der findes mange forskellige typer sensorer.
Her er nogle, som giver et digitalt signal:

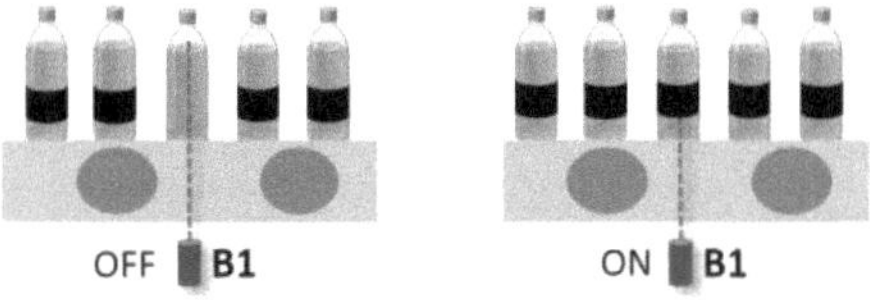

Her er en sensor **B1** som giver et OFF signal hvis en flaske mangler en etiket.
Sensoren har en lysstråle, som bliver afbrudt, hvis en flaske mangler en etiket.
PLC programmet kan programmeres til at skubbe flasken væk fra transportbåndet, så flasken ikke kommer ud til en kunde.

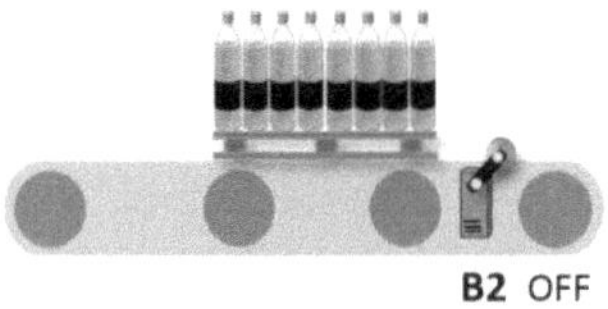

På dette transportbånd er monteret en mekanisk vippearm, sensor **B2**, som bliver aktiveret af en palle med flasker. Vippearmen bliver trykket ned af pallen og virker som en tænd/sluk kontakt eller on/off kontakt.

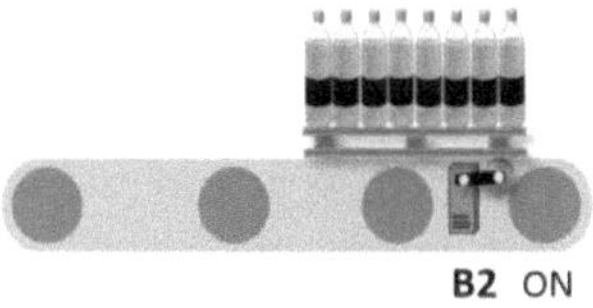

Signalet fra **B2** kan bruges til at tælle, hvor mange paller der er kommet forbi.
Signalet kan også bruges til at stoppe transportbåndet, så pallen ikke ryger ud over enden af transportbåndet.

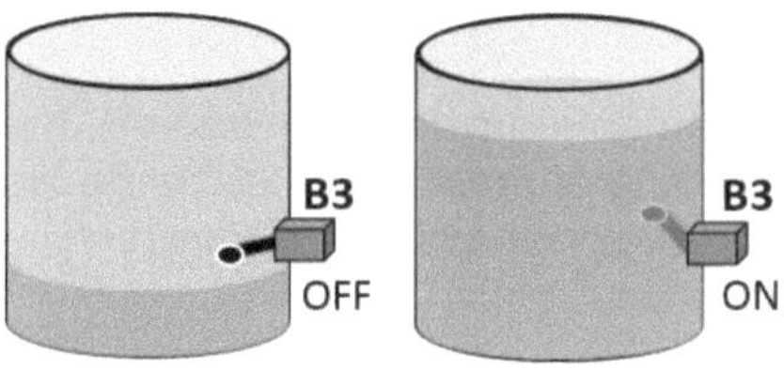

Dette eksempel viser tanken med vand.
Sensoren **B3** giver et OFF signal, når der kun er lidt vand tilbage i tanken.
Signalet fra sensoren kan bruges til at åbne for vandet, eller give besked til maskinen **M1** om at der ikke er mere vand tilbage i tanken.
Når der ikke er mere vand, skal maskinen **M1** stoppe med at fylde vand på flaskerne.

Det digitale signal kan også kommer fra et betjeningspanel, hvor driftspersonale kan tænde og slukke for maskinen, motorer eller andet udstyr via en drejekontakt (omskifter).

Betjening af en maskine kan også foregå via trykkontakter, hvor personalet kan starte eller stoppe maskinen med et enkelt tryk.

Her er eksempler på sensorer, der giver et analogt signal:

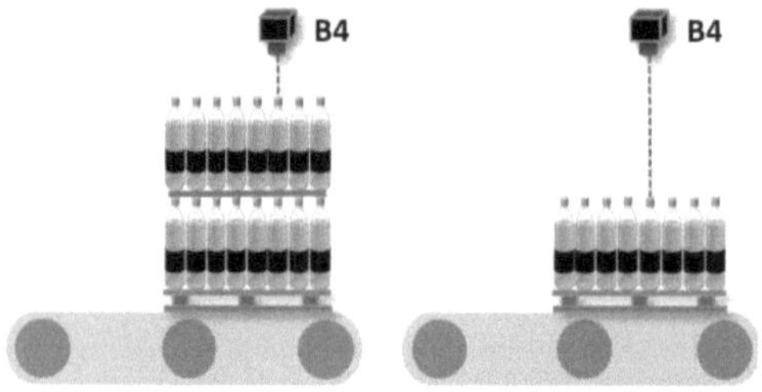

Billedet viser en analog sensor **B4** som er monteret over et transportbånd og bruges til at måle højden på varen. Der kommer en analogværdi over i PLC som er afstanden fra sensoren ned til varen. Med signalet har PLC mulighed for at kontrollere om der er to lag eller et lag med flasker.

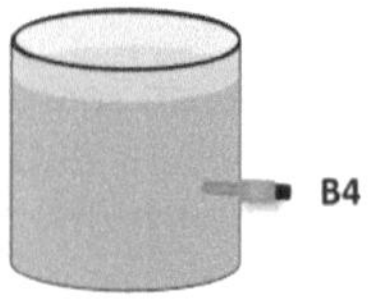

Sensoren **B4** er her monteret midt på tanken. Det er en temperatur måler (temperatur sensor, termometer) som måler temperaturen inde i tanken. Målingen kan f.eks. være 10 grader.

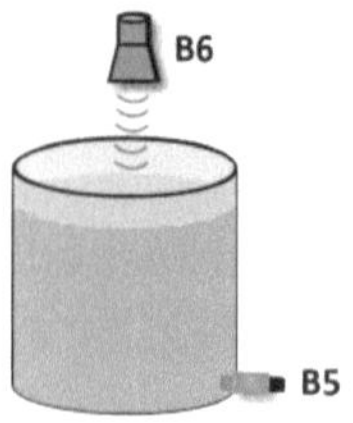

En analog sensor kan bruges til at måle det præcise indhold i en tank, så PLC via matematiske formeler kan beregne den mængde (volumen) der er i tanken.

De to typiske sensorer til at måle højden (niveauet) på vandet er:

B5: En tryksensor placeret i bunden af tanken, der måler vandsøjletryk (væskemængden over sensoren).

B6: En sensor placeret over tanken og den måler afstanden ned til væsken. Når afstanden til bunden af tanken kendes, kan PLC beregne mængden af vand i tanken.

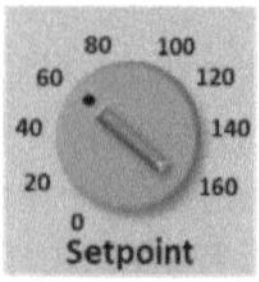

Et signal kan også komme fra en drejeomskifter (potmeter), hvor brugeren kan foretage en indstilling af maskinen. Det kunne være at indstille den hastighed som transportbåndet skal køre.

Den viste produktionslinje indeholder en flowmåler. Den måler hvor meget vand der kommer gennem røret.
Der findes mange forskellige typer af flowmålere afhængig af målemetode og typen af væske i røret.
En flowmåler kan give et analogt signal som viser den aktuelle mængde der måles f.eks. kubikmeter pr. time, der har måleenheden m^3/h. En flowmåler kan også have en digital udgang, der giver et signal i form af en puls, for hver gang der er løbet en bestemt mængde gennem røret f.eks. 10 liter pr. puls. PLC kan bruge værdierne til at beregne den samlede mængde der bruges i løbet af f.eks. en time eller en dag.

 © 2021 Tom Mejer Antonsen

Ovenstående er eksempler på signaler som kommer ind (input signaler eller indgangssignaler) i PLC og som PLC programmet skal bruge for at tage beslutning om hvordan maskinen skal styres.

PLC styrer maskinen ved at sætte nogle udgangssignaler, som enten er et digitalt eller et analogt signal. Det kan være signaler som direkte styrer maskinen eller signaler (information) til de personer (operatør/driftspersonale) som betjener maskinen.

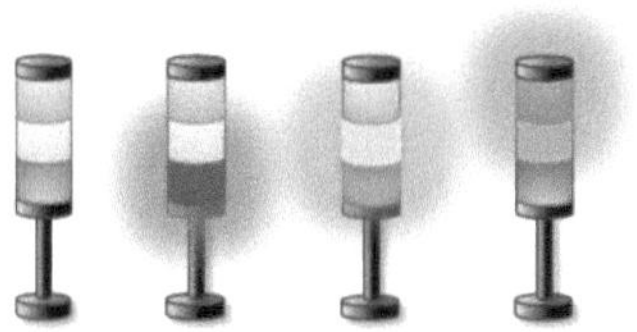

Information om maskinens tilstand (status) til driftspersonalet kan foregå via et lampetårn der indeholder lamper: En grøn lampe fortæller at maskinen kører som planlagt. En gul lampe kan betyde at personalet skal tilse maskinen. Det kan være at personalet skal hente flere paller eller en besked om, at der ikke er mere vand i tanken. En rød lampe kan betyde, at der er opstået en farlig situation.

En maskine har ofte motorer. En motor omsætter elektrisk energi til en bevægelse. En PLC kan styre hastigheden på en motor på samme måde som en person kan styre en speeder i en bil. En PLC kan på baggrund af signalerne fra sensorerne ændre motorens hastighed eller stoppe og starte motoren. En motor skal bruge en frekvensomformer til at styre (regulere/tilpasse) hastigheden.

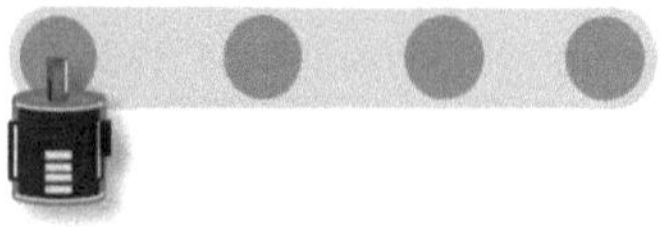

En motor kan monteres på et transportbånd. Et digitalt ON signal fra PLC ville kunne starte motoren eller få transportbåndet til at skifte retning, så det både kan køre frem og tilbage.

En motor kan også være koblet til en pumpe, der kan flytte vand. Motoren kan være styret med et digitalt signal eller et analogt signal fra PLC. Det digitale signal kunne være et signal om at motoren skal køre, og det analoge signal kunne være den hastighed motoren skal køre. Med det analoge signal er det muligt at skrue op og ned for hastigheden på motoren og derved pumpen, hvilket er det samme som at skrue op og ned for en vandhane.

© 2021 Tom Mejer Antonsen

3 PLC Hardware

En PLC er en computer som er udviklet til at kunne være installeret i det miljø hvor maskinen bruges. Der kan være rystelser, støv eller varme i en produktionshal, og derfor er en PLC bygget meget robust og kan godt holde i 20 år.

Der findes to typer PLC. En lille type, hvor signaler fra sensorer og komponenter kan forbindes direkte til PLC via en skrueterminal (klemrække) hvor ledninger monteres:

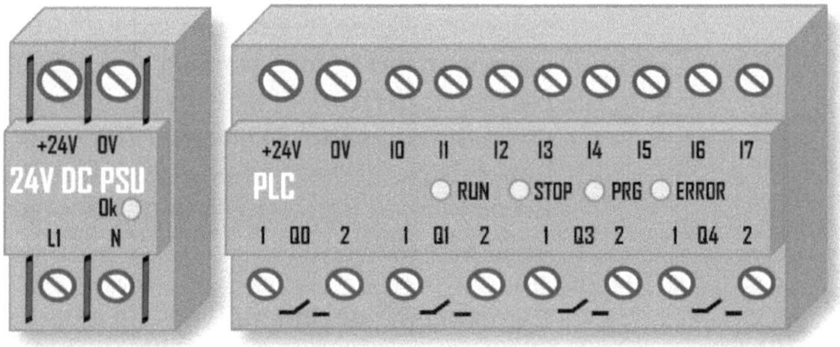

Den viste figur viser en typisk lille PLC, hvor der er 8 digitale indgangssignaler (øverste række) med plads til 8 forskellige digitale sensorer eller manuelle tænd/sluk kontakter. Den lille PLC har derudover 4 digitale udgangssignaler (nederste række). Udgangssignaler (output) kan bruges til at tænde en lampe eller starte en motor.

Indgangssignaler (input) er benævnt med bogstavet **I** og udgangssignaler med **Q**.

En PLC skal normalt forsynes med 24V spænding og derfor skal der være en strømforsyning (PSU – **P**ower **S**upply **U**nit). En strømforsyning forsynes med 230 V via en almindelig stikkontakt.

Normalt har en PLC små lamper (lysdioder), som viser drift status. Lys i **RUN** viser normal drift. Lys i **STOP** viser at PLC programmet er sat på pause. **PRG** betyder at PLC er klar til at blive programmeret, og er der lys i **ERROR** er der en fejl. Det kan være én fejl i PLC programmet, en fejl i selve PLC eller en fejl ved en af de forbundne sensorer.

Den lille PLC kan ofte kun indeholde et lille PLC program, men til gengæld koster den ikke så meget og fylder heller ikke så meget i det el-skab (metalskab eller tavle), hvor den er monteret. Den lille PLC har dog den begrænsning, at den ofte kun kan programmeres med Ladder Diagram.

 © 2021 Tom Mejer Antonsen

Den anden type PLC har en kraftig **CPU** (computerens hjerne) og er mere fleksibel og modulær, da der kan monteres flere moduler (IO-moduler) til ind- og ud-gangsignaler. Antallet af IO-moduler er bestemt af, hvor mange sensorer maskinen har og hvor mange komponenter (f.eks. motorer eller lamper) der skal styres. En stor maskine eller industrianlæg vil således kræve mange og forskellige IO-moduler:

Selve PLC og strømforsyningen (24V) er normalt et selvstændigt modul.

Den viste PLC indeholder: Et Digital indgangsmodul (DI) med 4 indgange, et Digital udgangsmodul (DO) med 4 udgange samt et analog indgangsmodul (AI) til 2 sensorer samt et analog udgangsmodul (AO) med 2 udgange.

Hvis maskinen senere skal udbygges, er det nemt at montere flere IO-moduler. Der er dog et maksimum antal IO-moduler, der kan monteres (ofte 32). IO-modulerne er forbundet via stik i bunden eller siden af IO-modulet (en backbone eller intern bus), så der nemt kan monteres flere IO-moduler idet et ekstra moduler kan monteres (klikkes på) det forrige modul.

Der findes IO-moduler, hvor der kan blive forbundet op til 32 sensorer.

Det er ikke nødvendigt at PLC sidder direkte sammen med IO-modulerne:

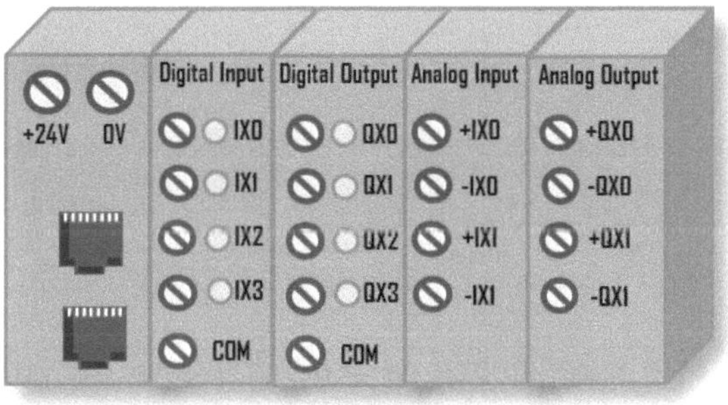

Der er ofte muligt at sætte et kommunikationsmodul (fieldbus modul) foran IO-moduler, så IO-modulerne kan monteres det sted på maskinen hvor der er mange sensorer og derved undgås lange signalledninger fra sensorerne hen til det el-skab, hvor PLC er monteret. Dette kan give besparelser i montage og mindsker risikoen for elektrisk støj på de lange ledninger. Dette hedder Distribueret IO.

© 2021 Tom Mejer Antonsen

3.1 Digital indgangsmodul (DI - Digital Input)

De digitale sensorer (on/off sensorer) på maskinen skal forbindes til et digitalt indgangsmodul (Digital Input Module/card), så PLC kan få adgang til signalerne og bruge signalerne i PLC programmet.

En digital sensor har to ledninger, hvor den ene skal forbindes til en 24V strømforsyning og den anden ledning skal forbindes til en ledig indgang på indgangsmodulet. Når sensor ikke er aktiveret er der 0V (ikke signal) på indgangen.

Eksempel på opstilling med en mekanisk vippearm:

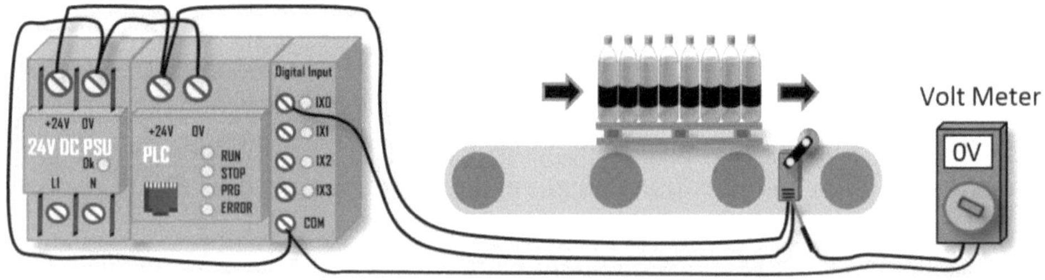

Når sensor ikke er aktiveret, vil spændingen på den ledning der kommer ud fra sensoren være 0V. Spændingen kan måles med et håndholdt voltmeter (multimeter).

Her bliver sensor aktiveret af pallen med flasker:

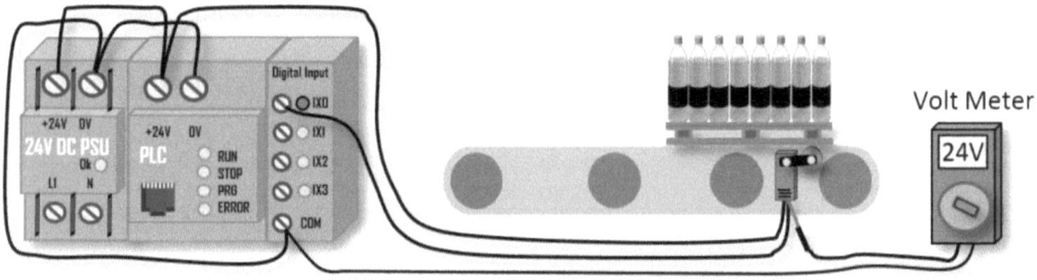

Når sensor er aktiveret er spændingen på den ledning der går ud af sensor 24V. Ledningen går til (er forbundet til) en indgang på det digitale indgangsmodul, hvor en lille lampe (lys diode) lyser, for at vise at der er signal på indgangen.

 © 2021 Tom Mejer Antonsen

Der findes grundlæggende to metoder når sensorledninger forbindes til en indgang. Hvilken metode der skal vælges, afhænger af om det er en **PNP** eller **NPN** sensor. En sensor har altid et datablad (teknisk informationsblad). Der vil det stå om sensoren er en **PNP** eller **NPN** sensor (alternativt kan databladet findes på internettet).

PNP betyder at sensor giver et *positivt* signal, når den detekterer (ser) et emne.
NPN betyder at sensor giver et *negativt* signal, når den detekterer (ser) et emne.

En **PNP** sensor skal forbindes til et indgangsmodul af typen: *Sinkning Input Module*, da strømmen skal løbe ind (sinkning) i det digitale indgangsmodul. Indgangsmodulet skal have 0V på den fælles forbindelse: **Common**. De manuelle **Start** og **Stop** kontakter skal forbindes til 24V, så kontakterne kan benytte samme indgangsmodul.

Eksempel på forbindelser til et *Sinking Input Module*:

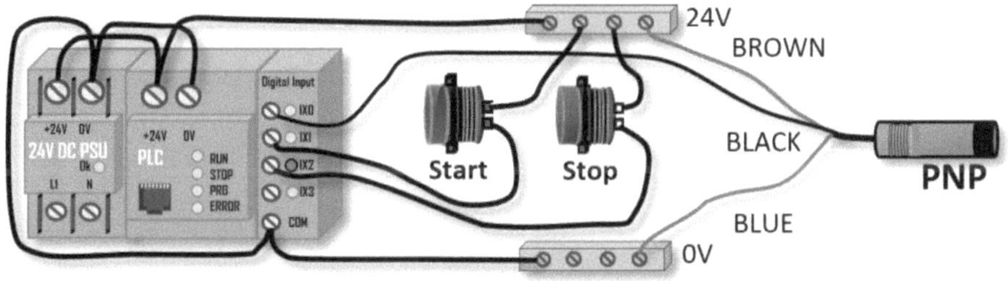

En **NPN** sensor skal forbindes til et indgangsmodul af typen: *Source Input Module*, da strømmen løber ud af det digitale indgangsmodul. Den fælles forbindelse **common** skal forbindes til 24V. **Start** og **Stop** kontakten skal i dette tilfælde forbindes til 0V.

Eksempel på forbindelser til et *Source Input Module*:

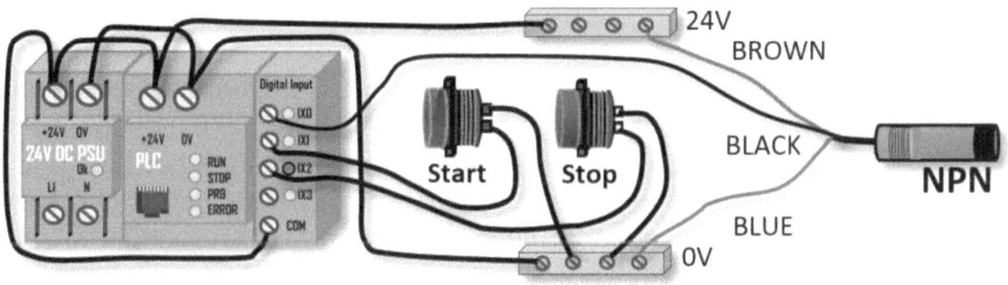

De to billeder viser desuden hvordan en håndbetjent **Start** og en **Stop** kontakt forbindes til et digitalt indgangsmodul. En håndbetjent **Start** kontakt er en **NO** (**N**ormally **O**pen) kontakt, hvilket betyder at der først er forbindelse mellem de to ledninger, når der trykkes på kontakten. En manuel **Stop** kontakt er en NC (**N**ormally **C**losed) kontakt, hvilket betyder at der er forbindelse mellem de to ledninger og derfor konstant signal på det digitale indgangsmodul, indtil der bliver trykket på **Stop** kontakten. Derfor er der lys ved **IX2** indgangen, hvor ledningen fra **Stop** kontakten er monteret.

© 2021 Tom Mejer Antonsen

3.2 Digitalt udgangsmodul (DO - Digital Output)

For at PLC kan styre maskinen, skal signalerne ud af PLC. Til dette benyttes et digitalt udgangsmodul (Digital Output Module/card). De enkelte PLC leverandører har mange forskellige typer af udgangsmoduler. Et udgangsmodul kan have fra 2 til 32 udgange. De to mest almindelige udgangsmoduler er:

Udgangsmodul med direkte relæ udgang (mekanisk kontakt). F.eks. til 230 V AC/5A
Udgangsmodul med elektronik kredsløb (transistor). Ofte max 24 VDC/0,5 A

Herunder ses forbindelser til et udgangsmodul med 4 udgange (transistor udgange):

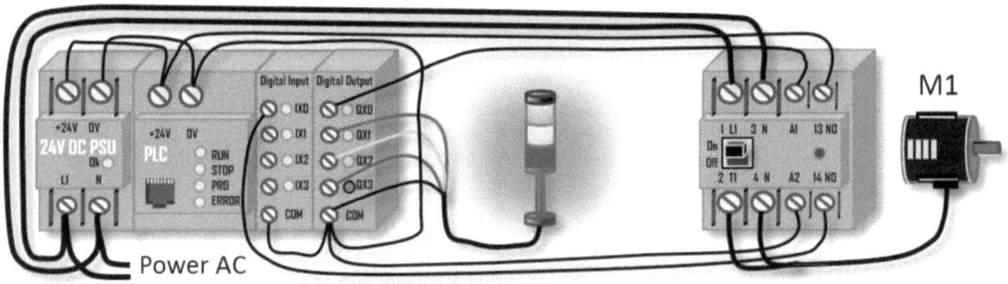

Der er forbundet et lampetårn direkte til det digitale udgangsmodul, da lamperne i et lampetårn ikke bruger meget strøm og skal have 24V i forsyningsspænding. Der er signal på udgang 3 hvilket giver lys i den grønne lampe (den nederste). Dette er vist på udgangsmodulet ved at der er lys i lampen (lysdioden) ved udgang **QX3**.

Da en motor bruger meget strøm, kan den ikke forbindes direkte til udgangen på udgangsmodulet. Derfor skal der benyttes et relæmodul. Dette relæ styres fra udgang **QX0** på udgangsmodulet. Når der kommer signal til udgangen **QX0** på udgangsmodulet vil det trække relæet og motoren **M1** vil køre. I relæmodulet er der et ekstra kontaktsæt (klemrække 13 og 14) og dette kan bruges som tilbagemelding til PLC. Dette signal er således ført tilbage til et indgangsmodul, så PLC programmet kan kontrollere om relæet blev trukket (tændt) som forventet. Hvis ikke relæet blev trukket som forventet, kan PLC programmet blive programmet til at give en alarm (f.eks. via lys i en lampe) til brugeren.

Et digitalt udgangsmodul med direkte relæ udgang er ofte dyrere og har få udgange, mens et udgangsmodul med transistor har en lav pris og kan have op til 32 udgange.

 © 2021 Tom Mejer Antonsen

Nogle af komponenterne på en maskine kan have både input og output signaler.

I dette eksempel er en elektrisk aktuator. En aktuator har en motor indbygget og en lang akse/cylinder som kan bevæge sig ind eller ud. Den kan bruges til f.eks. at skubbe en flaske væk fra et transportbånd, hvis den ikke har en etikette.

Hvis der sættes en spænding (24V) mellem ledning **N** og **K1** vil aktuator køre til den yderste stilling. Dette kan gøres med en digital udgang **QX0.**

Aktuatorer har ofte monteret sensorer **B2** og **B1** (feedback signal, tilbagemeldings-signal, endestop signal), som kan give et signal når aktuator er i den rigtige stilling, så PLC kan afbryde spændingen til henholdsvis motorledningerne **K1** og **K2.**

Eksempel med en aktuator, der er i den yderste stilling:

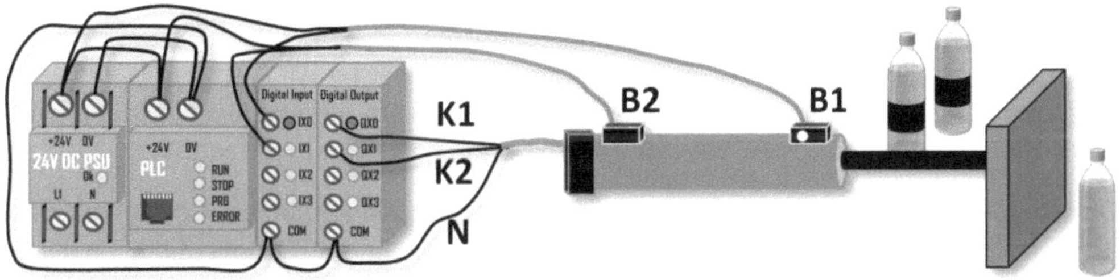

Hvis der kommer en spænding på 24V mellem ledning **N** og **K2** vil aktuator køre til den inderste stilling som vist herunder:

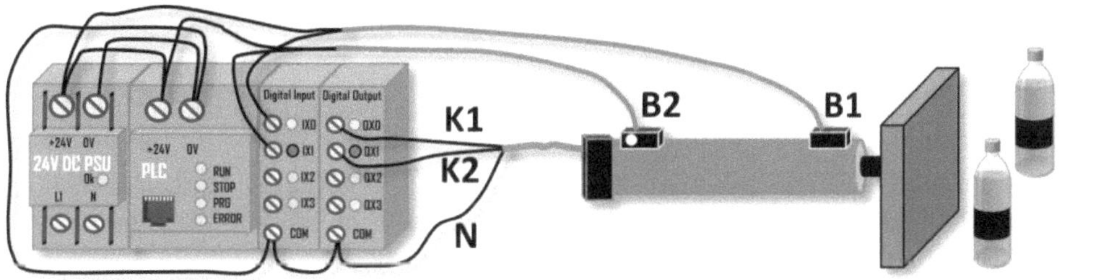

De to sensorer **B2** og **B1** har en lille lampe (lys diode) på sensoren, som lyser hvis sensorsignal er høj. På samme måde har det digitale indgangsmodul en lysdiode som lyser, hvis indgangssignal er høj. Dette kan være en hjælp til fejlfinding.

© 2021 Tom Mejer Antonsen

3.3 Analog ind- og udgangsmodul

Et analog indgangsmodul eller udgangsmodul findes i en række forskellige typer og varianter da signalerne ikke kun er on/off signaler:

> 12-bit eller 16-bit opløsning på digitalt signal
> Sink eller Source type (ekstern eller intern strømforsyning)
> 4 til 20 mA, 0 til 20 mA (signal type er strøm)
> -10V til + 10V, 0 til 5 V (signal type er spænding)

3.4 Analog indgangsmodul (AI - Analog Input)

Et analog indgangsmodul bruges til, at få de analoge værdier fra sensorerne ind i PLC. Det afhænger af sensoren, hvilken type analog indgangsmodul der skal benyttes. Den signaltype der normalt benyttes til maskinstyringer er et 4 til 20 mA signal, da denne type er mindre følsom over for støj end en type der benytter spænding. Desuden kan det analog indgangsmodul bedre kontrollere om signalet fra sensoren er ok, idet en strøm på 0 mA viser, at der kunne være et brud på en ledning.

Om en sensor skal benytte et *Sink* eller *Source* analog indgangsmodul afhænger ofte af om sensoren er en lille type som ikke behøver en ekstern strømforsyning. En lille sensor type kan forbindes direkte til det analoge indgangsmodul som vist herunder:

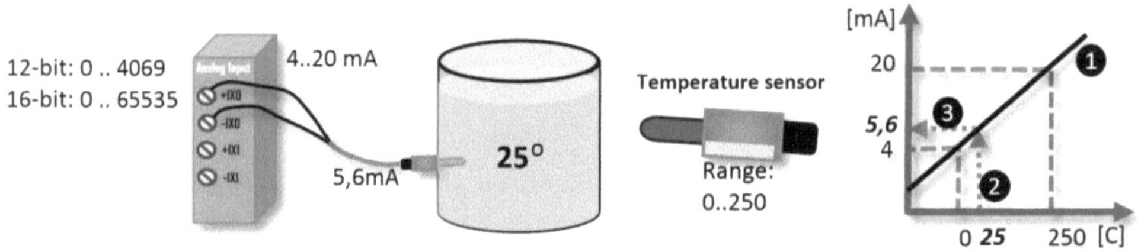

Billedet viser en 4 til 20 mA 2-tråds temperatur sensor monteret i en tank. Det analoge-indgangsmodul har indbygget strømforsyning og er derfor af typen *Source input module.* Der er lineær sammenhæng ❶ mellem sensor måleområde og 4 til 20 mA signal. Derfor vil de 25 grader ❷ svare til 5,6 mA ❸ i sensorledningen.

Valget mellem et analog indgangsmodul på 12-bit eller 16-bit afhænger af hvilken pris man ønsker at betale. Et 16-bit indgangsmodul er dyrest og giver en bedre opløsning:

> **12-bit**: 2^{12} giver en opløsning på 4096 forskellige værdier
> **16-bit**: 2^{16} giver en opløsning på 65535 forskellige værdier

 © 2021 Tom Mejer Antonsen

Hvis temperatur sensoren har et måleområde fra 0 til 250 grader, vil dette give en opløsning på:

Formel: (Måleområde max. - måleområde min.) / 2^{bit}

12-bit: (250 – 0)/4096 = 0,061 [grader] = 16,38 [værdi/grad]

16-bit: (250 - 0)/65535 = 0,0038 [grader] = 262,14 [værdi/grad]

Opløsningen (0,061 eller 0,0038) skal sammenlignes med at en temperatur sensor kan have en måle unøjagtighed på +/- 0,1 grad (står i datablad fra sensor leverandøren). Da et 12-bit analog modul har en unøjagtighed på 0,061 grader i dette tilfælde, kan et 12-bit analog indgangsmodul fint benyttes.

Det analoge modul har et elektrisk kredsløb (ADC – Analog to Decimal Converter) indbygget som omsætter den analoge måling i tanken, til en digital værdi der kan bruges i PLC programmet. Det er dette elektriske kredsløb som er et 12-bit eller 16-bit kredsløb. Selvom en PLC har en CPU på 16 bit eller 32 bit er det stadig de 12-bit i det analoge indgangsmodul, der har betydning for opløsningen af den målte værdi.

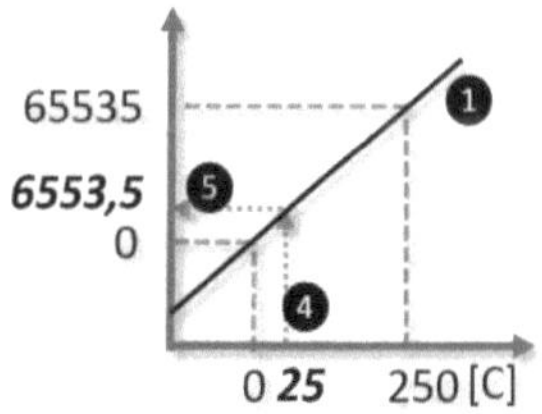

Som grafen viser er der lineær sammenhæng ❶ mellem de 16-bit i CPU og sensor måleområde.

Den værdi som PLC programmet læser fra det analoge indgangsmodul afhænger derfor af den bit størrelse CPU har.

Hvis CPU er 16-bit og måleværdi er 25 grader ❹ vil den værdi der bliver læst ind ❺ i PLC programmet være:

16-bit: 262,14 [værdi/grad] * 25 [grader] = 6553,5 [værdi]

Denne værdi (6553,5) er vanskelig for os mennesker at arbejde med i PLC programmet, da vandet i tanken jo er 25 grader. Derfor skal værdien skalleres og det er altid en lineær skallering der benyttes. Det kan være at det analoge indgangsmodul giver mulighed for at skalere sensor måleområdet. Dette kan måske foretages ved konfigurering (opsætning) af indgangsmodulet, hvor sensorens måleområde (0 for min. range og 250 for max. range) indtastes. Hvis det ikke er muligt, tilbyder mange PLC leverandører en PLC software funktion (PLC program) til skallering af en tal værdi (eller find den her i bogen i kapitel 19.3.4, side 153).

Skallering af indgangssignal giver:

16-bit: 6553,5 [værdi] / 262,14 [værdi/grad] = 25,0 [værdi].

Det er ikke sikkert at værdien er præcis 25,0 i PLC programmet. Men det skyldes afrundinger og at når en PLC arbejder med decimaltal (kommatal) er de tilnærmede, da en computer grundlæggende arbejder i heltal (tal uden komma).

© 2021 Tom Mejer Antonsen

Det næste eksempel er en flow måler der har to signaludgange. Den har både et analogt signal og et digitalt signal, der skal forbindes til to forskellige indgangsmoduler:

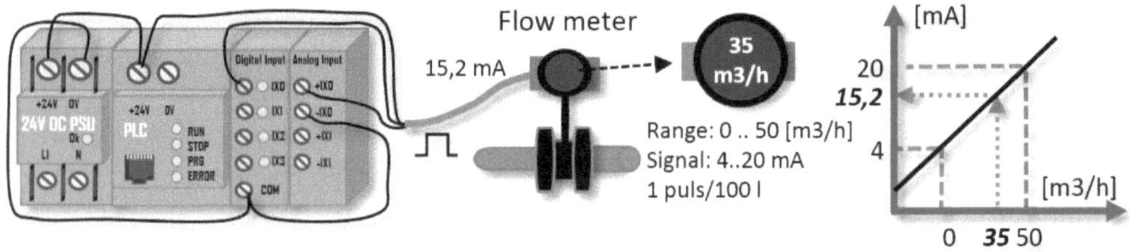

Det analoge signal er den aktuelle flow hastighed (hastighed på væsken), og det signal kan have enheden liter pr. sekund [l/s] for en lille flow måler til rør med lille diameter, og enheden kan være kubikmeter pr. time [m3/h] for en stor flowmåler.

En flowmåler er et måleinstrument, som ofte kræver ekstern strømforsyning og derfor skal det analoge indgangsmodul være af typen *Sink Input module.* Bemærk at den ene sensorindgang på det analoge modul er forbundet til 0V og at signalkablet har tre ledninger. Dette hedder på engelsk en 3-wire sensor.

Det digitale signal fra flow måleren er et pulssignal (puls tog). Det betyder der kommer et signal i en kort periode, for hver gang en bestemt mængde (her 100 liter) væske er løbet gennem røret.

Pulssignaler fra flow måler:

Hvis den aktuelle flow måling er 35 [m3/h] og der kommer én puls for hver 100 liter
vil det digitale indgangsmodul modtage:

350 pulser pr. time (35000 liter divideret med 100).
eller
5,8 pulser pr. minut (350/60) svarende
til 1 puls pr. 10 sekunder.

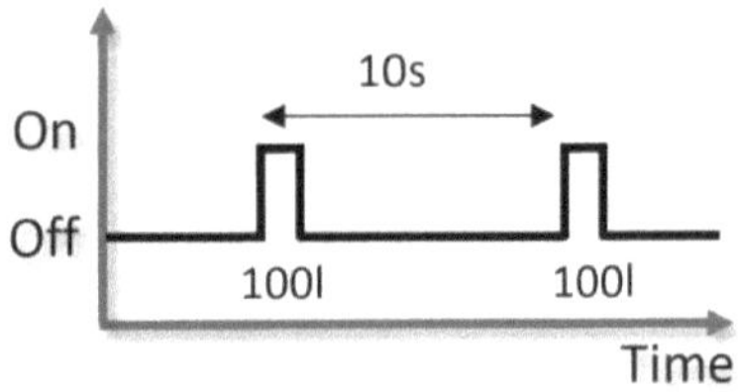

Et normalt digitalt indgangsmodul er ikke altid hurtigt nok til at opfange pulssignalerne fra flowmåleren, og derfor skal der benyttes et *High Speed Counter module.*

Måleområdet 0 til 50 [m3/h] og mængden pr. puls kan normalt konfigureres (indstilles) i det lille display (skærm) der er på flowmåleren eller ved brug at et PC program der medfølger flowmåleren.

Der findes analog indgangsmoduler som kan konfigureres til enten at være *source* eller *sink* type. Men disse indgangsmoduler er ofte dyrere, end at købe et indgangsmodul som er enten af typen *source* eller *sink.*

 © 2021 Tom Mejer Antonsen

3.5 Analog udgangsmodul (AO - Analog Output)

Et analog udgangsmodul bruges til at indstille en værdi på eksternt udstyr. Dette kan være hastigheden på en motor, som er forbundet til et transportbånd således at PLC programmet kan få transportbåndet kan køre ved forskellige hastigheder.

Det afhænger af den analoge indgang på det eksterne udstyr, hvilket type analog udgangsmodul PLC skal benytte. Her er vist et eksempel:

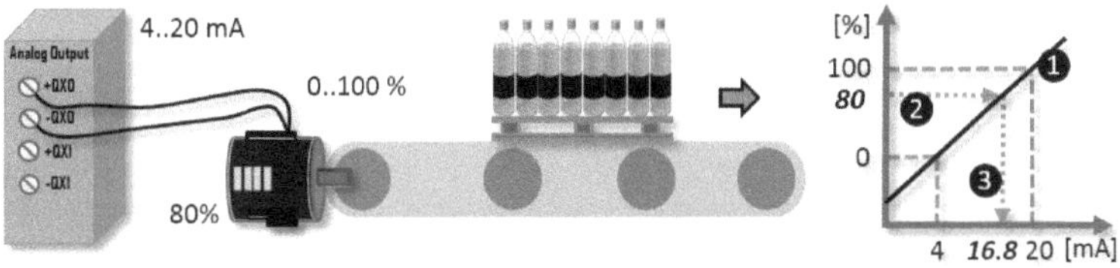

Begge de to analoge moduler skal være af samme type. Dette betyder, at hvis det eksterne udstyr har 4-20 mA som indgangssignal, skal udgangsmodul være 4-20 mA.

Vigtigt: Hvis motorens analoge indgangsmodul er af typen *Source input module*, skal det analoge udgangsmodul til PLC være et *Sink output module*.
Hvis motorens analog indgangsmodul er af typen *Sink input* module, skal det analoge udgangsmodul til PLC være et *Source output module*.

Eksemplet viser en motor der kan reguleres fra 0 til 100%, hvor 100% er højeste hastighed. Der er en lineær sammenhæng ❶ mellem signalet 4 til 20 mA og 0 til 100%. Hvis motor skal køre 80 % hastighed ❷ svarer dette til ❸ 16,8 mA.

Beregning: 20 – 4 [mA] / 0 – 100 [%] = 0,16 [mA/%] => 0,16 * 80 + 4 = 16,8 [mA]

Det analoge udgangsmodul skal sørge for, at der er 16,8 mA på udgangen.

PLC programmet vil typisk arbejde med en variabel, som kunne hedde **MotorSpeed** og programmet skal skalere indholdet af variablen (værdien 80) til udgangen, så motor kan få den ønskede hastighed. Hvis det analoge modul har en opløsning på 12-bit kan udgangen antage 4096 forskellige værdier, som beskrevet i kapitlet om det analoge indgangsmodul (Kapitel 3.4, side 20). Det tal som PLC programmet skal skrive til udgangsmodulet er således 80% af 4096 = 3276,8. En PLC kan kun håndtere heltal og derfor skrives der 3277 til udgangsmodulet. Afrundingsfejl har ikke betydning i denne sammenhæng.

Det analoge udgangsmodul skal overføre 3277 til signaludgangen på modulet og dette gøres med et elektronik kredsløb, der er indbygget i det analoge modul. Dette kredsløb består af en Digital til Analog omsætter (DAC – Digital Analog Converter).

© 2021 Tom Mejer Antonsen

3.6 Hardware til motorstyring

Dette kapitel viser eksempler på det hardware der kan benyttes, hvis en PLC skal styre og overvåge driften på en motor.

Det første eksempel består af en kontaktor (Contactor relay) og beskyttelsesrelæ (Motor værn/Overload relay). En kontaktor bruger PLC programmet til at tænde og slukke for motoren og et beskyttelsesrelæ er en sikring, som vil afbryde spændingen til motoren, hvis motoren bliver overbelastet (f.eks. bruger for meget strøm):

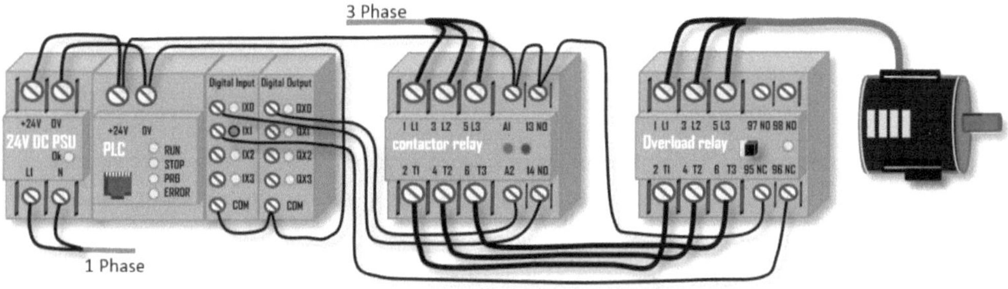

Kontaktor bliver styret fra PLC via et digitalt udgangssignal **QX0**. Hvis signal er høj på udgangen **QX0** vil kontaktor blive trukket og motor være tændt.

Kontaktor har et ekstra kontaktsæt (ofte benævnt terminal 13 og 14), der kan bruges som tilbagemeldingssignal til PLC og dette signal er forbundet til en digital indgang **IX0**. PLC programmet kan bruge dette signal, til at kontrollere om kontaktor er i tændt eller slukket stilling og derved overvåge om kontaktor er i den rigtige stilling.

Beskyttelsesrelæ (overload relay) har en ekstra digital udgang som er **N**ormally **C**losed (NC) og dette signal er forbundet til en digital indgang **IX1.** Der er således et signal på denne udgang ved normal drift og derfor lys i lysdioden ved indgang **IX1.** Hvis relæ er udløst af for højt strømforbrug på motor eller afbrudt ledning til **IX1**, vil PLC programmet kunne registrere dette og kan reagere på dette f.eks. ved at sætte lys i en lampe i et lampetårn eller sende en alarmbesked til operatøren.

 © 2021 Tom Mejer Antonsen

Det næste eksempel benytter en frekvensomformer til at styre motoren:

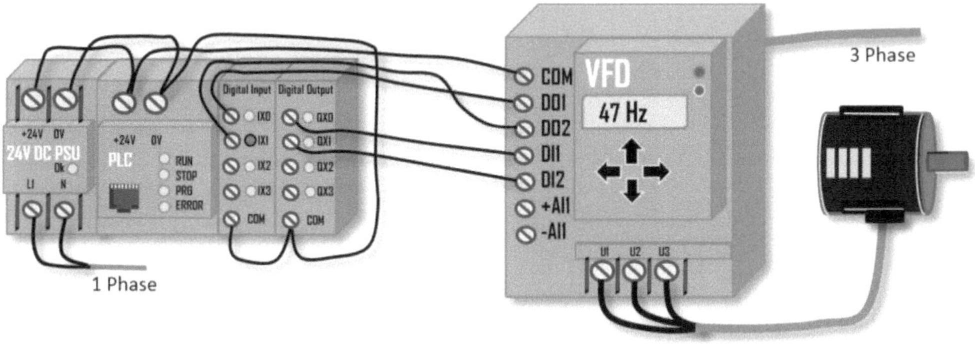

En frekvensomformer (**VFD** – **V**ariable **F**requency **D**rive) kan bruges til at indstille hastigheden på en motor og overvåge f.eks. motorens strømforbrug.

I eksemplet bliver hastigheden indstillet direkte via et kontrol panel på frekvensomformeren, således at motor altid kører en bestemt hastighed. Dette kan være 47 Hz eller 2000 rpm. (omdrejninger pr. minut er for en motor med permanente magneter).

Frekvensomformer har to digitale indgange (**DI1** og **DI2**), der er forbundet til to digitale udgange på PLC. Det ene signal kan PLC programmet benytte til at starte og stoppe motoren og det andet signal, kan benyttes til at ændre køreretning på motoren.

Frekvensomformer har to digitale udgange (**DO1** og **DO2**), der er forbundet til to digitale indgange på PLC. Det ene signal kan PLC programmet benytte til at kontrollere om motoren kører (drift signal), og det andet signal kan benyttes som alarmsignal f.eks. hvis motoren bruger for meget strøm eller har en fejl.

Det er en konfiguration (indstillinger) i frekvensformer, der afgør hvad de digitale indgange og udgange skal bruges til i frekvensomformeren. Ændringer i indstillingen kan enten foretages direkte via betjeningspanelet på frekvensomformer eller med et medfølgende PC program.

Det næste eksempel er en udvidelse, hvor hastigheden nu styres fra PLC:

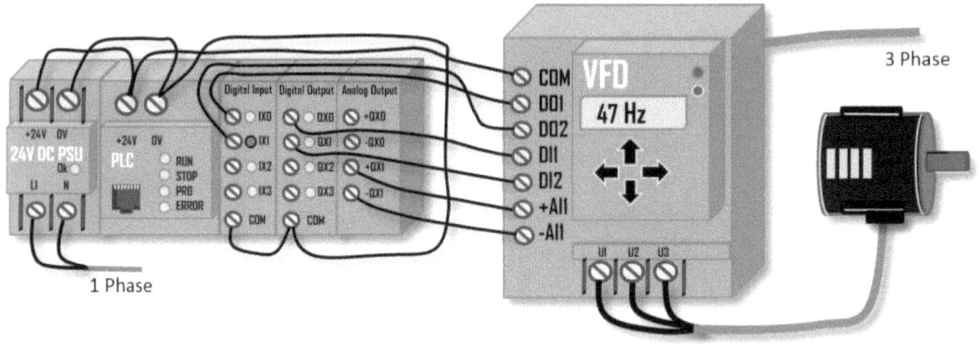

For at hastigheden kan styres fra PLC programmet, er en analog udgang **OX1** fra PLC forbundet til en analog indgang **AI1** på frekvensomformer. På den måde kan PLC programmet altid sætte den ønskede hastighed på motor.

Det sidste eksempel viser en frekvensformer som er forbundet via en fieldbus:

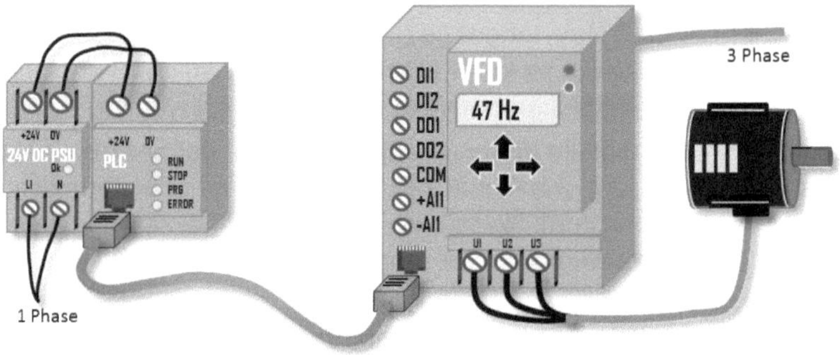

Ved at benytte en fieldbus (f.eks. Profinet, DeviceNet, InternetIP) kan PLC hente alle vigtige værdier eller parametre i frekvensomformeren eller ændre indstillingerne i frekvensomformeren. Når der benyttes en fieldbus stiller det større krav til PLC programmet, men giver mange muligheder for at hente værdier (data) fra frekvensomformeren, som f.eks. energiforbrug, driftsstatus og status (værdi) på alarmer.

Fordelen ved at benytte en fieldbus, er at der ikke behov for mange IO-moduler.

 © 2021 Tom Mejer Antonsen

4 Programmering og virkemåde af PLC

En PLC programmeres med et program (PLC programmeringsværktøj) der er installeret på en PC. Det er fabrikanten af den enkelte PLC, der også leverer programmeringsværktøjet til at programmere PLC med. Programmeringsværktøjet koster ofte penge, men enkelte PC fabrikanter tilbyder programmeringsværktøjet helt gratis eller gratis med en del begrænsninger.

Når man har skrevet sit PLC program skal det flyttes over i PLC. Dette gøres ved at forbinde et internetkabel mellem PC og PLC. Det hedder at downloade programmet, når det skrevne PLC program kopieres til PLC. Inden det flyttes til PLC bliver det oversat (compiled) til maskinkode af programmeringsværktøjet.

PLC programmet overskriver det gamle program i PLC, og når programmet er kopieret til PLC skal programmet sættes i "RUN Mode". Derefter kører PLC programmet hele tiden og hvis PLC slukkes og tændes igen starter programmet af sig selv. Der kan kun ligge et PLC program i en PLC, men programmet består af mange små programmer (programmoduler) og funktioner.

Programmeringsværktøjet benyttes også til at fejlfinde i PLC programmet og hele PLC programmet kan normalt afprøves og afvikles på PC uden brug af en rigtig PLC.

4.1 Soft PLC

En soft PLC benytter Microsoft Windows eller Linux som styresystem (operativ system) til at afvikle PLC programmet. De traditionelle PLC benytter et mere begrænset styresystem (Firmware) til at afvikle PLC programmet.

En soft PLC benytter en **IPC** – **I**ndustry **PC** og hardwaren til en soft PLC ligner meget en almindelige PC. En **IPC** er mere robust end en almindelige PC og udviklet til at kunne fungere i et industriel miljø, med støv, varme og rystelser.

PLC programmeringen til en soft PLC foregår på samme måde om en traditionel PLC.

En soft PLC bliver ofte benævnt som en **PAC** - **P**rogrammable **A**utomation **C**ontrollers, idet de ofte kan afvikle et program hurtigere end de traditionelle PLC og de kan nemt flytte mange sensor værdier (big data) direkte til et produktionsstyringssystem. Desuden giver en soft PLC mulighed for PLC programmering i C++.

© 2021 Tom Mejer Antonsen

4.2 Elektrisk kredsløb i en PLC

Inden i en PLC er et elektrisk kredsløb, som består af **CPU**, **RAM**, **CLK** og **ALU**:

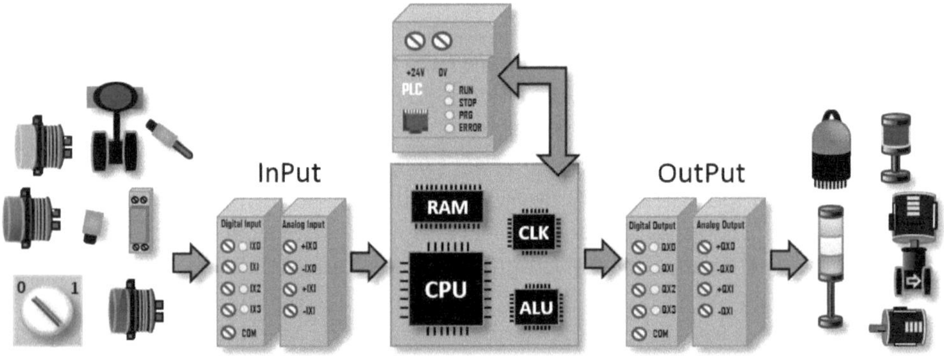

CPU (Computer processor) sørger for at udføre de instruktioner (Ladder symboler) som PLC programmet indeholder. Det er størrelsen af **CPU** der er afgørende for, hvor lang tid det tager at afvikle (køre) et PLC program. De små PLC typer har en lille CPU, og de store PLC typer har en stor og dyr CPU.

RAM (hukommelsen) indeholder PLC programmet og et operativsystem, der i en PLC hedder firmware. Firmware sørger for at alle elektriske dele i en PLC kan kommunikere sammen med PLC programmet. Firmware sørger således også for at hente værdier fra indgangsmodulet og udlæse nye værdier til udgangsmodulet. Firmware har ingen brugergrænseflade med ikoner som det kendes fra en PC eller smartphone.

De fleste PLC har indbygget hukommelse, der kan udvides hvis PLC programmet bliver stort. Andre PLC typer bruger et flytbart hukommelseskort, hvor programmet lagres. Det kan hedde SD-kort og har samme virkemåde som en USB nøgle.

ALU (matematik processor) bruges til at udføre krævende matematiske beregninger, da en CPU som udgangspunkt kun kan lægge tal sammen.

CLK (digitalt ur) bruges når PLC programmet har behov for at vide hvad klokken er, eller der er behov for at programmere et stopur eller en tidsforsinkelse. Det elektriske kredsløb i en **CLK** tæller tiden i millisekunder fra datoen 1.1.1970. Firmwaren sørger for at beregne den aktuelle dag, ugedag, måned og år.

 © 2021 Tom Mejer Antonsen

4.3 Program gennemløb – afvikling af PLC-kode

Det er vigtigt at vide hvordan en PLC afvikler et program, da der skal tages hensyn til dette når programmet skrives.

En PLC afvikler programmer sekventielt i realtid hvilket betyder, at de enkelte programstumper (programmodulerne) skal være afviklet i løbet af kort tid.

Programmodulerne bliver afviklet med et fast interval (PLC scan-time) f.eks. 50 [ms]. Nogle af de hurtigste PLC-typer kan have en scan-tid (cycle time) på 1 [µs].

Det er muligt at have programmoduler med forskellig scan-tider f.eks. 500 [ms] eller hvert minut. Der kan være input signaler fra sensorer, som ikke ændrer værdi hurtigt (f.eks. en temperatur sensor) og derfor er det ikke nødvendigt, at have hurtig scan-tid til alle programmoduler. Et stort program med mange beregninger, tager længere tid at gennemløbe, og derfor vil det være nødvendigt at have forskellige scan-tider på de forskellige programmoduler. Læs mere om dette i afsnit 18.1, side 122.

Herunder er et eksempel på hvordan tre programmoduler kan afvikles:

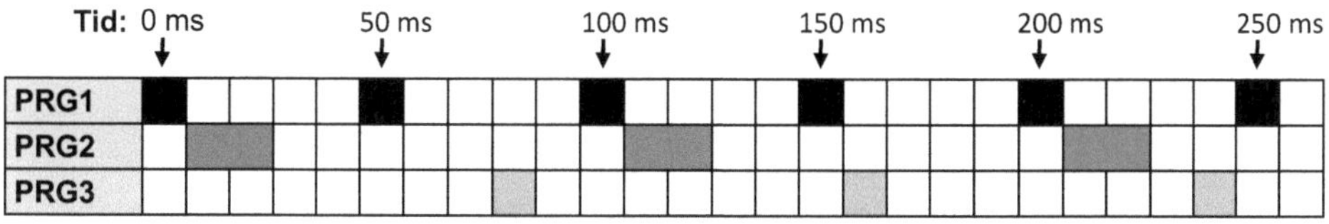

Programmodul **PRG1** bliver afviklet med et fast interval på 50 [ms] og det betyder at hver gang, der er gået 50 [ms] bliver programkoden i **PRG1** afviklet. Programkoden er vist som en sorte kasse og afvikles første gang hvor tiden er 0 [ms]. Programmodul **PRG2** bliver afviklet med et interval på 100 [ms] og **PRG3** med et interval på 80 [ms].

Programkoden i **PRG2** er meget lang, og derfor tager det længere tid at afvikle. Dette er illustreret ved at **PRG2** har to kasser, frem for kun én kasse.

En PLC kan kun afvikle ét programmodul ad gangen. For at sikre at det rigtige programmodul afvikles først, skal hvert programmodul have en scan afviklingsprioritet. Dette indstilles (konfigureres) i PLC programmet hvor scan tiden indstilles. **PRG1** har således fået en højere prioritet end **PRG2**, så **PRG1** altid afvikles før **PRG2**, selvom de to programmoduler skal afvikles på samme tid hvert 100 [ms].

© 2021 Tom Mejer Antonsen

Grundlæggende virkemåde for en PLC:

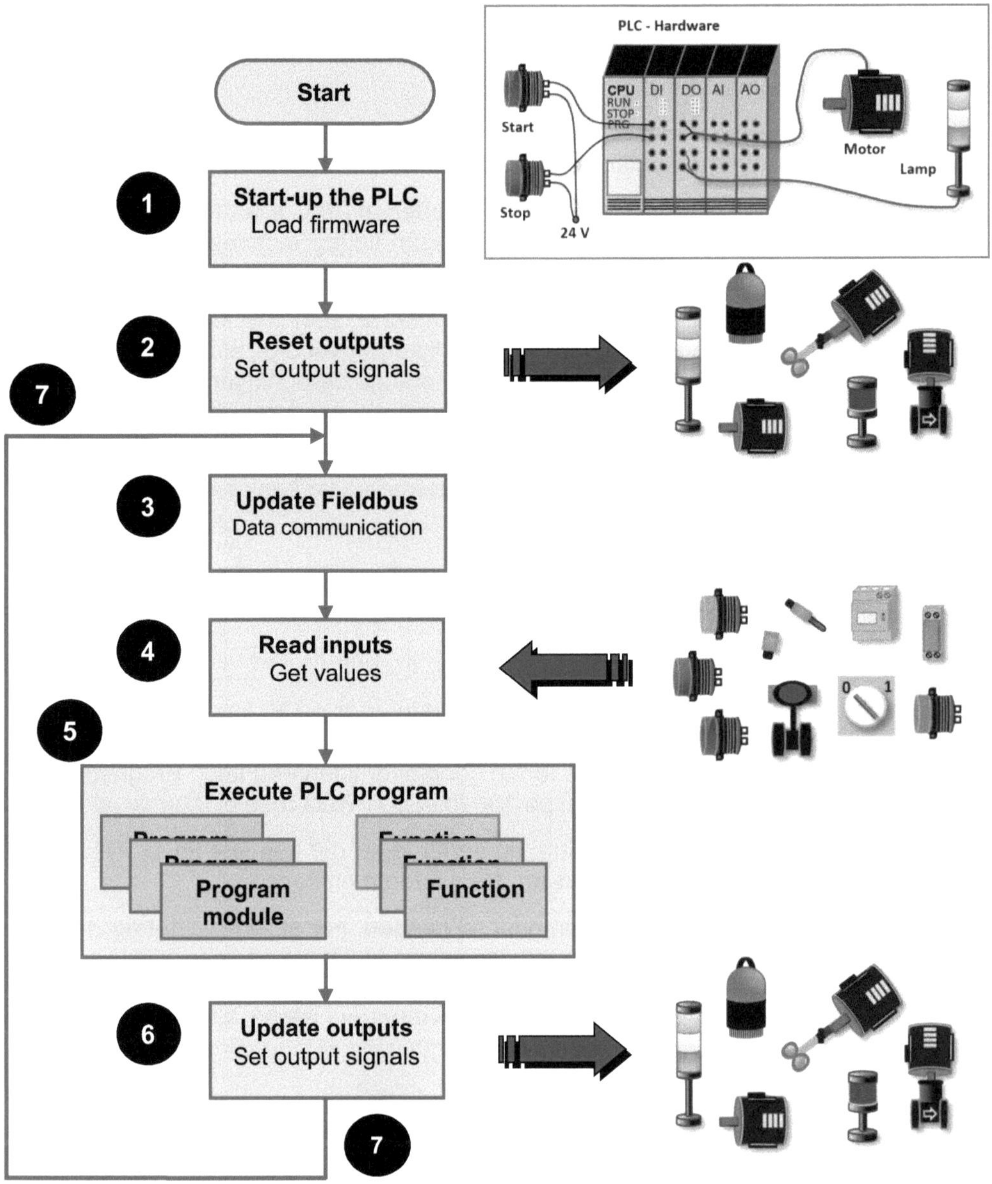

 © 2021 Tom Mejer Antonsen

Flowdiagrammet viser følgende:

1 Når en PLC tændes vil den starte op (boote) og indlæse operativsystemet, som i en PLC hedder firmware. Dette sikrer, at programmet kender den hardware (HW), som er forbundet.

2 Efter opstart sættes udgange til den værdi, de er initialiseret til. Det er vigtigt, at alle udgange har den rigtige startværdi, så maskinen ikke udfører uheldige handlinger, inden PLC-programmet er kommet i gang.

3 Her foretages datakommunikation via netværk (fieldbus). Med datakommunikation modtages og sendes mange værdier til andre enheder (f.eks. betjeningspaneler, andre PLC-styringer eller instrumenter). Der findes mange Fieldbus-typer (f.eks. Profibus, Profinet og EtherNer/IP), men grundlæggede fungerer de ens.

4 Her indlæses værdier fra alle de sensorer, kontakter, afbrydere, instrumenter og komponenter der er på maskinen eller anlægget.

5 Afvikling af alle PLC-programmer. Alle programmer gennemløbes (afvikles) én gang afhængig af scan-tid. PLC-programmer er opdelt i:

Programmoduler. Se afsnit 18, side 122
Funktioner. Se afsnit 19, side 140
Funktioner (FC) og Funktionsblokke (FB). Se afsnit 19.1, side 142

PLC-programmer skal opdeles for at give en god programstruktur.

6 Udlæsning af værdier til alle de fysiske udgange. Det kan være nye indstillinger til motorer, ventiler, lamper og instrumenter.

7 Alle forløb, punkt 3 til 6 gentages. Det kaldes ét program-scan.

Programafviklingen stopper først hvis:

- PLC-programmet sættes i STOP mode
- Der sker en fejl i programafviklingen (run time error)
- PLC slukkes

4.4 Variabler

I hukommelsen (RAM) ligger firmware, PLC program og variabler:

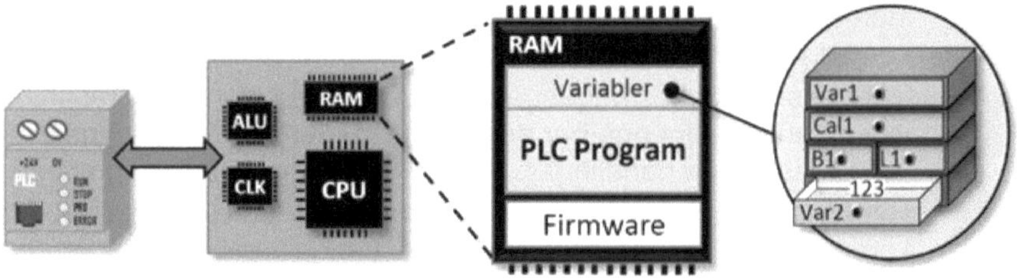

Variablerne ligger i hukommelsen og kan ses som en kommode med mange skuffer. Hver skuffe skal have et passende navn (variabel navn), så skuffen er nem at finde.

I hver skuffe gemmes data (f.eks. et tal eller en værdi fra en sensor), som PLC programmet skal bruge. På tegningen ses at variablen **Var2** indeholder tallet 123.

Variabler kaldes i nogle PLC typer for TAGS eller alias.

Der er forskellige størrelser af skuffer. Store skuffer til store tal og små skuffer til små tal. De forskellige variabel størrelser benævnes datatyper. Når PLC programmet skrives skal variabler oprettes (erklæres), med et passende navn og korrekt datatype.

Når en variabel oprettes skal der være en begrænsning på om variablen må ændres af PLC programmet, eller om variablen skal have en fast værdi (konstant). Det kan også være at kun bestemte programdele må bruge variablerne. Rettighederne eller opførsel hedder variabel scope (scope betyder synlighed eller tilgængelighed).

Når variabler oprettes skal de tildeles en start værdi (det hedder at initialisere), så man ved hvad der er i skuffen ved opstart. Dog vil en PLC ofte bruge værdien 0, men dette er der ikke 100% garanti for, da der kan ligge en gammel værdi i skuffen.

Variabler benyttes også i matematiske formler, som her en ligning for en ret linje:

$$Y = a \cdot X + b$$

Formelen består således at fire variabler.

En variabel er også et flag (markering) som det kendes fra en amerikansk postkasse:

 Der er noget i postkassen. Flag er hejst og det betyder **TRUE**.

 Postkassen er tom. Flag er ikke hejst og det betyder **FALSE**.

 © 2021 Tom Mejer Antonsen

Indlæsning af værdier til hukommelsen

Det er firmware programmet som der sørger for at hente værdier fra de forbundne komponenter (f.eks. en manuel omskifter) og flytte værdien ind i hukommelsen:

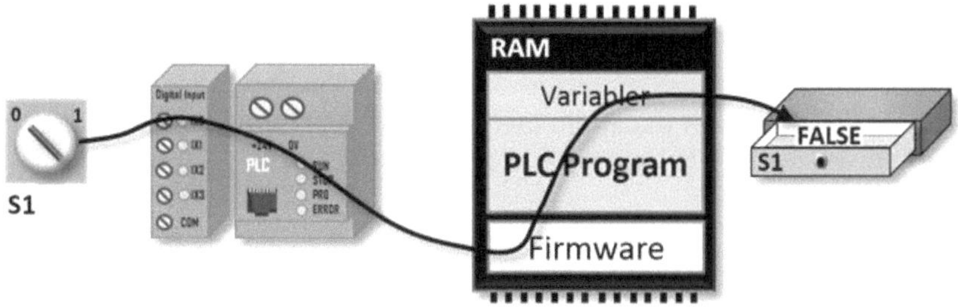

Alle værdier hentes en gang i hvert programscan. Værdierne kommer ind via et indgangsmodul, og de placeres i den rigtige skuffe i hukommelsen. Den manuelle omskifter har fået navnet **S1** og variablen har fået samme navn, så det er nemt at se sammenhængen.

Udskrivning af værdier fra hukommelsen

Når en værdi skal udskrives fra hukommelsen, så henter firmware programmet selv værdien i hukommelsen og flytter værdien til et udgangsmodul:

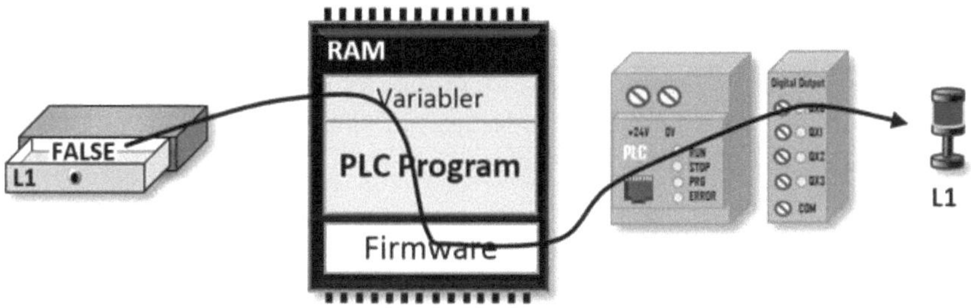

Alle værdier udskrives i hvert programscan lige efter at programkoden er afviklet. Værdien hentes i den rigtige skuffe i hukommelsen og udskrives via et udgangsmodul. Lampen har fået navnet **L1** og variablen har fået samme navn, så det er nemt at se sammenhængen.

De følgende sider beskriver meget mere om variabler og talsystemer, da det er en vigtig del af et PLC program og er afgørende for at programmet har en god kvalitet.

© 2021 Tom Mejer Antonsen

4.5 Talsystemer

Vi mennesker bruger titalssystemet i vores hverdag. Det er nemt, da vi har ti fingere og dem kan vi bruge til at tælle og regne. Titalssystemet bruger disse tal:

1234567890

Titalssystemet kaldes også for det decimale talsystem. Nul (0) foran et tal betyder ingenting og der kan skrives minus tegn (-) til at angive negative tal.

Udvalgte tal i titalssystemet:

18 5 007 -34 23,45

Der benyttes komma (,) som decimal separator, når tal skrives i en dansk tekst.

HUSK: Når kommatal skrives i PLC programmet skal der benyttes punktum (.), da punktum bruges som decimal separator på engelsk.

For at vise at tal tilhører titalssystemet markeres det med 10# eller Dec (decimal):

10#18 Dec18 18D 18Dec

Det kan være nødvendigt i dokumentationen at vise at tal tilhører titalssystemet, så der ikke er tvivl om dette.

Det binære talsystem (totalssystemet)

En PLC kan ikke bruge titalssystemet, da tal i en computer kun kan være 0 eller 1. Talsystemet i en computer kaldes det binære talsystem eller bare bit. Talsystemet har heldigvis en sammenhæng i et digtalt signal:

Hvor 0 angiver intet signal, falsk eller slukket og 1 angiver signal, sandt eller tændt.

Når der er behov for store tal sættes flere bit sammen. Hvis en variabel har en størrelse på 8-bit betyder det, at 8 bit sættes sammen (dette kaldes en byte):

10110011

For at vise at det er et binært tal og ikke et tal på 10,11 mio. kan det markeres i dokumentationen på en af følgende måder:

2#10110011 10110011_2 **BIN**10110011 10110011_{BIN}

I en PLC skal binære tal markeres med **2#**.

 © 2021 Tom Mejer Antonsen

Tal i det binære talsystem skal omregnes til titalssystemet, for at vi mennesker nemt kan læse og forstå tallet. Sammenhængen mellem det binære talsystem og titalssystemet er 2^n, hvor n er bit nummer. Dette kan vises ved eksemplet nedenfor:

n (bit nummer)	8	7	6	5	4	3	2	1	
Vægtning 2^n	128	64	32	16	8	4	2	1	
Binær tal	1	0	1	1	0	0	1	1	
Sum	128	0	32	16	0	0	2	1	=179

Eksemplet viser at det binære tal 10110011_2 er det samme som decimaltallet 179_{10}

En variabel kan være 1-bit, 8-bit, 32-bit eller 64-bit. Dette angiver hvor mange 0 og 1 variablen indeholder. F.eks. et stort tal i en variabel på 32-bit ser sådan ud:

$$425689862_{10} = 11001010111111000001100000110_2$$

For nemt at kunne skrive et stort binært tal benyttes 16-talsystemet.

Det hexadecimale talsystem (16-tal system)

For at undgå at skrive mange 0 og 1 ved store binære tal benyttes det hexadecimale talsystem. Det benytter disse tegn:

1234567890ABCDEF

Som det ses består et hex tal af både tal og bogstaver.

Sammenhængen mellem et hex tal, et binært tal og et decimaltal ses i tabellen til højre.

Der er forskellige metoder til at vise at et tal er et hex tal:

$A7_H$ **H**100 **Hex**45 100_H **0x**10 **16#**10 $B883_{16}$

I en PLC benyttes normalt metoden **16#.**

Et binært tal skrives i sektioner af 4, da dette giver et bedre overblik og en tydelig sammenhæng med et hextal:

179_D = 1011 0011_{Bin} $B3_H$

Hex	Bin	Dec
0	0000	0
1	0001	1
2	0010	2
3	0011	3
4	0100	4
5	0101	5
6	0110	6
7	0111	7
8	1000	8
9	1001	9
A	1010	10
B	1011	11
C	1100	12
D	1101	13
E	1110	14
F	1111	15

Der findes flere talsystemer der bruges inden for PLC programmering. Det er BCD kode og Grey Code. Det kan du finde meget mere om på internettet. På internettet findes også mange værktøjer, der kan omregne mellem de forskellige talsystemer.

5 Datatyper (Data types)

I lighed med andre programmeringssprog har IEC 61131-3 standarden mange forskellige datatyper, både standard (elementære) og afledte datatyper. En datatype definerer hvor meget hukommelse, der skal bruges til en variabel og derved den største og mindste værdi for variablen.

5.1 Standard datatyper (INT, REAL, BOOL...)

Følgende (udvalgte) er de datatyper, som er standard i de fleste PLC:

Datatype	Bits	Talsystem	Note	Lavest og højeste værdi	Eksempel
BOOL (Bit)	1	Boolean (Boolsk)		**FALSE/TRUE** eller 0 til 1	**TRUE**
BYTE	8	HEX (Hexa decimal)		16#0 til 16#FF	16#10
WORD **UINT**	16	Binært tal		2#0 til 2#1111111111111111	2#0001000000000000
		HEX (Hexa decimal)		16#0 til 16#FFFF	16#1000
		BCD		C#0 til C#999	C#998
		Heltal uden fortegn (kun positive tal)		0 til 65535	564
DWORD (Double word)	32	Binært tal		2#0 til 2#1111111111111111 1111111111111111	2#10000001000110001 011101101111111
		HEX (Hexa decimal)		16#00000000 til 16#FFFFFFFF	16#00A21234
		Heltal uden fortegn (kun positive tal)		0 til 4294967295 (4.29 mia.)	435
INT (Integer)	16	Decimal Heltal med fortegn		-32768 til 32767	101
DINT (Double integer)	32	Decimal Heltal med fortegn		-2147483648 til 2147483647 (2.1 mia.)	107

 © 2021 Tom Mejer Antonsen

Datatype	Bits	Talsystem	Note	Lavest og højeste værdi	Eksempel
REAL (Floating-point number)	32	IEEE 754 Floating-point number (Decimal tal)	1	Laveste tal: +/-3.402823E+38 Højeste tal: +/-1.175495E-38	1.234567e+13
LREAL (Long Real)	64	Dobbelt Float (Decimal tal) IEEE 754		Laveste:-1.7976931348623E308 Højeste: 1.79769313486232E308	3432.54
TIME (IEC time) **LTime**	32 64	IEC tid opløsning: 1 [ms] el. 1 [ns]	4	T#1ns til T#24d20h31m23s	TIME#10s T#10d14h11m23s T#5s12ms23us300ns
DATE (IEC date)	16	IEC dag, Opløsning 1 dag		D#1990-1-1 til D#2168-12-31	D#1996-3-15 DATE#1996-3-15
TIME _OF_DAY (Time)	32	Tid i en opløs-ning på 1 [ms]	4	TOD#0:0:0.0 til TOD#23:59:59.999	TOD#1:10:3.3 TIME_OF_DAY#1:10:3.3
CHAR **WCHAR**	8 16	ASCII karakter (1 bogstav)	2	'A', 'B' etc.	'E'
STRING		Tekst og tegn	3	Op til 255 tegn	”Dette er en tekst”

Alle variabler skal have en datatype. Hvis en variabel bliver tildelt en værdi, der er uden for min. og max. for variablens datatype område, kan der opstå et overløb på variablen eller run time error (program fejl) og PLC kan stoppe programafviklingen. Det kan også medføre en underlig opførsel under programafviklingen (programmet kan virke ustabilt).

Enkelte PLC-typer kan have flere datatyper end dem, der er listet herover. Generelt anbefales det, at holde sig til nogle få datatyper, så PLC-koden nemmere kan kopieres til andre PLC-typer. F.eks. kan specielle datatyper som **S5TIME**, **LWORD** og **ULINT** ikke benyttes af alle PLC-typer. Det betyder, at kopiering af PLC-kode eller opgradering til en større PLC giver en del arbejde og risiko for at introducere fejl.

De 3 mest brugte datatyper er **BOOL**, **INT** og **REAL**. Grunden til at **INT** benyttes mere end **WORD**, er at **INT** altid er den samme data størrelse som bit-størrelsen i en PLC og er derved en hurtig datatype. Hvis der arbejdes med en **REAL** datatype, vil PLC oprette bagvedlæggende maskin-kode, da en PLC kun kan håndtere heltal. En **REAL** datatype er altså mere krævende, for en PLC at arbejde med.

© 2021 Tom Mejer Antonsen

Ulempen ved **INT** er ved brug i data kommunikation mellem 2 computere, hvor den ene computer er en PLC som anvender 16-bit og den anden en PC som anvender et 64-bit operativ system eller en lille 8-bit computer (embedded computer). Den lille embedded computer kan være en sensor, et måleinstrument, et proces analyseapparat eller andet udstyr på et anlæg.

Bemærkninger til ovenstående tabel

1) En **REAL** indeholder max. 7 betydende cifre. Dette betyder at hvis en variabel tildeles værdien 1234.56789, vil variablen ikke kunne indeholde tallet. Værdien i variablen vil blive ændret til 1234.567 (dog vil nogle PLC vise et ciffer mere: 1234.5678)

I nogle PLC-typer hedder denne datatype en FLOAT

Da nogle computere tolker en **REAL/FLOAT** forskelligt kan det give udfordringer ved datakommunikation mellem computerne. For at afhjælpe dette, kan en **REAL** "flyttes" til en **INT** eller **DINT** variabel ved at gange med 100, og når data er modtaget i den anden computer divideres med 100. På den måde kan et decimal tal med 2-cifre overføres uden problemer.

2) ASCII karakterer benyttes typisk, når der skal bruges tekst på f.eks. brugergrænseflader, datalogning til filer, kommunikation mellem instrumenter eller andre PLC samt data fra et tastatur.
Da en PLC "kun kan" arbejde med heltal, har bogstaver og tegn fået et nummer i en ASCII tabel.
Datatypen **CHAR** er 8-bit (kan indeholde 255 forskellige tegn). En **CHAR** datatype kan typisk bruges til 1 til 5 forskellige landesprog.
WCHAR er 16-bit og benyttes til Unicode (ISO 10646, globale tegn). Unicode er til internationale PLC-styringer.
WCHAR bruges typisk, når samme PLC-kode bruges i flere lande med forskellige sprog i brugergrænsefladen.

3) En **STRING** består af et **ARRAY** OF **CHAR** og er normalt fastsat til 255 tegn (**CHARS**)
Se også ovenstående note 2).
WSTRING bruges til Unicode (ISO 10646, globale tegnsæt) og består af et **ARRAY** med **WCHAR**.
Bemærk, at nogle PLC-typer kan have max. 80 karakterer i en **STRING**, hvis **ARRAY** ikke er begrænset til f.eks. 10. Det er god programmering at begrænse længden af **ARRAY**, så der ikke bruges unødvendigt meget hukommelse.

 © 2021 Tom Mejer Antonsen

4) **TIME/DATE** er internt i en PLC beregnet ud fra et heltal, der tæller tiden fra 1.1.1970 kl 00:00 og kan derfor kun konverteres til et heltal. (se dokumentation fra den enkelte PLC-producent).

En PLC henter den aktuelle tid i et elektronisk komponent, der er indbygget i PLC-hardwaren. Den tid er ikke særlig nøjagtig. En nøjagtig tid skal hentes fra et atom ur. Dette gør en PC helt automatisk i dag, hvis den er koblet på internettet. En PLC kan så hente tiden fra en PC. Dette kan f.eks. gøres en gang om dagen. Det er vigtig, at alle PLC i netværket har samme tid, så alarmer og tidsstempling af loggede data (f.eks. eventlog – log af f.eks. ændringer som brugeren foretager i styringen) har samme klokkeslæt.

Når en variabel tildeles et tal, er tallet i 10 talsystemet. Hvis det tildelte tal er i 2-talsystemet (det binære), skal der anføres 2# foran og hvis tal er et HEX-tal, skal der anføres 16# direkte foran tal. F.eks. 2#101 = 5 eller 16#10 = 16.

Normalt bruges en **INT** variabel til tællere og det er vigtigt at være opmærksom på, hvor stort et tal, der kan være i en **INT**, hvis **INT** f.eks. bruges som ”time tæller” - TACHO HOURS på en motor (en tæller, som viser det samlede antal timer en motor har kørt, og det tal benyttes til at se, hvornår der skal foretages service på motoren). Hvis motoren kører 20 timer pr. døgn og motoren har en forventet levetid på 10 år, vil den samlede tæller værdi nå op på:

Timer pr. døgn * dage pr. år * år = 20 * 365 * 10 = 73.000 [timer]

Dette bevirker, at variablen ikke kan være af datatypen **INT**, da **INT** er max 32767. Der skal benyttes en **DINT** (**D**obbelt **Int**eger) eller endnu bedre en **DWORD** datatype, der kan indeholde et større tal.

DWORD kan indeholde heltal fra 0 til 4,29 mia.
Hvis der alligevel er benyttet en **INT**, vil variablen vise: 7466, da **INT** har to ”overløb”. Der sker overløb hver gang tallet bliver over 32767 og ved overløb ”nulstilles” variablen til –32768 (som er mindste værdi for **INT**).

6 Variabel erklæring (variable scope)

Variabler er et centralt element i programmering. Alle variabler har en datatype som beskrevet i afsnit 5.1, side 36.
Når en variabel oprettes, skal den tilknyttes et *scope (anvendelsesområde)*, der beskriver hvordan variablen skal opføre sig i hukommelsen.
Herunder ses en tabel over de mest typiske variabel scope i en PLC:

Scope	Beskrivelse
VAR	Mellem **VAR** og **VAR_END** er alle de lokale variabler defineret. Der er ikke adgang til lokale variabler uden for funktionen, funktionsblokken eller programmodulet. **TIPS**: I nogle PLC-typer benævnes dette område som *Static.*
VAR_GLOBAL	Global variabel erklæringsområde. Variabler i denne sektion kan tilgås fra alle steder i PLC-koden og fra enheder som sidder på en Fieldbus (netværk). F.eks. HMI (skærm til brugerbetjening) Begræns brugen af globale variabler, da det gør PLC-koden uoverskueligt og svær at fejlfinde i.
VAR_INPUT	Bruges af funktioner til variabler der skal *ind* i funktionen. Se mere i kapitel 19, side 140
VAR_OUTPUT	Bruges af funktioner til variabler der skal *ud* af funktionen. Se mere i kapitel 19, side 140
VAR_IN_OUT	Input og output variabel erklæring til funktioner. Det er en adresse på variablen der *overføres* til funktionen og der arbejdes direkte på variablen og *ikke en kopi* som ved **VAR_INPUT**. Benyttes når en variabel er en **STRUCT** eller **ARRAY.** *Bemærk: **STRUCT** og **ARRAY** er ikke medtaget her i bogen.* Skal bruges med omtanke, da funktionen ændrer i en variabel som ligger uden for funktionen. Se mere i kapitel 19, side 140
VAR_EXTERNAL	Hvis et programmodul bruger dette scope på en variabel, vil programmodulet kunne tilgå den globale variabel af samme navn. Skal bruges med omtanke.
VAR_TEMP	Midlertidig variabel erklæring i funktioner. Det betyder at indholdet af variablen forsvinder når funktionen forlades. Er benævnt "Local Temp" i nogle PLC-typer.

 © 2021 Tom Mejer Antonsen

Scope	Beskrivelse
AT	Tildel hukommelsesplacering (adresse) til en variabel. Det kan være en IO-adresse (adresse på PLC indgangs-modul eller udgangs-modul). Indgang kan være benævnt %IX1.0, hvor %I fortæller, at det er en indgang eller %QX0.0, hvor %Q fortæller det er en udgang. Der benyttes Q som bogstav for udgang (der bruges ikke O, da dette kan forveksles med nul). Se eksempel i afsnit 6.1, side 42. Hvis der ikke står noget i denne sektion, vil PLC normalt automatisk tildele den næste frie interne adresse i hukommelsen.
CONSTANT	Variabel kan ikke ændres under programkørsel. Benyttes til tal og værdier, som skal være konstante gennem hele programmet. Vigtig at benytte dette scope, når samme faste værdi bruges *mere end 1 gang i samme PLC-program*. Se mere i afsnit 7.2, side 49.
RETAIN	Behold variabel værdi efter strømsvigt. Gemmes i memory (den interne hukommelse). Vigtigt at bruge dette til en variabel som indeholder f.eks. timetællere, emnetællere eller lign. da disse tællere ikke må miste den værdi de er kommet til, hvis strømmen forsvinder eller PLC slukkes. Se eksempel i afsnit 6.1, side 42. Ikke muligt i en **FUNCTION**.
PERSISTENT	Som **RETAIN**. Gemmes i en ASCII fil på harddisken. Vigtigt at bruge til variabler som indeholder f.eks. timetællere, emnetællere eller lign. Ofte kun muligt i en soft-PLC. Når indholdet af variablerne ligger i en fil på harddisken, er det nemt at flytte indholdet af variablerne, når PLC skal udskiftes. Ikke muligt i en **FUNCTION.**
END_VAR	Slut på variabel erklæringsområde. Et variabel scope afsluttes altid med **END_VAR.**

© 2021 Tom Mejer Antonsen

6.1 Eksempel: Variabler, oprettelse og IO-Modul

Dette afsnit viser et eksempel med variabel oprettelse:

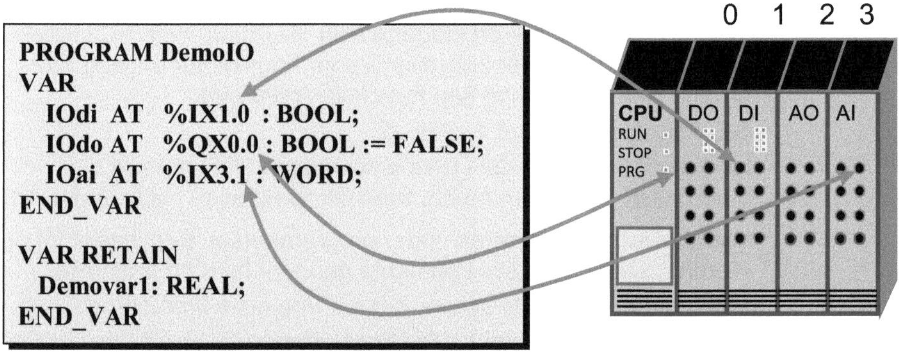

Her er fire lokale variabler i programmodulet, der hedder **DemoIO**. Der er en variabel **IOdi** med datatypen **BOOL** og den har direkte forbindelse til port adresse nr. 0 på hardware indgangsmodul (PLC IO-kort) nr. 1. Det giver ikke mening at initialisere variablen, da værdien er bestemt af den sensor, som er forbundet til indgangsmodulet.

Udgangsvariablen **IOdo** er default sat til **FALSE**, for at være sikker på, at udgangen er slukket ved opstart. Den har direkte forbindelse til port adresse nr. 0 på hardware udgangsmodul (PLC IO-kort) nr. 0 (Modul nærmeste CPU).

Indgangsvariablen **IOai** er en analog værdi med datatypen **WORD**. Et analog indgangsmodul kan være 16 bit, men er typisk 12 bit eller 13 bit, da de er billigere, og det er ikke altid nødvendigt med en 16 bit opløsning. Variablen har direkte forbindelse til port adresse nr. 1 på hardware udgangsmodulet (PLC IO-kort) nr. 3.

Desuden har programmodulet en variabel som hedder **Demovar1**, der har datatypen **REAL**. **Demovar1** gemmes ved strømsvigt, da den er markeret med **RETAIN**, så f.eks. en tæller værdi bevares.

Nogle PLC-typer har ikke direkte adressering på et indgangsmodul eller et udgangmodul som vist herover. I nogle PLC-typer skrives der **%I*** og **%Q*** og i en mappingstabel,- en liste med sammenhængen mellem variabler og de fysiske ind-og udgangsmoduler,- hvor det er muligt at forbinde variabler med de fysiske moduler.

 © 2021 Tom Mejer Antonsen

7 Variabel navne (naming the variables)

Navngivning af variabler (tags) er vigtigt. Dette afsnit og de følgende afsnit gennemgår håndregler og metoder til fornuftig navngivning af variabler.

Ofte har hver virksomhed deres egne regler og holdninger til, hvordan navngivning skal være, så her er vejledninger og eksempler. Mange PLC-programmører har også en holdning til, hvad god navngivning er. Det vigtigste er et navn som passer til det som variablen bruges til og en kommentar, der hvor variablen oprettes.

Variabel navne skal begynde med et bogstav, herefter kan navnet indeholde kombinationer af bogstaver, tal og nogle symboler som '_'. Variabel navne må ikke have samme navn som foruddefinerede funktioner, standard-rutiner eller brugerdefinerede funktioner. Variabel navne som f.eks. **ARRAY**, **REAL** eller **INT** er derfor ugyldige.

Krav til variabel navne:

- Ugyldige tegn: ~ @ ; " # % & * : < > ? / \{ | },. SPACE, TAB.
- Ofte ugyldige lokale bogstaver, f.eks. danske special tegn: æøåÆØÅ.
- Brug korte sigende navne. Nogle PLC har max. antal på 24 tegn.
- Må ikke starte med tal.
- Pas på med at bruge bogstavet O tæt ved tal.
- Der er ingen forskel på store og små bogstaver.

TIPS til navngivning med flere ord: Først navneord herefter udsagnsord.

F.eks. **PumpRun**, hvor ***Pump*** er navneord og ***Run*** udsagnsord
Har ord to navneord, startes med den største komponent:
F.eks. **PumpSensorError** eller **TankSensorLevel**

Der findes 4 metoder indenfor navngivning:

Ungarsk Notation
Camel Case
Pascal Case
Snake Case

© 2021 Tom Mejer Antonsen

Ungarsk Notation

Det betyder, at der sættes bogstaver som: i, s, ar, b foran variabel navnet for at fortælle programmøren, hvilken datatype der benyttes. Men det kan have nogle uheldigheder, hvis variablen senere skifter datatype, da variabel navne så skal ændres både i PLC-koden og den tilhørende dokumentation. Desuden kan mange programmeringsværktøjer i dag vise datatypen for en variabel med en **Tooltip** funktion (lille gul boks, der kommer frem, hvis computermusen holdes over variabel navnet).

Der er disse muligheder:

X = BOOL, i = INT, I = REAL, ar = ARRAY, s = STRING,
b = Bit, w= WORD, jw = DWORD, e= ENUM

Eksempler:

iMotorSpeed	(Hastighed på motor med datatypen **INT**)
xMotorAlarm	(Alarm på motor defineret som **BOOL** datatypen)
sMotorAlarm	(**STRING** der indeholder en motor alarm)
arMotors	(**ARRAY** med flere motorer)

Camel Case

Denne navngivningsmetode benytter begreber fra Camel Case, hvor sammensætningen af navne startes med et lille bogstav og de efterfølgende ord er med stort bogstav:

Eksempler:

flowMeasureWarningBit	blowerStartBit
motorSpeed	calculateError
sensorHighSignal	motorInitFunction
sensorLow	powerEstimated

Pascal Case

Der benyttes begreberne fra Camel Case, men der startes altid med stort bogstav:

Eksempler:

FlowMeasureWarningBit	BlowerStartBit
MotorSpeed	CalculateError
SensorHighSignal	MotorInitFunction
SensorLow	PowerEstimated

Dette er nok den mest brugte metode i dag, da det er nemt at læse, hurtig at skrive og det giver korte ord.

 © 2021 Tom Mejer Antonsen

Snake case

I denne metode benyttes understregning (underscore tegn) til at adskille ord. Der benyttes understregning, da <SPACE> tegn ikke er gyldig til navngivning. Det kan være svært at læse, når der bruges understregning og det gør navnet langt. Nogle PLC-typer tillader et maksimum på 24 tegn i et variabel navn, og det giver en udfordring når navne bliver lange.

Eksempler:

flow_measure_warning_bit	blower_start_bit
timer_done_bit	calculate_error
initial_motor_frequency	motor_init_function
sensor_high_signal	power_estimated

En stor fordel ved Snake case, er når der benyttes værktøjer til automatisk generering af TAGS/variabler til brug i IO-lister, el-diagram tegninger, PLC og SCADA-kode, da "_" nemt kan udskiftes med "." via søg-og-erstat rutiner.

Ved forkortelse <u>anvend</u> kun standard forkortelser, såsom **cal** for calculate (beregning) eller **avg** for average (gennemsnit). Hvis der benyttes firma specifikke forkortelser eller egne forkortelser, skal der skrives en kommentar i koden eller hvor variablen oprettes, da andre ellers har svært ved at gennemskue hvad forkortelsen betyder.

Det er vigtigt at vælge meningsfulde navne til variabler og for at have mere struktur, kan der tilføjes et nummer. Et eksempel på dette kunne være en variabel, der skal vise status for pumpe nr. 141. Dette kunne give variabel navne som:

Pump_Status_141, Status_141, P141_Status, Pump141Status, PumpStatus_141, P141S, osv.

Hvor **Pumpe141Status** er det bedste valg, da navneord kommer først. Nummeret på pumpen (141), som passer til navneordet (Pumpe) kommer efter navneordet og til slut er (Status). Der er desuden valgt Pascal Case som navngivningsmetode, da det giver korte navne.

Typisk bruges variabel navne med kun ét bogstav: i, j, x, y, z, k, n som iterativ variabel (f.eks. til tællere og løkker) og indeks/pointere i array. Det er hurtigere, at skrive et enkelt bogstav end at skrive f.eks. ArrayIndex eller Counter. Typisk anvendes x, y og z variabel navne i koordinatsystemer eller 3D array.

© 2021 Tom Mejer Antonsen

Variabel navne som **Temp1** og **Temp2** kan anvendes som midlertidige variabler. Disse variabel navne bør dog ikke bruges meget, da de ikke er særlig sigende.

Variabel navne som indeholder ord som **New** og **Ny** skal anvendes med forsigtighed, da de jo ikke er nye for den programmør, som skal rette koden senere.

Nogle programmører foretrækker også at bruge datatypen, som en del af variabel navnet. For eksempel Int_Number_of_Run og Real_Initial_Temperature. Det minder lidt om Ungarsk Notation og giver nogle lange navne og det giver besvær hvis datatypen senere skal ændres, da navnet så skal ændres.

En ekstra fordel kunne være, at tilføje hver variabel et unikt nummer foran, så variablerne er nemmere at genkende og søge efter i PLC-koden og dokumentationen:

B8040_MotorSpeed	**S213_PumpAlarm**
B8041_MotorCurrent	**S101_PumpSpeed**
B8044_MotorPower	**S001_SoftWareVersion**
B9000_ValueToHMI	**S501_ReadFieldbusData**

De nævnte metoder er navngivning til variabler. Men metoderne kan fint bruges til navngivning af funktioner, funktionsblokke og programmoduler.

En del programmører bruger **fb** og **fc** foran egne funktioner og funktionsblokke:

fbCalculateArea	**fcArrayFindMin**
fcMotorStatus	**fcArrayFindMax**

Mange indbyggede standard funktioner og rutiner bruger ikke **fb** og **fc** ved navngivning, så det er svært at være konsekvent.

Navngivning som B1, B2, B3, B4 ..... er ikke OK, med mindre det er brugt i opgaveformuleringen, kravspecifikationen eller styringsspecifikationen. Her i bogen er denne navngivning dog ofte anvendt, da dette giver korte navne.

De korte variabel navne er defineret i standarden DS 81346 series "Industrisystemer, installationer og udstyr og industriprodukter - struktureringsprincipper og referencebetegnelser". Reglerne bruges i referencebetegnelsessystemer (RDS).

Udvalgte forkortelser fra DS 81346:

B = Indgangsværdi. F.eks. sensor.
M = Forsyne mekanisk energi. F.eks. til en motor eller transportbånd.
P = Præsenter information. F.eks. en lampe
S = Manuel betjening. F.eks. start eller stop kontakt

 © 2021 Tom Mejer Antonsen

Alarmtekster kan både være af datatypen **STRING**, som indeholder en tekst og **INT** hvis det et alarm nummer. Der kan være flere sprog på betjeningspanelet (HMI) til styringen, så navngivning kunne være:

sAlarmMotorLoad_DK	"Alarm motor overbelastet"
sAlarmMotorLoad_UK	"Alarm motor overload"
iAlarmMotorLoad	12004

Ved navngivning følger mange virksomheder inden for procesindustrien (mejeri, bryggeri, medicinal, olie) S88 standarden (ANSI/ISA-88). Standarden anbefaler en navngivning som afhænger af sensor typen og det område på fabrikken sensoren befinder sig i. Denne navngivning går helt fra IO-listen og styringsspecifikationen til PLC-programmet og test-dokumenterne (FAT/SAT). Det gør det nemt at finde rundt i variablerne, PLC-koden og dokumentationen. Der er sporbarhed i hele styringen og det giver færre misforståelser og en bedre kvalitet.

Eksempler:		
	FZ.MM01.UE01.PO3	FZ_MM01_UE01_PO3
	FZ.MM02.UE01.M01	FZ_MM02_UE01_M01
	FZ.MM02.UE01.TT01	FZ_MM02_UE01_TT01

Hvor **PO3** er "Control Module", **UE01** er "Equipment Module" og **MM01** er "Process Cell", når navngivningen følger S88 standarden.

Hvad skal man vælge?

Hvilken af de fire navngivningsmetoder der er bedst, er ofte en holdningssag og bestemt af hvad man tidligere har arbejdet med.

© 2021 Tom Mejer Antonsen

7.1 Variabler med enhed (unit)

Mange variabler har behov for at være tilknyttet en enhed (unit) for at give mening. Hvis f.eks. en variabel er oprettet til at repræsentere en temperatur skal man vide om temperaturen er i °C (grader Celsius) eller °F (grader Fahrenheit).

Det vil derfor være en hjælp for programmøren, hvis enheden tilføjes variabelnavnet.

En variabel som måler temperatur i grader °C kan skrives som f.eks. **MeasureTemperatureC**, hvor °C angiver enheden. Enheden kan også skrives i kommentarfeltet, hvor variablen oprettes, men ikke alle PLC-typer gemmer kommentarerne, hvis programkoden seneres hentes fra den kørende PLC.

Eksempler på andre (udvalgte) variabler, som kræver en enhed:

Variabel	Udvalgte mulige enheder
Tid, periode	us, s, minutter, timer, dage, uger, år
Speed, hastighed	m/s, km/t, km/h, rpm, %, mph, mm/s, tf/s
Amount, mængde	kg, g, nr., kr., dollars, stk., liter, flasker, colli
Vægt	kg, g, tons, mg, %
Ilt	mg/l, %, g, l
Forbrug	W, kWh, kr., l, kg, $, m, m2, m3, A, k/j, g, l/h

Det er vigtig, at have styr på alle enheder og i nogle PLC-styringer, er der krav om at PLC selv kan ændre enheder, når brugeren ønsker dette. Dette gælder specielt, hvis samme PLC-styring benyttes til flere lande. Det kunne være styringsløsninger til USA og Canada, hvor der kan være et krav om at kunne ændre temperatur enheden online, således at temperatur visning kan skifte mellem °C eller °F.

Eksempler på variabler som har enhed som en del af navnet:

```
TemperatureC
TemperatureF
MotorSpeedHz
MotorSpeedPercent
ConsumptionW
ConsumptionKWH
MotorUseA
```

Bemærk at navne ikke må indeholde %, / og °.

 © 2021 Tom Mejer Antonsen

7.2 Variabler med konstante værdier (CONSTANT)

Variabler der ikke kan ændres under program kørsel, betegnes som en konstant værdi (**CONSTANT**). De benyttes til tal, der bruges *mere end 1 gang i samme kode*. Dette giver en sikkerhed for, at tallet bliver rettet alle steder, hvor det er brugt.

Ofte skrives **CONSTANT** variabel navne med store bogstaver (Upper-Case).

Hvornår skal der oprettes en konstant?

Hvis der er behov for flere steder i programkoden at gange eller dividere med f.eks. 25.4, som er konverteringsfaktoren mellem millimeter og tommer, bør der oprettes en konstant, for eksempel: **MILLIMETERS_PER_INCH** = 25.4.
Omvendt, er det ikke sandsynligt, at konverteringsfaktoren mellem millimeter og tommer senere skal ændres. Hvis den skal ændres, kan 25.4 nemt ændres med en "søg og erstat" funktion. Det tager længere tid at skrive **MILLIMETERS_PER_INCH** end at skrive 25.4. Men det kan ske, at andre 25.4 værdier bliver ændret når "søg-og-erstat" funktionen udføres, hvilket er meget uheldigt.

Benyttes konstanter, giver det desuden et selvforklarende program, da der benyttes tekst frem for bare et tal f.eks. 25.4

Argumenter for at bruge konstanter:

1) PLC-koden er mere læsevenlig
2) Undgå fejl ved ændring af konstanter og tal
3) Spar tid ved ændring af tal

Eksempler på konstanter

PI:=	3.1415927
SECONDS_DAY:=	86400
COUNT_MAX:=	10

BEMÆRK: Hvis en heltalværdi (**INT**) bruges som konstant værdi i en beregning med decimal tal (**REAL**), skal heltallet skrives med et nul f.eks. 3.0 for at sikre, at CPU'en opfatter tal som et decimal tal og håndterer beregningen korrekt.

© 2021 Tom Mejer Antonsen

8 Rutediagram (flowchart)

*Rutediagra*mmer er et rigtig godt værktøj til at forstå hvordan PLC programmet skal skrives, og til at få en god struktur på PLC programmet.

Et rutediagram benytter simple grafiske standardsymboler, der forbindes med linjer og retningspile og er således en grafisk visning af, hvordan PLC programmet skal virke. I rutediagrammet er det således muligt, på en enkelt og logisk måde at følge de handlinger som programmet skal udføre.

Symbolerne og reglerne til et rutediagram er beskrevet i standarden ISO 5807:1985. Standarden indeholder rigtig mange symboler og for at gøre rutediagrammet mere enkelt og overskueligt, er kun de allermest vigtige symboler medtaget her i bogen.

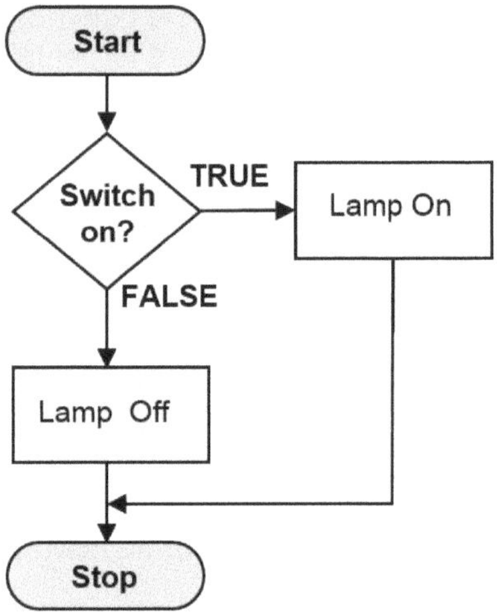

Eksempel på Rutediagram

Rutediagrammer er desuden gode til at beskrive mere komplekse programstrukturer, såsom en algoritme. En algoritmen er et stykke PLC kode, der indeholder en eller flere beregninger, der skal gentages en del gange for at opnå et bestemt resultat. Det kan være algoritmen skal finde de indstillinger en styring skal have, for at opnå en drift med lavest mulige omkostninger.

En stor fordel ved at benytte et rutediagram er, at det er et simpelt værktøj og mange faggrupper kender værktøjet og derfor er det godt at bruge, når virkemåden af PLC styringen skal præsenteres for kunder, kollegaer og brugere. Det er nemmere at forstå et rutediagram end mange linjer tekst med beskrivelser og forklaringer.

Det kan være vanskeligt at skrive et PLC program direkte fra en styringsbeskrivelse eller funktionsbeskrivelse. Men ved først at benytte et rutediagram til at beskrive hvad programmet skal udføre, er det ofte meget lettere at skrive PLC programmet, og efterfølgende er rutediagrammet god dokumentation til PLC programmet.

Da rutediagrammer er et meget udbredt værktøj, findes der mange gratis programmer på internettet, som fint kan benyttes.

 © 2021 Tom Mejer Antonsen

Oversigt over de grundlæggede symboler til PLC programmering:

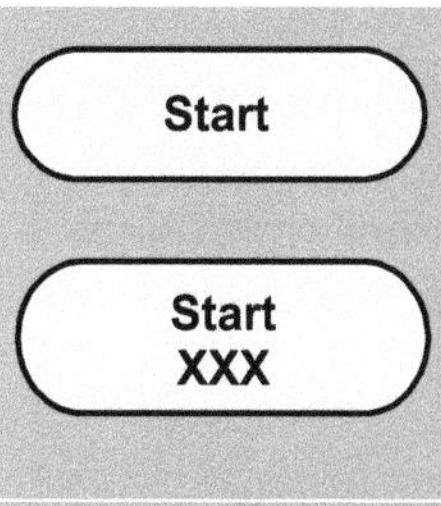

Dette symbol markerer at rutediagrammet starter.

Hvert rutediagram udgør en proces, der kan være en eller flere opgaver, beregninger eller handlinger.

Der skrives "Start" i symbolet efterfulgt af et sigende navn, der beskriver den pågældende opgave. Dette navn bruges efterfølgende i PLC programmet, så der er en tydelig sammenhæng mellem rutediagram og PLC kode.

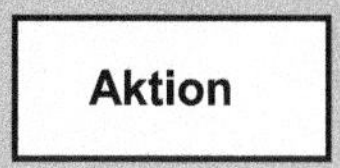

Dette symbol (kasse) kan indeholde en eller flere aktions eller handling(er). Det kan f.eks. være "start motor" eller "tænd lampe". Det kan også være en beregning eller måske en signaludgang der skal sættes til en værdi. Der må gerne være flere handlinger i samme symbol, så der ikke kommer for mange kasser i det færdige rutediagram.

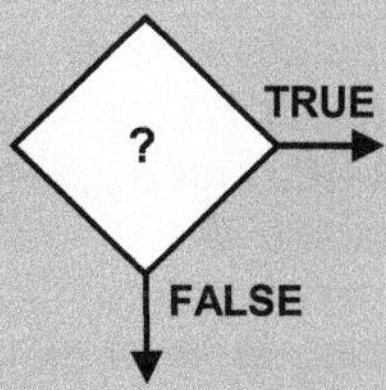

Dette symbol bruges til en beslutning. Indeholder *altid* et spørgsmål (betingelse), der har 2 eller 3 svar muligheder. Spørgsmål kan f.eks. være "Temperatur > 20 grader?" og dette skrives i kassen. Husk spørgsmålstegn!
Svar på spørgsmål skrives som tekst over de streger som går væk fra kassen. Teksten kan være **TRUE** eller **FALSE** som vist til venstre eller "Ja" eller "Nej".
Symbol bruges til at kontrollere signaler og input værdier fra de tilkoblede komponenter: Sensorer, manuelt betjente kontakter eller omskiftere.

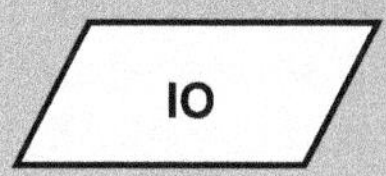

Symbol til Input og Output handlinger. Det kan være værdier der hentes fra sensorer eller brugerindtastning.

Bruges ikke så ofte, da en PLC ikke må vente på brugerindtastning (i stedet kan beslutningssymbol benyttes).

Funktion, under rutine eller underprogram (makro). Bruges til at opdele et stort rutediagram i mindre dele.

I boksen skrives navnet på funktionen eller rutinen.
Brug det samme navn i PLC koden.

Dette symbol markerer at rutediagrammet slutter.

Der skrives "Stop" eller "Slut" i symbolet efterfulgt af det navn XXX der blev skrevet i start kassen.

Retningslinje med pil.

Brug pil, så der ikke er tvivl om retningen.

© 2021 Tom Mejer Antonsen

8.1 Eksempel: Antal pakker

Dette eksempel består af en sensor **B1**, der giver et digital signal hver gang en pakke er ud for sensoren på transportbåndet. Når der har været 5 pakker forbi sensoren, skal lampen **L1** lyse, så operatøren kan få besked om, at 5 pakker har været forbi. Sensoren benytter en lysstråle til at kontrollere om der er en pakke. Sensor giver et **TRUE** signal (24V) til PLC, hvis der er en pakke ved sensoren.

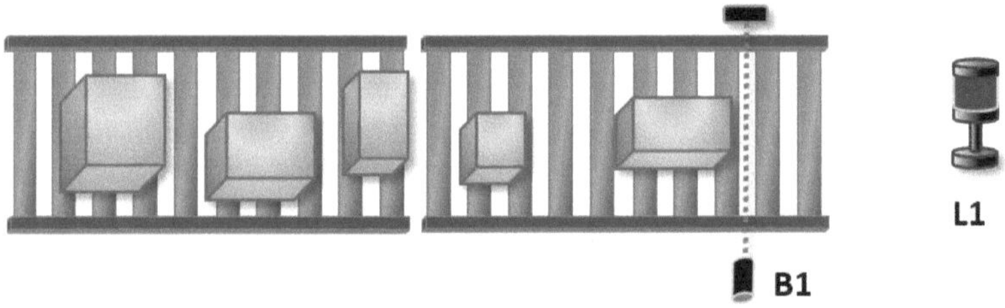

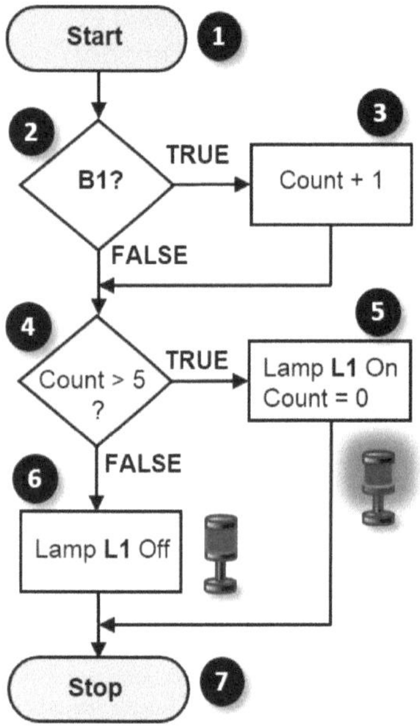

Forklaring til rutediagram

Rutediagrammet begynder med start symbolet ❶. Efter start symbolet er en beslutningskasse ❷, hvor der bliver spurgt om signal fra sensor **B1**.
Hvis signal fra sensor **B1** er **FALSE** (ingen pakke) fortsættes til næste beslutningskasse ❹.
Hvis signal fra **B1** er **TRUE** (der er en pakke) skal programmet forsætte til en handling ❸, hvor der lægges 1 til tælle variablen **Count,** som bruges til at tælle antal pakker.

Dernæst kommer endnu en beslutningskasse ❹, hvor der bliver spurgt om variabel **Count** er større end 5. Hvis svaret til spørgsmålet er nej (**FALSE**) forsættes til handling kassen ❻, hvor lampen **L1** skal slukkes. Hvis svaret til spørgsmålet i ❹ er ja (**TRUE**), forsættes til handling kassen ❺, hvor lampen **L1** tændes og variablen **Count** sættes til nul.

Til slut ❼ afsluttes rutediagram.

For at gøre rutediagrammet mere overskueligt indeholder rutediagrammet ikke alt der skal programmeres. Ofte er det kun nødvendigt at rutediagrammet beskriver hvad programmet skal udføre og hvordan. Når programmet skal kodes i en PLC skal der ofte mere med, end der er vist i rutediagrammet. I dette eksempel er der ikke vist:

Der tælles kun én gang (OneShot) for hver pakke der har passeret **B1.**

 © 2021 Tom Mejer Antonsen

8.2 Eksempel: Lampe der skal blinke

Dette eksempel viser en lampe **L1**, der skal være tændt i 10 sekunder og være slukket i 10 sekunder. Til at styre tiden benyttes en timer **T1** (et indbygget stoptur i en PLC). Lampen skal kun blinke, hvis den manuelle kontakt **S1** er i position 1 (tændt).

Komponenter som indgår i eksemplet:

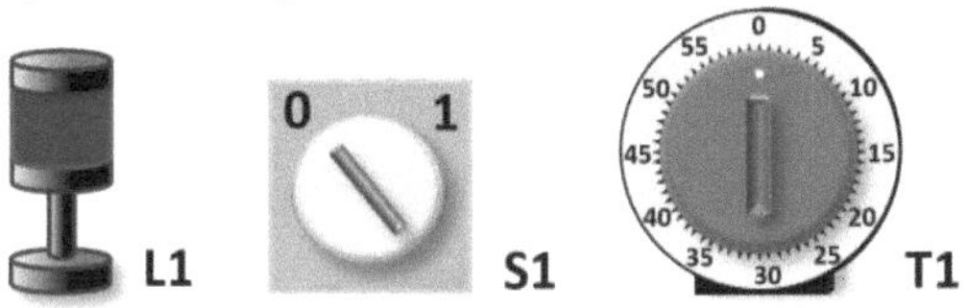

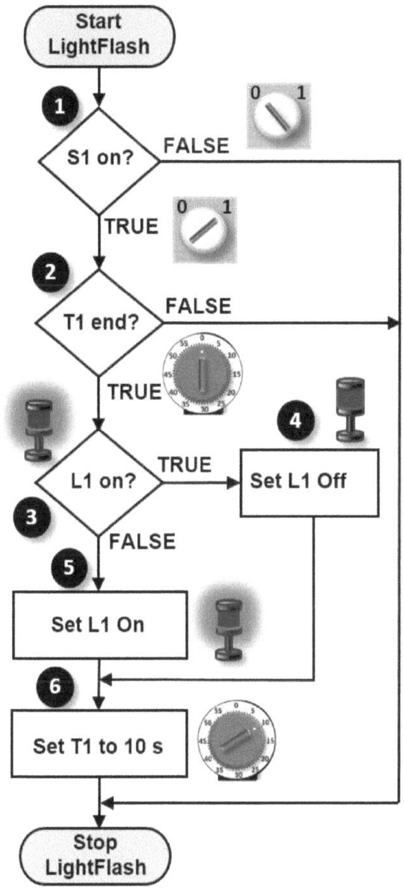

Forklaring til rutediagram

Rutediagrammet starter med start symbol, hvor der er valgt et navn som passer til den opgave som skal udføres.

Det første symbol ❶ er en beslutning, hvor der spørges om den manuelle kontakt **S1** er i stilling 1 (**TRUE**) eller stilling 0 (**FALSE**). Hvis **S1** er i tændt stilling (**TRUE**) forsættes til endnu en beslutning ❷, hvor der spørges om tiden på timer **T1** (stopur) er udløbet. Hvis tiden ikke er udløbet tages ingen handling og rutediagrammet afsluttes.

Hvis tiden på stopuret er udløbet forsættes til en beslutningskasse ❸, hvor der spørges om lampen **L1** er tændt.

Hvis lampen **L1** er tændt forsættes til en handling ❹, hvor lampen slukkes. Hvis lampen var slukket i ❸, forsættes til en handling ❺, hvor lampen **L1** tændes.

Som det sidste er en handling ❻, hvor timeren (stopur) skal genstarte. Tiden sættes igen til 10 sekunder.

Et rutediagram afsluttes altid med et stop symbol, hvor navnet på rutediagrammet kan skrives.

© 2021 Tom Mejer Antonsen

8.3 Eksempel: Transportbånd

En pakke er på et transportbånd. Transportbåndet starter når der trykkes på den manuelle kontakt **S1**, og transportbåndet skal stoppe når der trykkes på kontakt **S2**.
Båndet må først starte, når der trykkes på kontakten **S1** samtidig med, at sensor **B1** registrerer (er aktiveret af) en pakke.
Båndet starter med at køre CW (**C**lock **W**ise – retning med ur) og når sensor **B2** registrerer pakken, skal motoren vende køreretningen, så transportbåndet kører CCW (**C**ounter **C**lock **W**ise – retning mod ur)
Transportbåndet skal stoppe når sensor **B1** igen registrerer pakken.

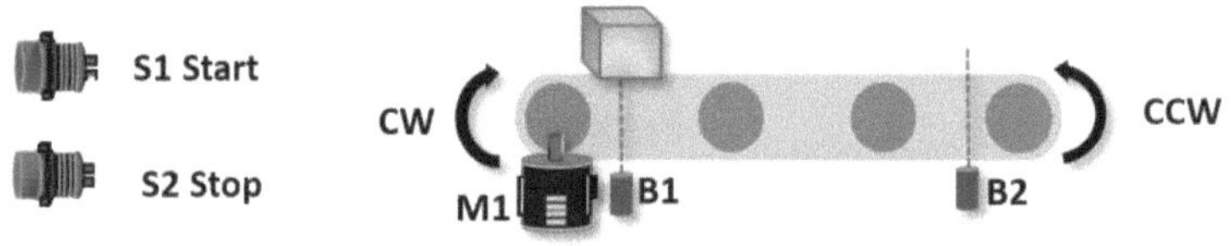

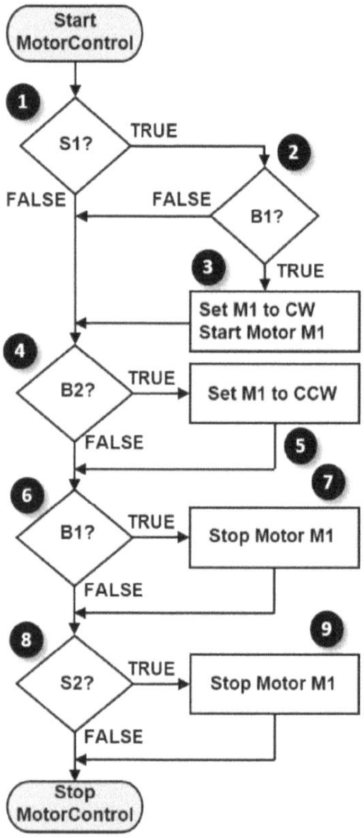

Forklaring til rutediagram:

Start kassen indeholder det navn som er valgt til opgaven og det navn der senere skal bruges i PLC programmet.

Som det første ❶ skal den manuelle kontakt **S1** være aktiveret og sensoren **B1** være aktiveret ❷ for at programmet kommer til ❸, hvor motor starter og kører i den rigtige retning.

En PLC gennemløber programkoden i hvert program scan, og som rutediagrammet viser vil beslutningskasserne ❶, ❹, ❻ og ❽ blive kontrolleret i hvert program scan. Dette betyder at signalet fra alle de fire forbundne komponenter **S1**, **S2**, **B1** og **B2** bliver kontrolleret i hvert program scan og der vil blive udført en handling, hvis der er et signal fra en af komponenterne.

Kasserne ❹ og ❺ viser, at hvis **B2** bliver aktiveret vil motor skifte køreretning.

Kasserne ❻ og ❼ viser at transportbåndet stopper med at køre, når pakken aktiverer **B1.** Kasserne ❽ og ❾ viser at når den manuelle kontakt **S2** aktiveres stopper båndet.

 © 2021 Tom Mejer Antonsen

Et rutediagram kan tegnes på flere måder. Det er vigtigt at tegne rutediagrammet enkelt, læsevenligt og overskueligt.

Her er det samme rutediagram tegnet på en anden måde:

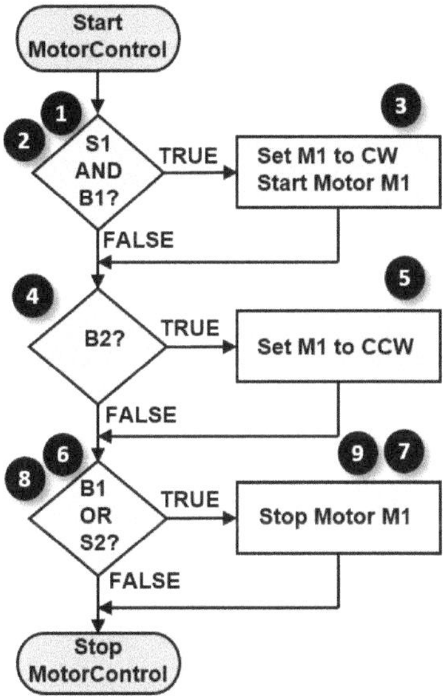

I dette rutediagram er start betingelsen, hvor både **S1** og **B1** skal være **TRUE** samlet i én beslutningskasse ❶ og ❷.

Desuden er de to betingelser som stopper motoren samlet i én beslutningskasse ❻ og ❽.

Dette rutediagram indeholder færre kasser end det på den forrige side og det giver et mere simpelt rutediagram, da det ikke består af mange forgreninger (mange kasser og linjer).

Hvis rutediagrammet er enkelt og overskueligt er det ofte nemmere at skrive PLC koden.

Der bør være en klar sammenhæng mellem PLC kode og rutediagram. Hvis det ender med at PLC programmet bliver anderledes end rutediagrammet, bør rutediagrammet efterfølgende rettes til.

Hvis der er mange kasser (mere end 10-12) er rutediagrammet ofte for kompleks og må opdeles i flere rutediagrammer.

© 2021 Tom Mejer Antonsen

8.4 Rutediagram: Regler og opsummering

Regler for rutediagram:

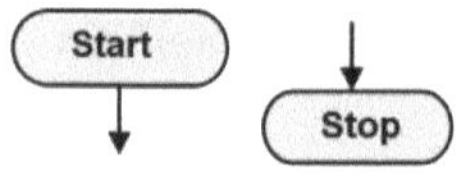

Der skal kun gå én linje ud af en start kasse og én linje ind i en stop (end) kasse.

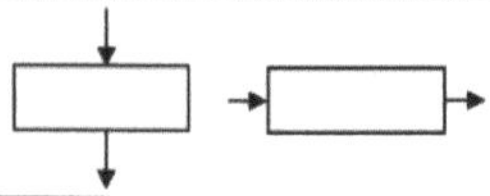

Der skal kun gå én linje ind og én linje ud af en handling (aktion kasse).

Denne spørgekasse er tegnet **IKKE** korrekt.

Der går altid to eller tre pile ud fra en spørgekasse.

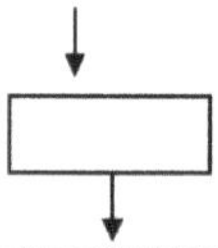

Dette er **IKKE** ok, da den øverste pil er placeret til den ene side og ikke går helt ned til aktion kassen.

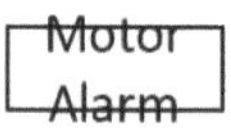

Dette er **IKKE** ok, da teksten ikke kan læses.

Teksten i kassen skal være læsbar.

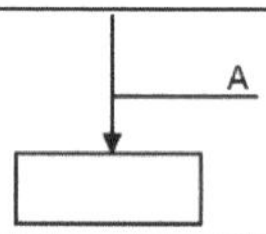

Dette rutediagram er ikke færdigt, fordi der ikke er nogen pil ved A-linjen, og A-linjen går til ingenting.

Opsummering:

- Et godt værktøj til at få struktur på PLC programmet
- Giv hvert rutediagram et navn der passer til opgaven
- Alle linjer skal være forbundet til en kasse eller en anden linje
- Der bør være max 10-12 kasser i hvert rutediagram
- Der bør være en sammenhæng mellem PLC kode og rutediagram
- Et rutediagram giver et godt overblik over PLC koden

 © 2021 Tom Mejer Antonsen

9 LD-programmering

Dette kapitel viser de grafiske symboler der benyttes til programmeringen.

9.1 Symboler til indgangssignal og udgangssignal

Oversigt over de fire grundlæggede Ladder symboler:

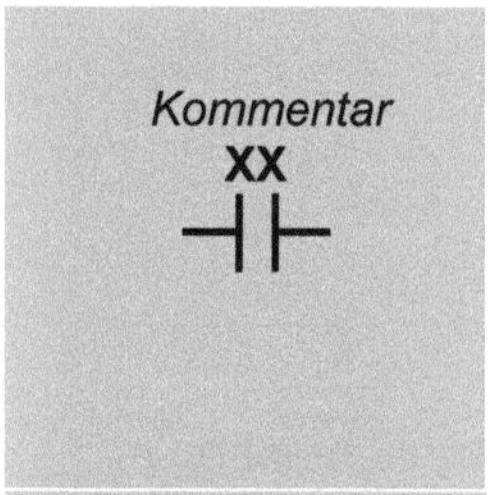

Indgangssignal

Kontakt symbol (**NO** – **N**ormally **O**pen Contact).

Benyttes til et indgangssignal fra en manuel kontakt, en digital sensor på maskinen eller værdi fra en intern variabel.

Er altid en **BOOL** datatype og her vist som **FALSE**.

Navn **XX**, på sensor eller variabel er skrevet over symbol og der skrives en passende kommentar øverst.

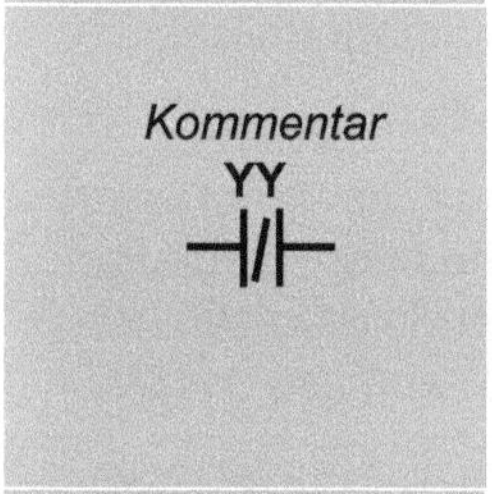

Indgangssignal, inverteret (omvendt) (Engelsk: Negated contact)

Inverteret kontakt symbol (**NC** – **N**ormally **C**losed Contact).

Benyttes til et indgangssignal fra en manuel kontakt, en digital sensor på maskinen eller værdi fra en intern variabel.

Er altid en **BOOL** datatype og her vist som **TRUE**.

Navn **YY**, på sensor eller variabel er skrevet over symbolet, og der skrives en passende kommentar øverst.

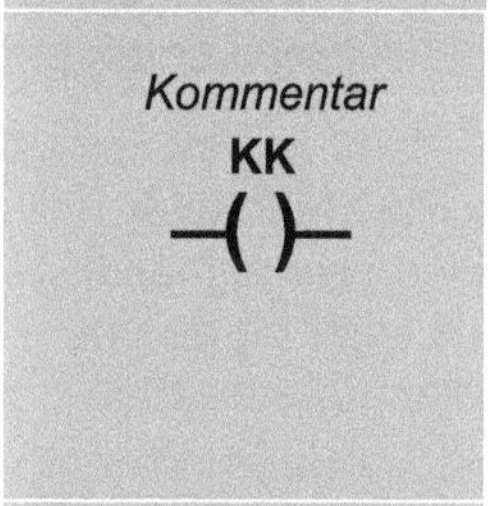

Udgangssignal

Benyttes som udgangssignal til et relæ, en motor, en lampe på maskinen eller en intern variabel.

Er altid en **BOOL** datatype og her vist som **FALSE**.

KK er navnet på udgang eller variabel.

Der skrives en passende kommentar øverst.

På engelsk: Coil (betyder på dansk spole i et relæ).

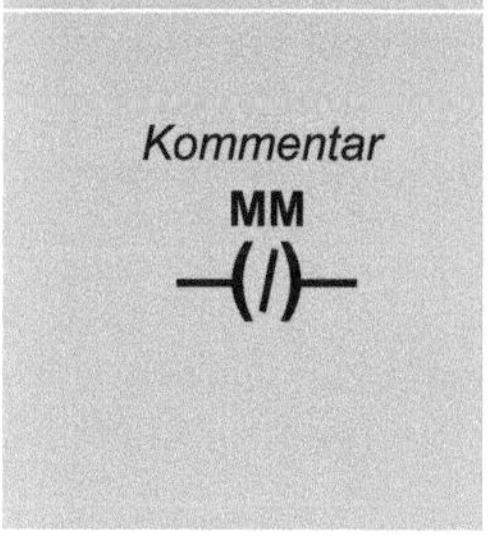

Udgangssignal, inverteret (omvendt)

Benyttes som udgangssignal til et relæ, en lampe på maskinen eller en intern variabel.

Er altid en **BOOL** datatype og her vist som **TRUE.**

MM er navn på udgang eller variabel.

Der skrives en passende kommentar øverst.

På engelsk: Negated Coil (betyder på dansk spole i et relæ).

© 2021 Tom Mejer Antonsen

9.1.1 Eksempel: En drejekontakt og en lampe

En PLC skal tænde lampen **L1** når en manuel drejekontakt **S1** bliver sat i ON stilling. Den manuelle drejekontakt **S1** er forbundet til et digitalt indgangsmodul og lampen **L1** er forbundet til et digitalt udgangsmodul som vist herunder:

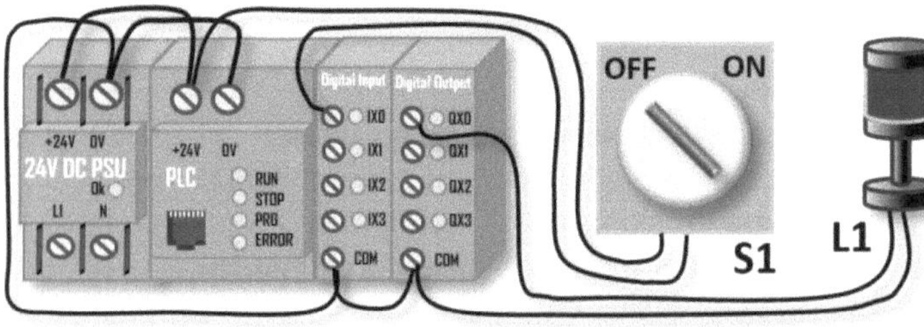

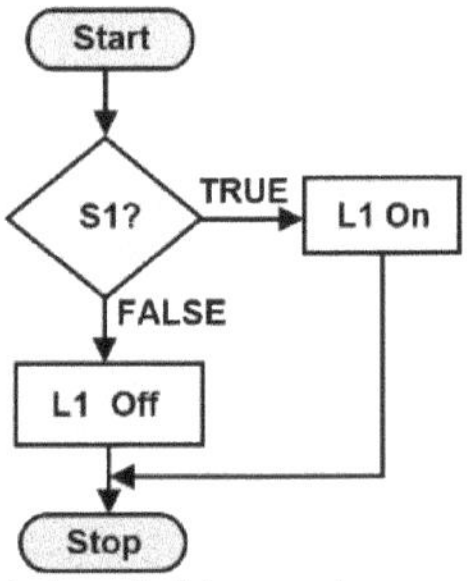

PLC programmet skal bruge et Ladder symbol til den manuelle drejekontakt og et Ladder symbol til lampen. Virkemåden for programmet er vist i rutediagrammet.

Programmet bliver derfor:

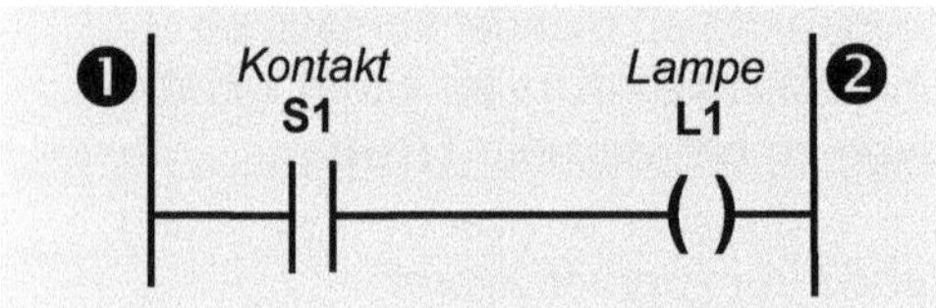

❶ Venstre linje (skinne) er signal vejen hvor der er signal hele tiden. Dette kan ses som en 24V spændingsforsyning.
❷ Højre linje (skinne) kan ses om 0V.

Når PLC sættes til at køre programmet (**RUN)**, vil der komme signal til drejekontakten **S1**, og dette er markeret med dobbelt linjer. Dette hedder simulering:

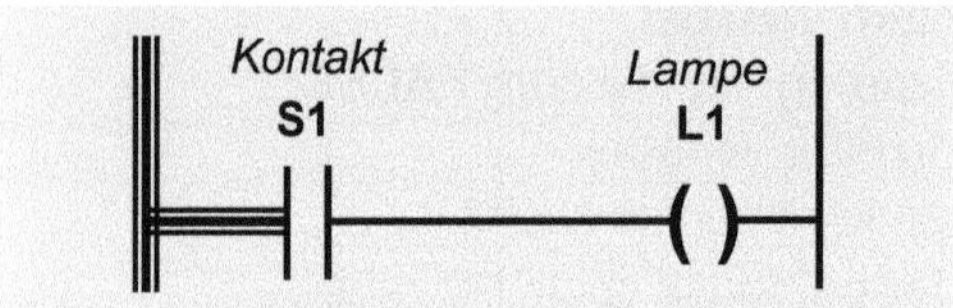

Bemærk: De enkelte PLC fabrikater bruger ofte en farve til at vise signalvejen, i stedet for dobbelt linjer og de anvendte Ladder symboler kan se ud på en anden måde i den PLC du bruger.

Nu sættes drejekontakten **S1** til ON og **S1** Ladder symbol er nu markeret som tændt med en lille grå kasse. Dette bevirker, at der nu kommer signal hen til udgangen **L1**, og som bliver markeret tændt (**TRUE)** med en lille grå kasse. Dette bevirker at der kommer signal på den digitale udgang og derved lys i lampen:

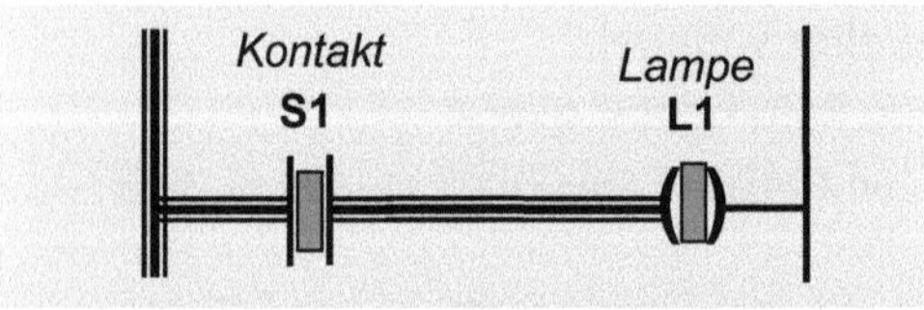

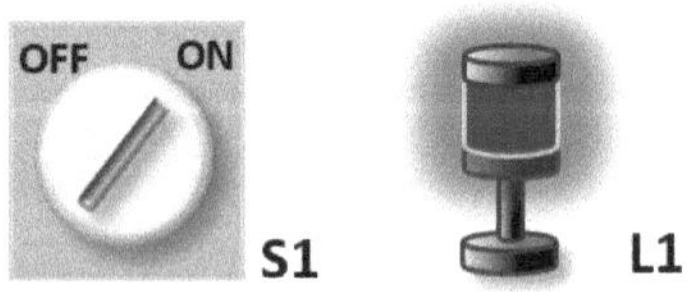

Ovenstående er det mest simple PLC program der kan skrives.

 © 2021 Tom Mejer Antonsen

Hvis der skal være lys i lampen, når drejekontakten står i OFF stilling, skal programmet se således ud, hvor Ladder udgangssymbol er inverteret (omvendt signal):

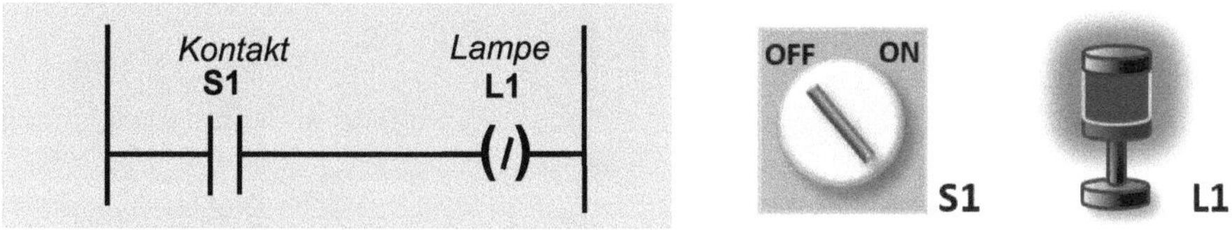

Når PLC programmet sættes til at køre vil det se således ud, hvor linjer der er aktive er markeret med dobbelt linjer. Der er således signal helt hen til drejekontakten **S1**:

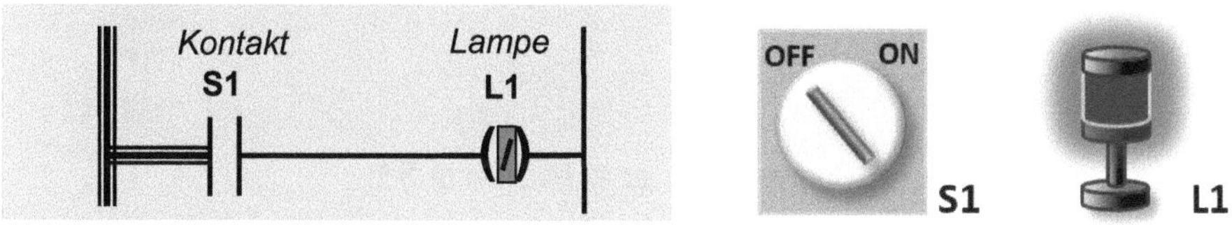

Der er konstant lys i lampen, da udgangen benytter inverteret udgangssymbol.

Nu sættes drejekontakt til ON stilling. Programkørsel ser herefter således ud:

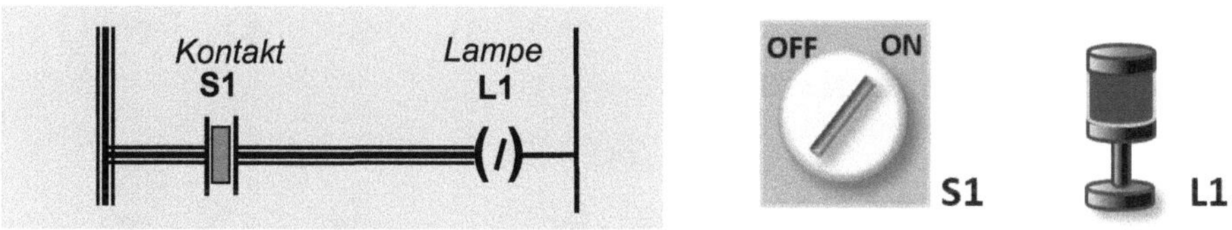

Lampen er således slukket, da udgangssignal er inverteret.

Ovenstående programkode er det samme, som i dette eksempel:

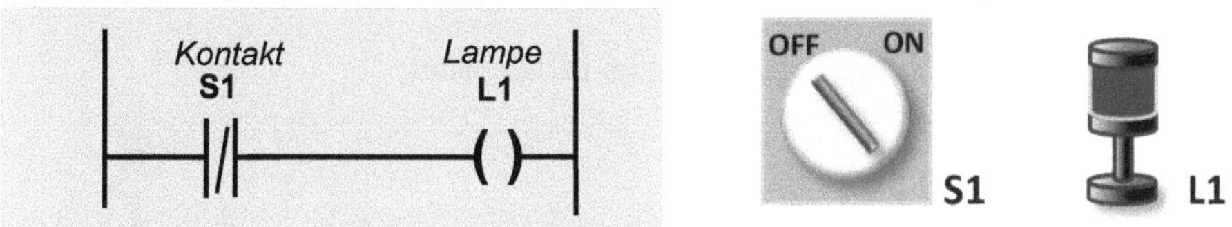

I stedet for at bruge et inverteret udgangssymbol, bruges nu et inverteret indgangssymbol. Ved programkørsel vil det se sådan ud:

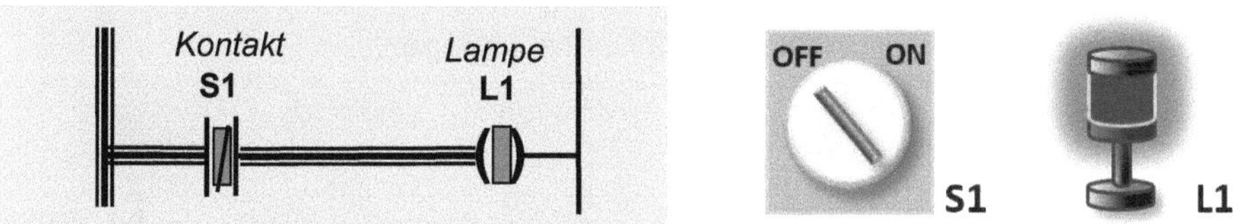

Det virker dog mere logisk, at det er udgangssignalet som er inverteret.

9.1.2 Eksempel: Drejekontakter i serie forbindelse

Dette eksempel indeholder en PLC med to drejekontakter og en lampe.

Begge drejekontakter skal være i ON stilling for at lampen er tændt.

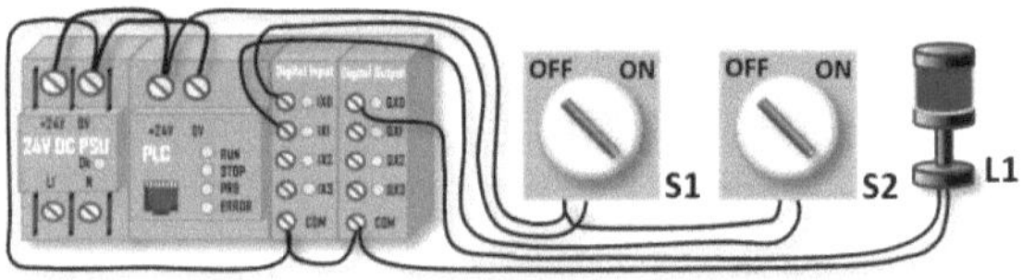

De to drejekontakter skal sidde i serie og det giver dette PLC program:

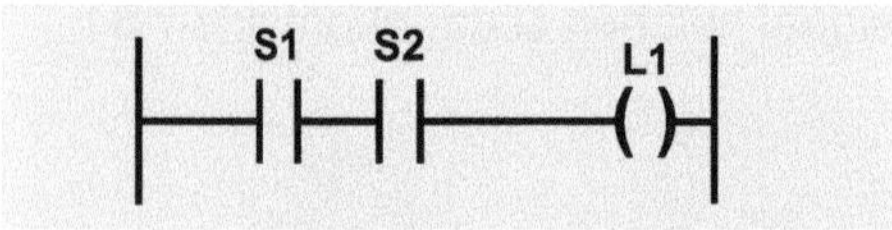

Programmet sættes til at køre og signallinjen er aktiv hen til **S1**:

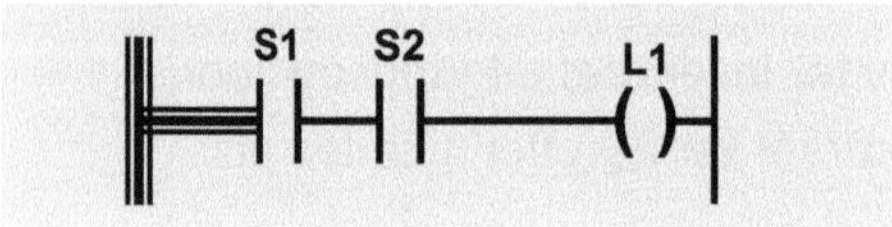

Nu sættes drejekontakten **S1** i ON stilling:

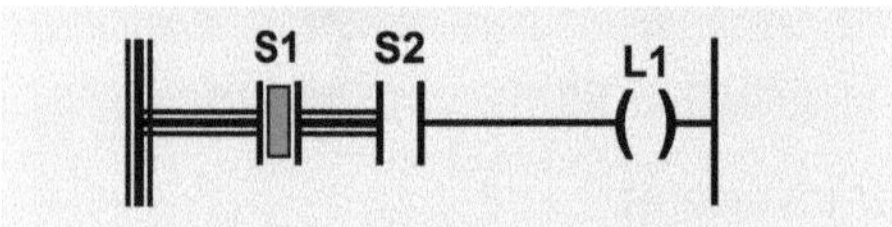

Signal kommer nu hen til drejekontakten **S2**.

Nu sættes **S1** tilbage i OFF stilling og **S2** sættes i ON stilling:

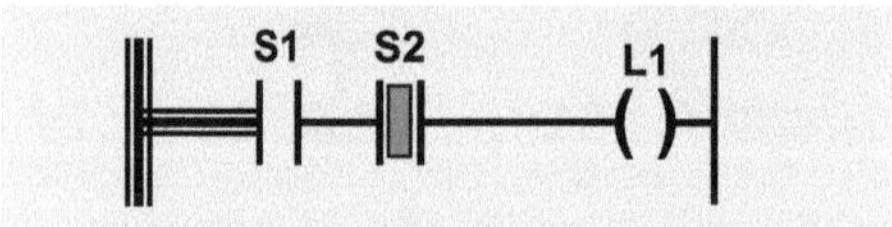

Signal stopper ved **S1**, da **S1** jo var i OFF stilling.

Nu sættes både **S1** og **S2** til ON stilling, og der er lys i lampen:

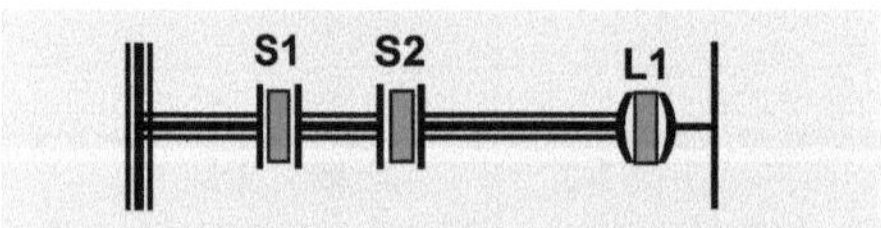

 © 2021 Tom Mejer Antonsen

9.1.3 Eksempel: Drejekontakter i parallel forbindelse

Dette eksempel indeholder en PLC med to drejekontakter og en lampe.

En af de to drejekontakter skal være i ON stilling for at lampen er tændt.

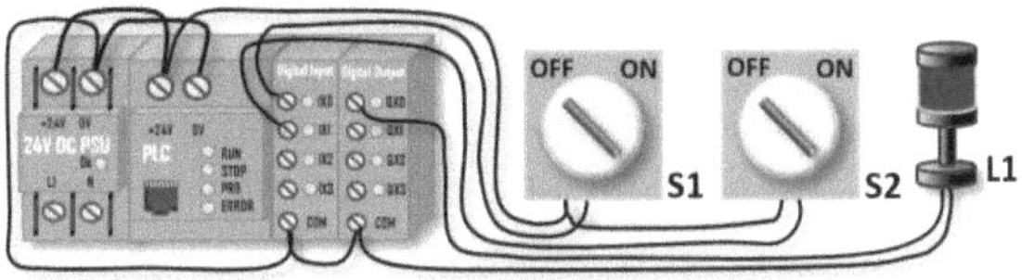

De to drejekontakter skal sidde parallelt og det giver dette PLC program:

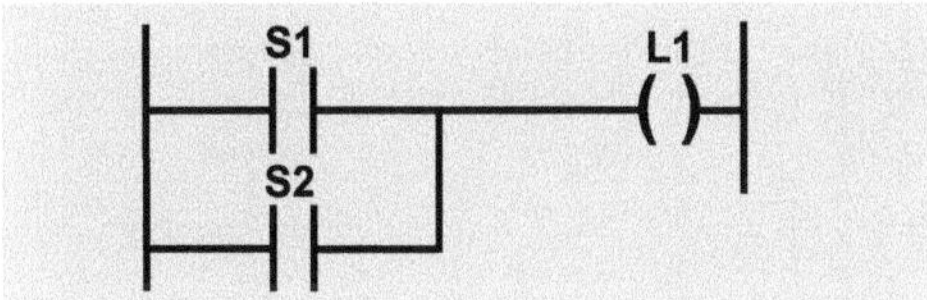

Programmet sættes til at køre og signallinjen er aktiv hen til både **S1** og **S2**:

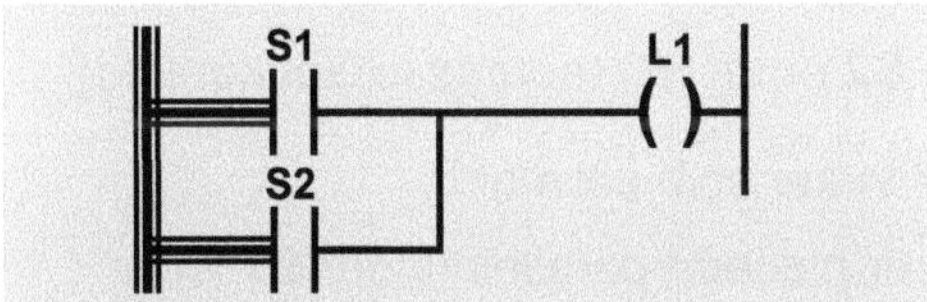

Nu sættes drejekontakten **S1** i ON stilling og der kommer lys i lampen:

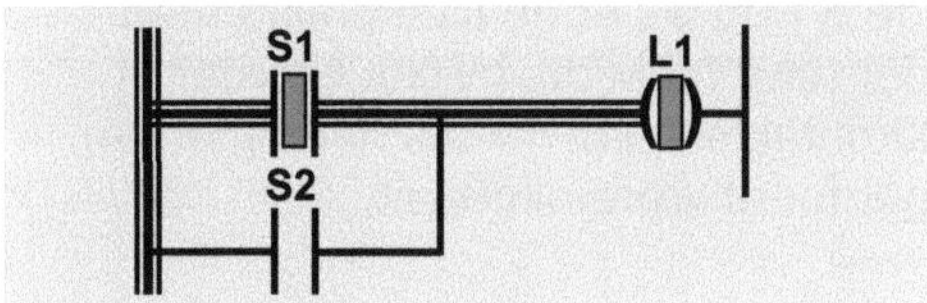

Her sættes **S2** i ON stilling:

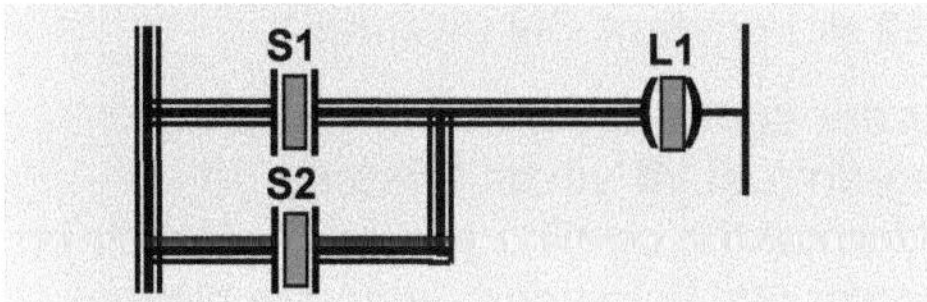

Nu sættes **S1** i OFF stilling og der er stadig lys i lampen:

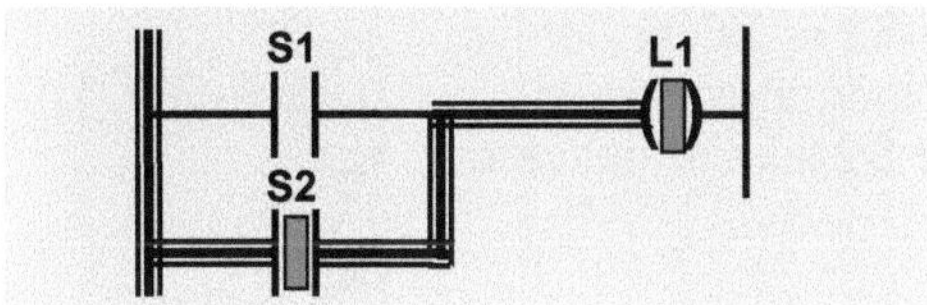

© 2021 Tom Mejer Antonsen

9.1.4 Eksempel: PLC programmering med selvhold (Latch)

Dette eksempel bruger elektriske trykkontakter, hvor et tryk på **S1** tænder lampen **L1** og et tryk på **S2** slukker lampen. I en PLC styring benyttes ofte elektriske trykkontakter i stedet for drejekontakter, da drejekontakter holder stillingen og derfor har PLC programmet ikke mulighed for selv at slukke lampen.

Eksemplet tager udgangspunkt i denne opstilling:

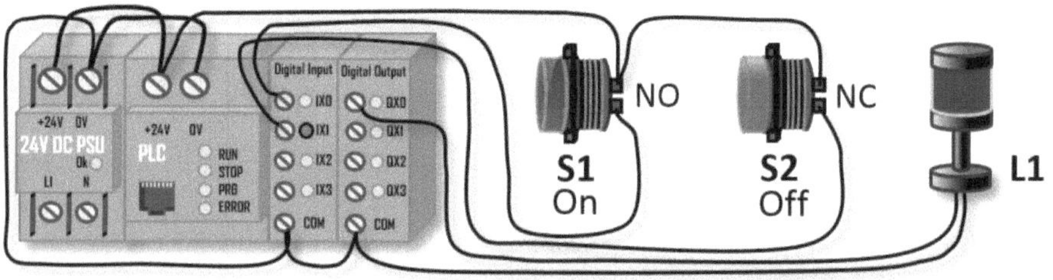

S1 er en NO kontakt (normal åben kontakt) og **S2** er en NC (normal lukket kontakt).

PLC programmet er opbygget, hvor lampen **L1** virker som selvhold:

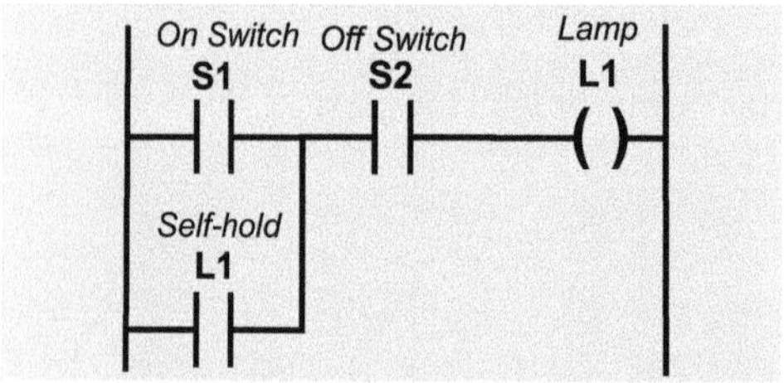

L1 er placeret parallelt under **S1** for at virke som selvhold for **S1.**

Både **S1** og **S2** er en trykkontakt med fjeder retur funktion, hvilket betyder at trykkontakten skal holdes nede med en finger for at være aktiveret.

Bemærk at kontakten **S2** er en NC kontakt og derfor benyttes et NO Ladder symbol i PLC programmet. Dette skyldes at kontakten **S2** er konstant ON (tilsluttet):

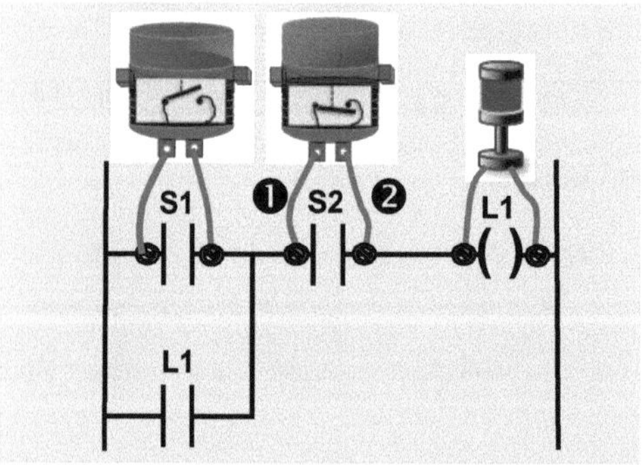

Når der kommer signal hen til **S2** i programmet, ❶ vil det forsætte ud i trykkontakten og tilbage igen ❷. Derfor er signalet ON hele tiden, indtil der bliver trykket på **S2.**

Da **S2** er NC er der lys på indgangsmodulet, når **S2** ikke er aktiveret:

 © 2021 Tom Mejer Antonsen

Når PLC programmet sættes til at køre (RUN mode) ser det således ud, hvor der er signal på **S2**:

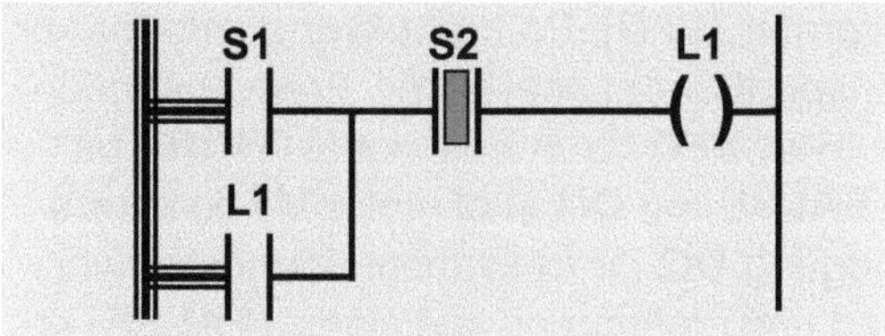

Ved tryk på **S1** kontakten kommer der lys i lampen:

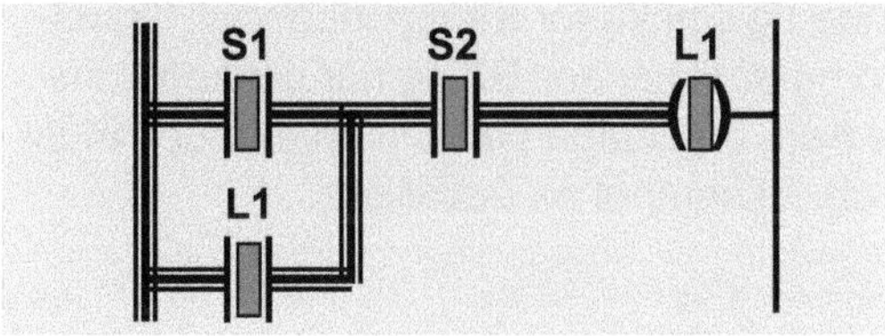

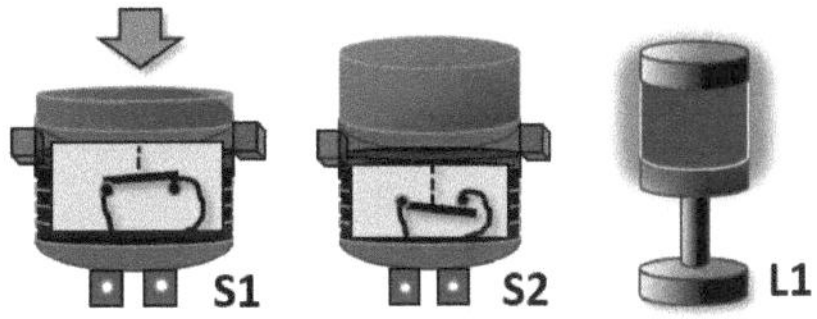

Lamperne på IO-moduler vil se således ud:

Når der ikke mere trykkes på **S1** ser det sådan ud, hvor selvhold med **L1** bevirker, at der forsat er lys i lampen:

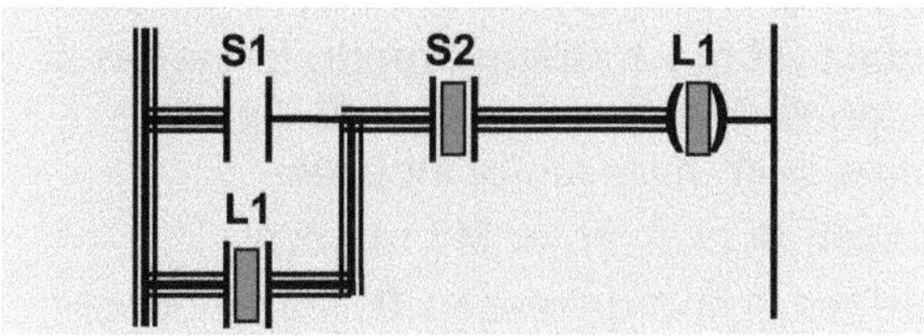

Når der trykkes på **S2** vil signal vejen til **L1** blive afbrudt og lampen vil slukke:

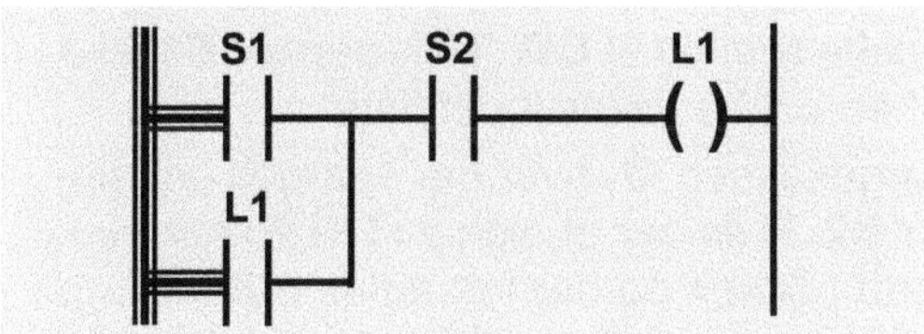

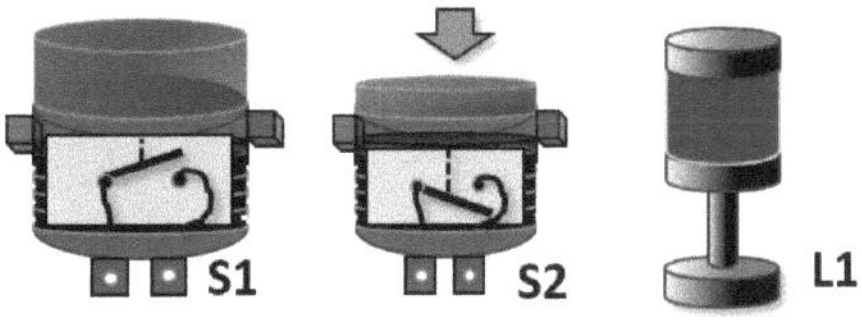

© 2021 Tom Mejer Antonsen

9.1.5 Eksempel: Styring til transportbånd

Et transportbånd er styret af en frekvensomformer (**VFD**). På en frekvensomformer er det muligt at indstille den hastighed som transportbåndet skal køre i. Frekvensomformere er styret fra PLC med digitale signaler. Hvis **VFD** får et højt signal (**TRUE**) på **DI1** skal motor **M1** køre, og ved lavt signal (**FALSE**) på **DI1** skal motor **M1** ikke køre. Retningen af transportbånd er bestemt af indgang **DI2** på frekvensomformeren hvor et højt signal (**TRUE**) er **CW** (clock-wise, med uret) retning og lavt signal (**FALSE**) er **CCW** (counter clock-wise, mod uret) retning.

En manuel drejekontakt **S1** bruges til at tænde og slukke for transportbåndet. Transportbåndet skal skifte retning, når pakken kommer til sensor **B2** og når pakken kommer tilbage til **B1.** Pakken forsætter således frem og tilbage på transportbåndet, indtil drejekontakten **S1** sættes til **0** stilling (slukket). Eksempel på opstilling:

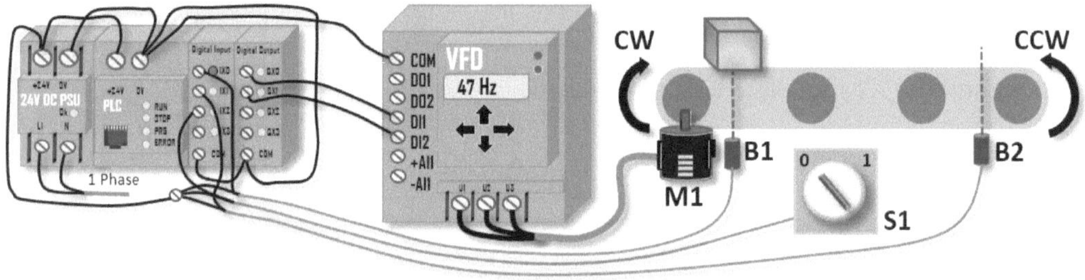

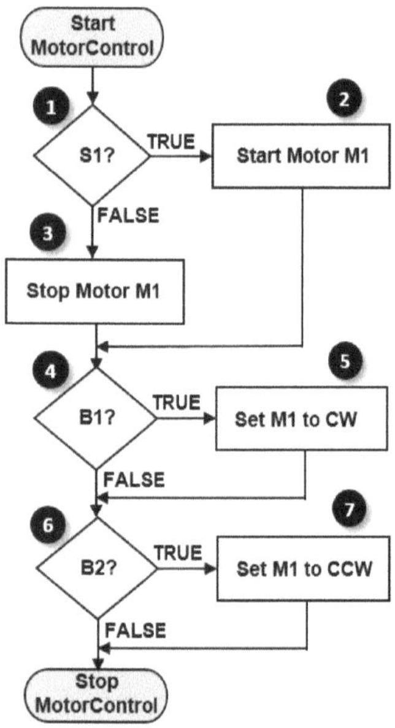

Virkemåde er tegnet i rutediagrammet:

Den første kasse ❶ i rutediagram er en spørgekasse. Hvis drejekontakt **S1** er i 1 stilling (tændt) forsættes til handlingskassen ❷. Hvis betingelsen i ❶ ikke var opfyldt forsættes til ❸, hvor motor stoppes.

I handlingskassen ❷ skal motor **M1** tændes.

Bagefter forsættes til spørgekassen ❹, som indeholder et spørgsmål om signalet fra sensor **B1.** Hvis der er signal (**TRUE**) har sensoren registeret pakken og der fortsættes til handlingskassen ❺, hvor transportbåndet skal skifte retning til **CW**. Hvis sensor **B1** ikke har registeret en pakke gøres ingenting.

Til slut er spørgekassen ❻, hvor der spørges om signal fra sensor **B2.** Hvis der er signal (**TRUE**) har sensoren registeret pakken og der forsættes til handlingskassen ❼, hvor transportbånd skal sætte retning på transportbånd til **CCW**. Hvis sensor **B2** ikke har registeret en pakke gøres ingenting.

 © 2021 Tom Mejer Antonsen

Liste over komponenter og virkemåde:

Navn	I/O	Komponent	Virkemåde
S1	DI	Kontakt	Manuel start/stop kontakt.
B1	DI	Sensor	Sensor i venstre ende af transportbånd. **TRUE** hvis der er en pakke
B2	DI	Sensor	Sensor i højre ende af transportbånd. **TRUE** hvis der er en pakke
M1	DO	Motor til transportbånd	Forbindes til digital indgang **DI1** på frekvensomformeren. Ved **TRUE** kører motor. Hastighed indstilles på frekvensomformeren.
M1DI1	DO	Motor retning	Forbindes til digital indgang **DI2** på frekvensomformeren. Hvis **TRUE** kører motor **CW**. Hvis **FALSE** kører motor **CCW**.

Rutediagrammet skal nu overføres (implementeres) til et PLC program, hvor

- ❶ til ❸ afgør om motoren skal køre eller ej.
- ❹ til ❻ afgør retningen.

Derfor består PLC programmet af to dele: To netværk eller på engelsk: **Rung**

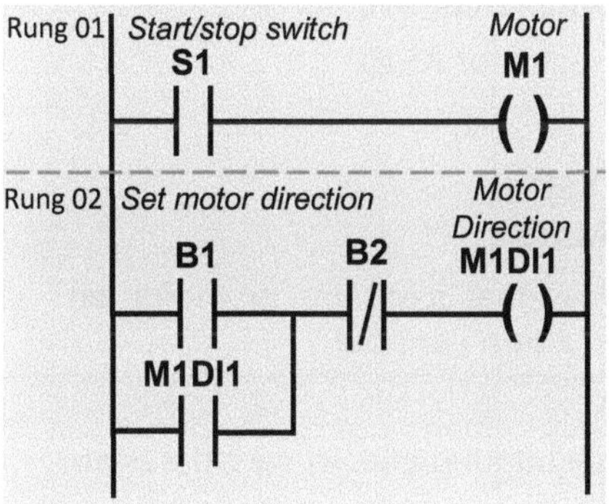

Rung 01
Hvis **S1** er **TRUE** vil motor være **TRUE** og køre.
Hvis **S1** er **FALSE** vil motor ikke køre.

Rung 02
Her er implementeret selvhold for at holde retningen på transportbåndet efter at pakken har forladt området, hvor **B1** registrerer pakken. Mens pakken er ved **B1** vil **B1** være **TRUE**. **B1** vil ikke være **TRUE,** når transportbåndet har kørt pakken væk.
B2 har inverteret symbol og er derfor **TRUE** når der ingen pakke er ved sensor **B2.**
M1DI er selvhold under **B1** og derfor vil udgangen **M1DI** være **TRUE** indtil der kommer signal på **B2,** som derved afbryder selvhold.

Afvikling af PLC program:

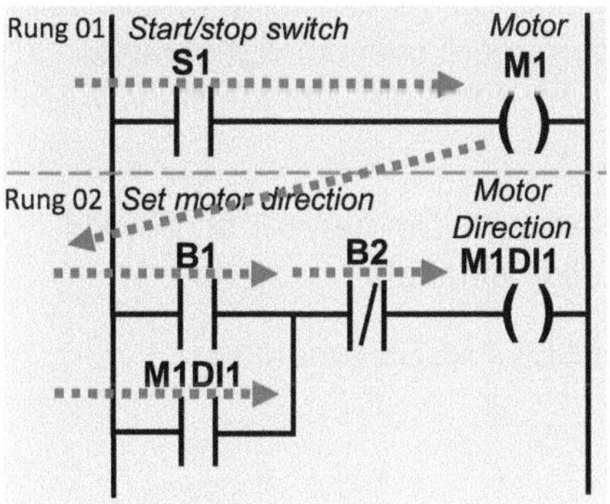

Et PLC program afvikler altid programmet fra top til bund. Derfor startes der med **Rung 01** og dernæst afvikles **Rung 02.**
Programafviklingen af hvert netværk starter yderste til venstre og afsluttes til højre.

Når alt programkode er gennemløbet, udskrives variabler til det digitale udgangsmodul og de forbundne komponenter får således en ny indstilling. Hele forløbet er ét program scan.

© 2021 Tom Mejer Antonsen

9.2 Symboler til SET / RESET af udgangssignal

Et alternativ til programmering af et selvhold, som gennemgået tidligere, er at benytte en metode der direkte kan tænde og slukke et udgangssignal.

Metoden hedder SET / RESET og der benyttes disse to grafiske symboler:

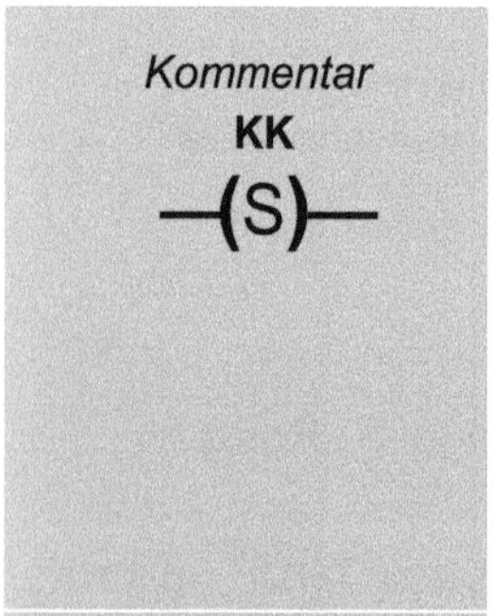

SET

Tænd og fasthold signal (**TRUE**) på udgang.

Kan være et digitalt udgangssignal til et relæ, en motor, en lampe på maskinen eller en intern variabel.

Skal være en **BOOL** datatype.

KK er navnet på den digitale udgang eller et variabel navn.

Der skrives en passende kommentar øverst.

Engelske navne: Set Coil, Latch or KEEP

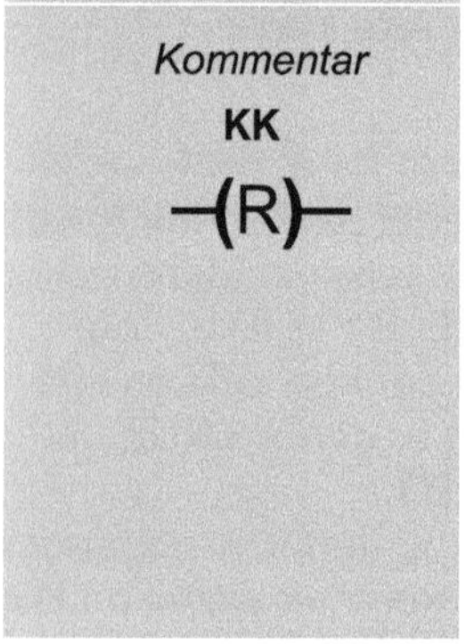

RESET

Sluk og fjern fasthold på udgang.
Sætter signal udgang til **FALSE**.

Kan være et digitalt udgangssignal til et relæ, en motor, en lampe på maskinen eller en intern variabel.

Er altid en **BOOL** datatype.

KK er navnet på den digitale udgang eller et variabel navn.

Der skrives en passende kommentar øverst.

Engelske navne: Reset Coil, UnLatch or UNKEEP

PLC programmet skal bruge et Ladder symbol mindre for hver gang SET / RESET metoden benyttes sammenliget med et normalt selvhold og det kan være med til at gøre PLC programmet mindre. Desuden kan det være mere overskueligt at sætte mange digitale udgange til **FALSE** med RESET, fremfor at skulle afbryde signalvejen som et normalt selvhold gør.

SET og RESET metoden til udgange bruges altid sammen. Det betyder at der skal bruges SET og RESET på samme udgangssignal eller variabel.

De følgende sider indeholder eksempler på brug af SET / RESET metoden.

 © 2021 Tom Mejer Antonsen

9.2.1 Eksempel: PLC programmering med SET/RESET

Dette eksempel bruger elektriske trykkontakter, hvor et tryk på **S1** tænder lampen **L1** og et tryk på **S2** slukker lampen. Eksemplet tager udgangspunkt i denne opstilling:

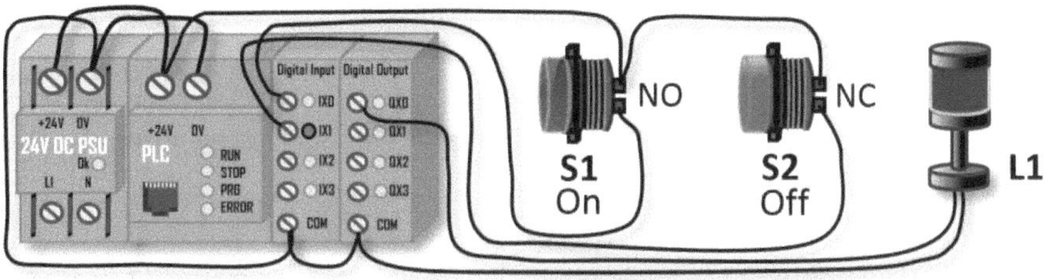

S1 er en NO kontakt (normal åben kontakt) og **S2** er en NC (normal lukket kontakt).

PLC programmet benytter SET/RESET på udgangssignal til lampen **L1**:

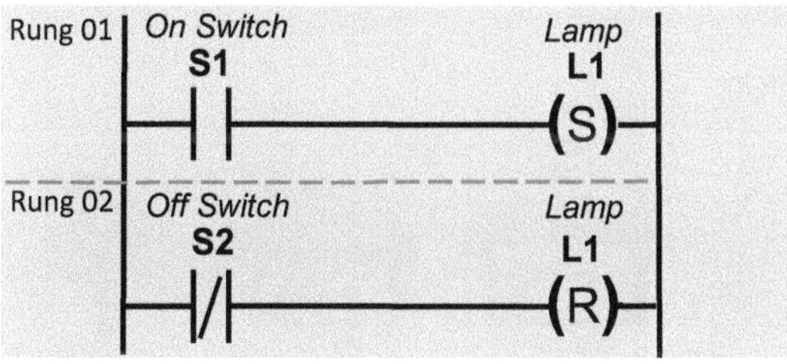

Både **S1** og **S2** er en trykkontakt med fjeder retur funktion, hvilket betyder at trykkontakten skal holdes nede med en finger for at være aktiveret.

Kontakt **S2** er en NC kontakt og derfor skal der benyttes et inverteret Ladder kontakt symbol i PLC programmet. Dette skyldes at kontakt **S2** er konstant on (**TRUE**) og hvis der ikke benyttes et inverteret symbol, vil programmet konstant resette **L1** udgangen.

Programmet består af to netværk (Rung):

Rung 01 og **Rung 02**

PLC starter med at afvikle **Rung 01** og dernæst **Rung 02**. Derfor er det vigtigt hvordan programmet skrives, da sidste **Rung** afgør hvad udgangssignalet bliver.

Hvis både **S2** og **S1** er trykket (aktiveret) ned på samme tid betyder det:

Hvis **Rung 01** afvikles før **Rung 02** vil der ikke være lys i lampen:

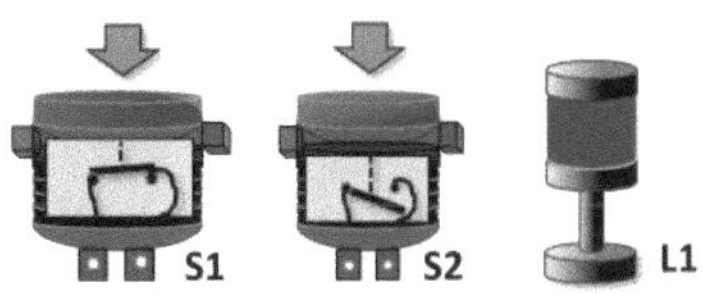

Hvis **Rung 02** afvikles før **Rung 01** vil der være lys i lampen:

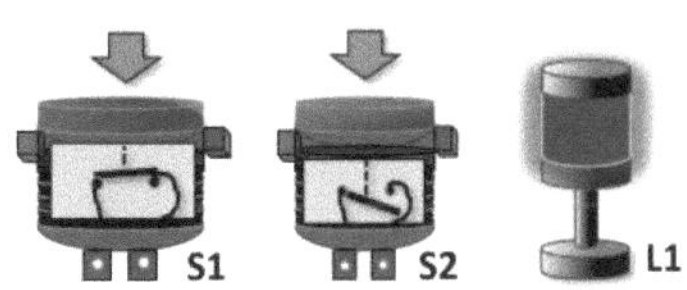

Derfor skal reset netværket være sidst, så lampen ikke tænder når **S2** er aktiveret.

© 2021 Tom Mejer Antonsen

Når programmet sættes i RUN mode (programmet køres) vil det se sådan ud:

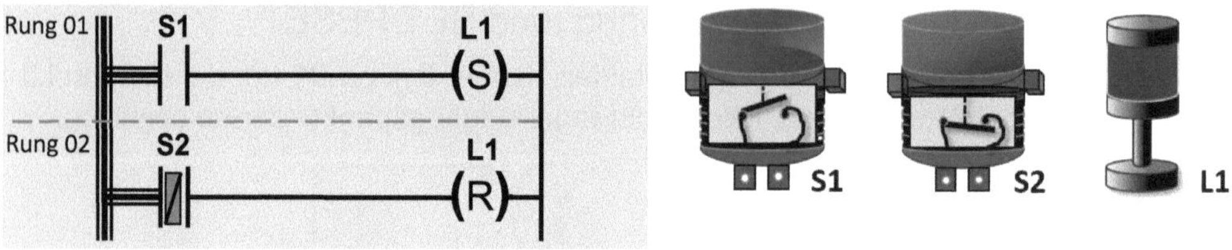

Hvis **S2** aktiveres vil udgangen **L1** resette. Lampen var slukket, så ingen ændring:

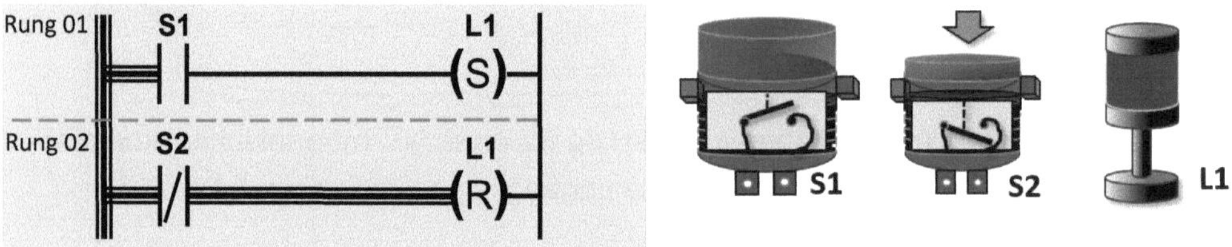

Når **S1** trykkes ned kommer der lys i lampen:

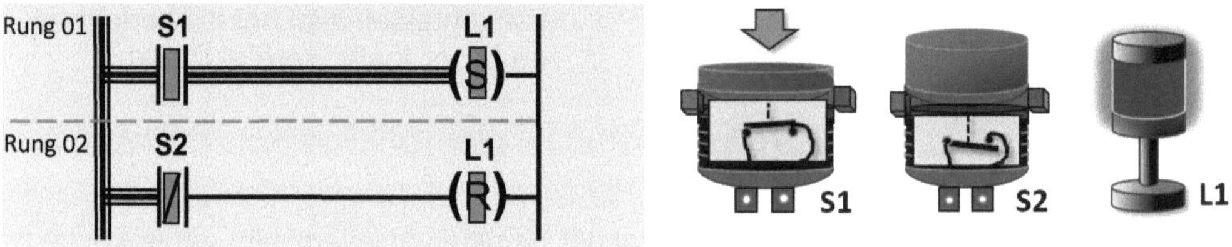

Lys i lampen fastholdes, selvom **S1** ikke er trykket ned (aktiveret):

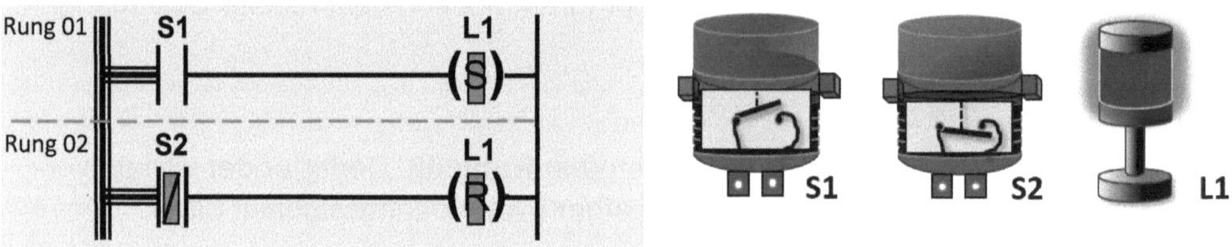

Når **S2** bliver aktiveret, afbrydes kontakten, og signalet på den digitale indgang bliver **FALSE**. Da **S2** Ladder symbolet er inverteret, bliver linjen hen til **L1 TRUE** og dette resetter signalet til lampen. Dette slukker lampen.

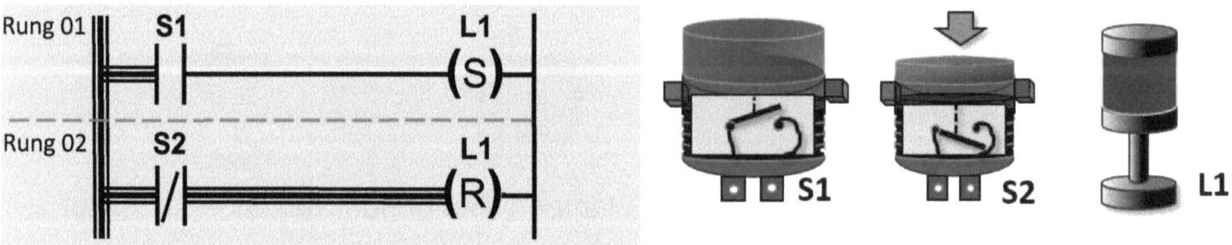

 © 2021 Tom Mejer Antonsen

9.2.2 Eksempel: Styring af transportbånd

Et transportbånd til transport af paller kan startes med en trykkontakt **S1** og stoppes med **S2**. Når pallen aktiverer endestop kontakten **B1** skal transportbåndet stoppe, så en gaffeltruck kan afhente pallen. Når endestop kontakten **B1** ikke er aktiveret mere, skal transportbåndet køre igen, så næste palle kan køre frem:

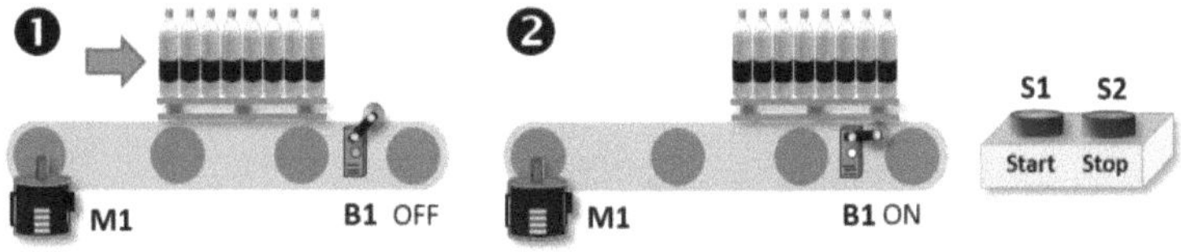

Forslag til PLC program, der er opdelt i tre netværk (rung):

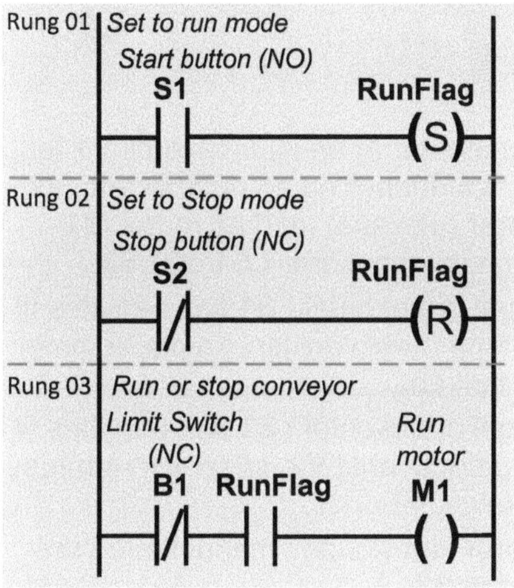

Rung 01 og **rung 02**
Der er benyttet SET/RESET metode.

S1 er en **N**ormally **O**pen (**NO**) kontakt, som sætter **RunFlag** til **TRUE**. **RunFlag** er en **BOOL** datatype og en intern variabel der bruges til at signalere om styringen er tændt (**TRUE**) eller slukket (**FALSE**).

(Flag kendes fra postkasser i USA, hvor et lille vippe flag på postkassen fortæller at noget er i postkassen)

Stop kontakten **S2** er **N**ormaly **C**losed (NC) og skal benyttes et inverteret Ladder symbol, så **RunFlag** bliver sat til **FALSE**, når stop kontakten **S2** aktiveres.

Rung 03: Motor udgang er **TRUE,** når **B1** ikke er aktiveret og **RunFlag** er **TRUE.**

Her er PLC programmet i RUN mode, hvor **S1** har været aktiveret. Simulering ❶ viser pallen i bevægelse og simulering ❷ viser situationen hvor pallen er stoppet:

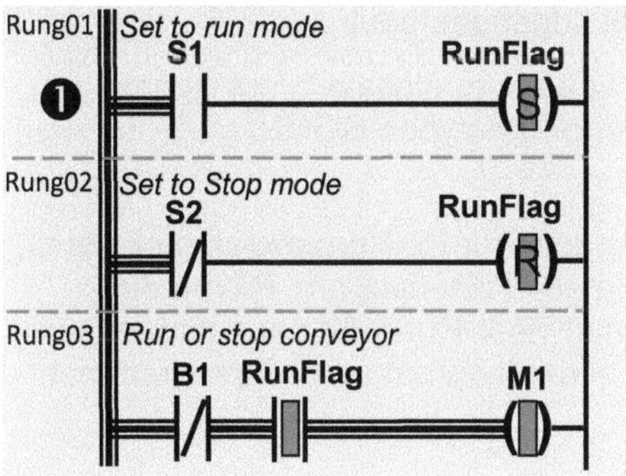

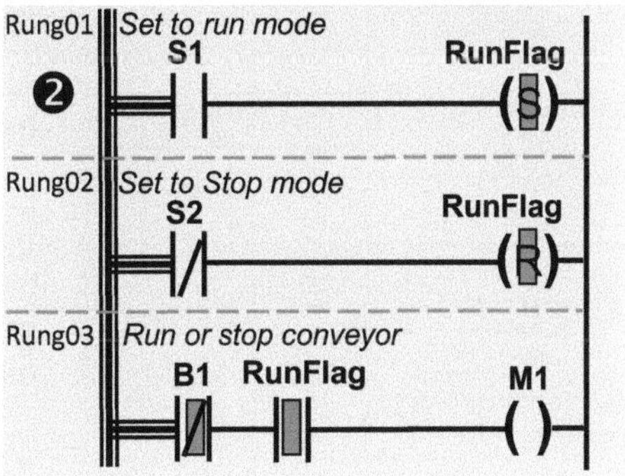

9.2.3 Eksempel: Manuel tank styring

Dette eksempel viser en styring til en tank, der kan blande en væske:

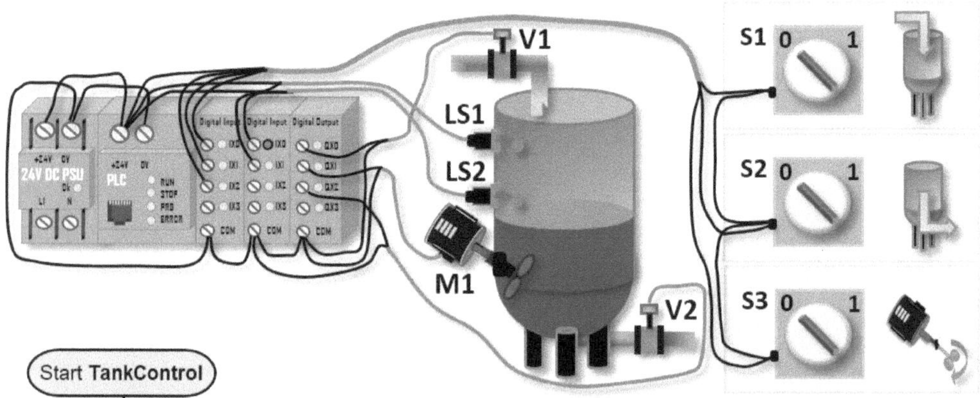

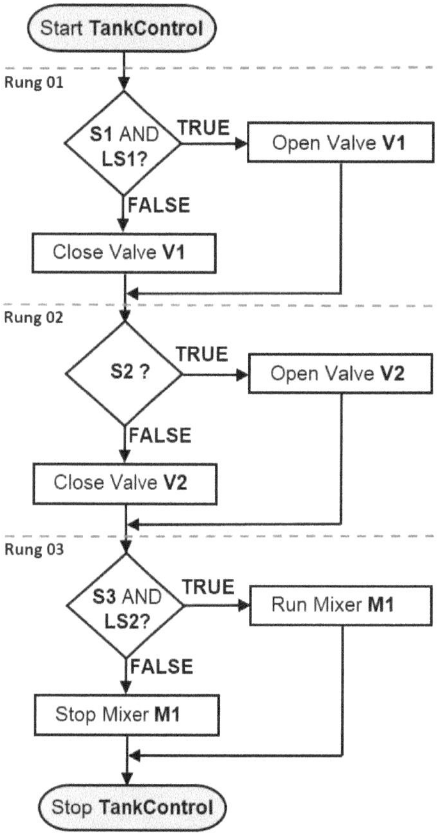

Styringen består af en indløbsventil **V1** (en elektrisk vandhane) og en udløbsventil **V2**, en omrører (piskeris) med en motor **M1** samt to niveau sensorer **LS1** og **LS2**.

En manuel drejekontakt **S1** kan benyttes til at åbne for indløbsventilen, så der kommer væske i tanken.

En manuel drejekontakt **S2** kan benyttes til at åbne udløbsventil **V2,** så tanken tømmes for væske.

En omrører kan tændes manuelt med drejekontakten **S3**.

Der er en PLC med to digitale indgangsmoduler, da der er fem input signaler og et digitalt udgangsmodul.

Alle variabler er digitale in/out signaler og har derfor datatypen **BOOL**.

Virkemåden for PLC programmet er vist til højre med et rutediagram. På rutediagrammet viser **Rung 0X** sammenhængen mellem rutediagram og PLC programmet.

 © 2021 Tom Mejer Antonsen

Liste over komponenter og virkemåde:

Navn	I/O	Adresse	Komponent	Virkemåde
S1	DI	IX0.0	Drejekontakt	Styrer indløbsventil **V1**. Omskifter stilling 1 åbner ventilen.
S2	DI	IX0.1	Drejekontakt	Styrer udløbsventil **V2**. Omskifter stilling 1 åbner ventilen.
S3	DI	IX0.2	Drejekontakt	Styrer motor til mixer **M1**. Motor er tændt i stilling 1.
LS1	DI	IX1.0	Niveau sensor	Sensor monteret i toppen af tanken. **N**ormally **C**losed (NC) Bliver **FALSE** når tanken er fyldt med væske.
LS2	DI	IX1.1	Niveau sensor	Sensor monteret i midten af tanken. **N**ormally **O**pen (NO) Bliver **TRUE** når tanken er halvt fyldt med væske.
M1	DO	QX2.0	Motor til mixer	Omrører i tanken. Må kun køre når **LS2** er **TRUE**, da der skal være væske omkring mixeren for at køle mixeren.
V1	DO	QX2.1	Indløbsventil	Ved **TRUE** er ventilen åben og væsken kan løbe ind.
V2	DO	QX2.2	Udløbsventil	Ved **TRUE** er ventilen åben og væsken kan løbe ud.

Forslag til PLC program, hvor programmet er opdelt i tre netværk, et for hvert af de tre manuelle drejekontaker og tilhørende digitale udgange:

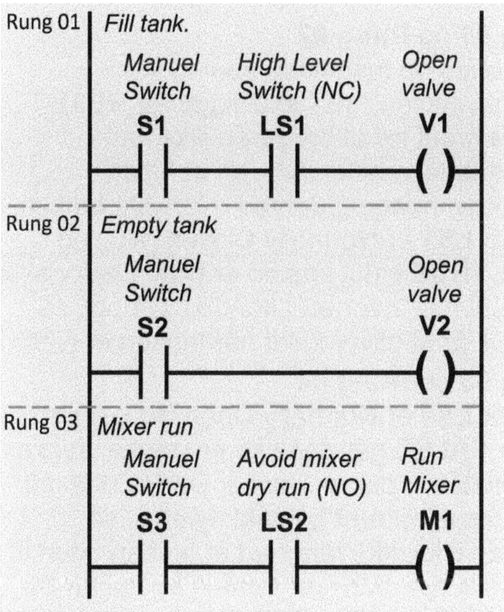

Rung 01

Der er indbygget driftsikkerhed i programkoden, så tanken ikke kan løbe over: Indløbsventilen **V1** er forbundet med variablen **V1** og derfor kan ventilen ikke åbne, når **LS1** er aktiveret. **LS1** er forbundet til en sensor i toppen af tanken og bliver aktiveret af et højt væske niveau i tanken. **LS1** er **N**ormally **C**losed (**NC**) og bliver **FALSE**, hvis kabel til sensor bliver afbrudt eller der er højt niveau i tanken.

Rung 02

Når den manuelle omskifter **S2** står i stilling **1** vil ventil **V2** åbne og væsken vil løbe ud af tanken. Når **S2** står i stilling **0** er ventil **V2** lukket.

Rung 03

Variablen **LS2** er forbundet til en sensor monteret midt i tanken og hvis sensor deaktiveres af et lavt væske niveau vil omrører **M1** ikke køre. Dette sikrer at omrøreren ikke kører, hvis der ingen væske er i tanken eller væskeniveauet er meget lavt. Hvis der ingen væske er ved omrøreren, kan omrøreren blive varm og gå i stykker. **LS2** er **N**ormally **O**pen (**NO**) og bliver først **TRUE**, når der kommer væske over det niveau i tanken, hvor sensoren er monteret.

© 2021 Tom Mejer Antonsen

9.3 Manuelle omskiftere vs manuelle trykkontakter

Det forrige eksempel benytter manuelle omskiftere når tanken skal fyldes eller tømmes. Dette har den ulempe at den manuelle drejekontakt er i en konstant stilling indtil en person sætter omskifteren tilbage til den ønskede stilling. Det kan være uheldigt, da man skal huske at dreje kontakten **S2** til stilling 0, så indholdet af tanken ikke løber ud når tanken fyldes igen.

Det sammen problem kan forekomme med niveau sensor **LS1** som bruges til at sikre at tanken ikke bliver overfyldt. Når niveauet bliver lavere og **S1** står i stilling 1, vil **LS1** blive aktiveret og indløbsventilen vil åbne og straks fylde mere i tanken.

Derfor ændres styringen nu til at benytte manuelle trykkontakter, så PLC programmet kan lukke ventilerne. Dette bevirker at det er nødvendligt med en ekstra niveau sensor **LS3** i bunden af tanken, som giver et **TRUE** signal, når der væske i tanken. **LS3** skal lukke udløbsventilen, når der ikke er mere væske i tanken.

Forslag til et program med SET/RESET:

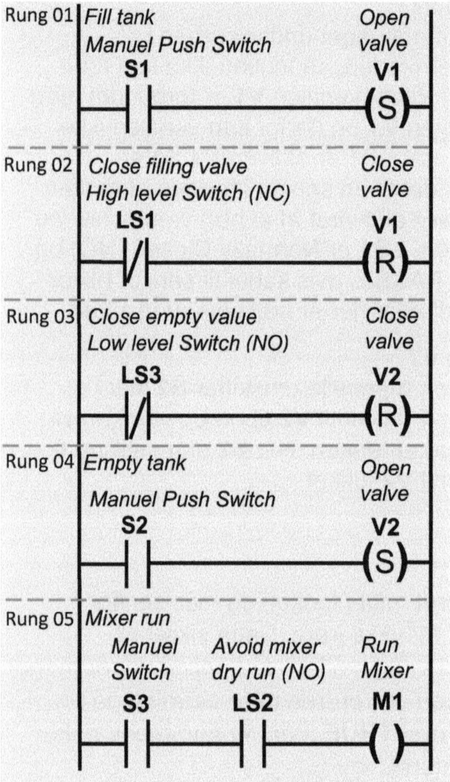

Rung 01 og **Rung 02**

Her åbnes og fastfoldes åbning af indløbsventilen. SET skal ligge før RESET i programmet for at brugeren ikke kan tvangsåbne ventilen **S1** ved at holde kontakten nede og derved overfylde tanken. Sensor **LS1** er **N**ormally **C**losed (**NC**) og derfor **TRUE** indtil tanken er fyldt. Derfor skal der benyttes inverteret kontakt symbol, så RESET først bliver kaldt når tanken er fyldt.

Rung 03 og **Rung 04**

Sensor **LS3** er **N**ormally **O**pen (**NO**) og er derfor **FALSE** når der ikke er væske i tanken og **TRUE** når der er væske. Derfor skal der benyttes inverteret kontakt symbol, så væsken ikke ikke løber ud af tanken uden at brugeren har aktiveret tømme kontaken **S2.** SET skal ligge efter RESET, så brugeren kan holde **S2** kontaken inde for at få det sidste væske eller skum ud af tanken.

Rung 04

S3 bruges til at tænde og slukke mixeren. Sensor **L2** sikre at mixeren ikke kører, hvis der ikke er væske omkring mixeren.

 © 2021 Tom Mejer Antonsen

Billede med niveau sensor **LS3** i bunden af tanken og trykkontakter **S1** og **S2:**

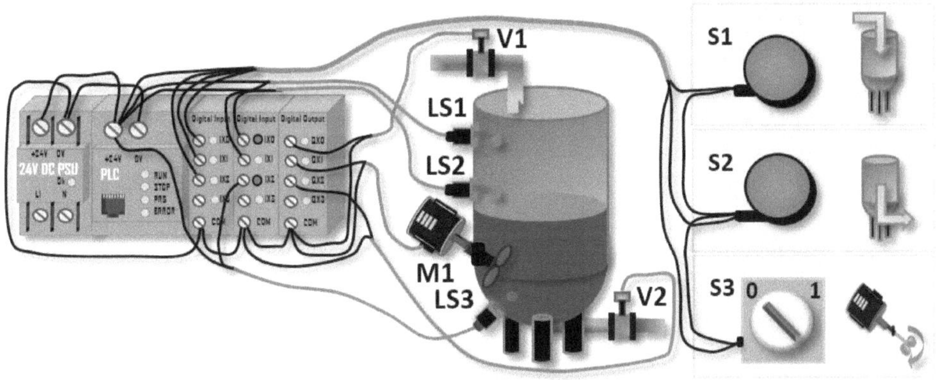

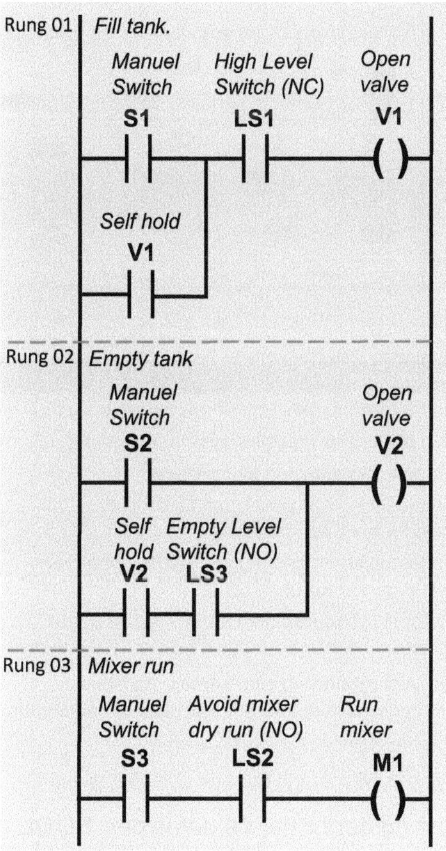

Forslag til program der benytter selvhold:

Rung 01
I dette netværk er indløbsventil **V1** benyttet som selvhold for **S1. LS1** er **TRUE** indtil tanken er fyldt og vil således afbryde selvhold, så tanken ikke løber over.

Rung 02
I dette netværk er udløbsventil **V2** selvhold sammen med niveau sensor **LS3** i bunden af tanken. **LS3** bliver **FALSE** når der ikke er mere væske i tanken og afbryder derved selvhold og udløbsventilen lukker. Når **S2** har direkte forbindelse til **V2** er det muligt at holde **S2** trykkontakten nede og derved få den sidste væske og skum ud af tanken.

Rung 03
S3 er en manuel drejekontakt der kan tænde og slukke for mixeren.
Sensor **L2** sikrer at mixeren ikke kører hvis der ikke er væske omkring mixeren.

Bemærk: Desuden bør der tilføjes en trykkontakt som kan tvangs lukke ventilerne hvis det ønskes. Dette var muligt med drejekontakterne der kunne sættes i stilling 0 for at lukke ventiler.

© 2021 Tom Mejer Antonsen

9.3.1 Eksempel: PLC styring til cylinder

Dette eksempel er et forslag til styring af en cylinder.
Cylinderen kan bevæge sig indad ved tryk på **S1** og udad ved tryk på **S2.**
Når cylinderen er i bevægelse er der lys i lampen **L1**, og når cylinderen ikke er i bevægelse er der lys i lampen **L2**.
Når cylinderen er i yderste stilling giver sensor **B2** signal, og når cylinderen er i inderste stilling giver sensor **B1** signal. Bevægelsen skal til en hver tid kunne stoppes med et tryk på **S3**, så cylinder bevægelsen kan stoppes straks hvis det bliver nødvendigt.

Billede af opstillingen:

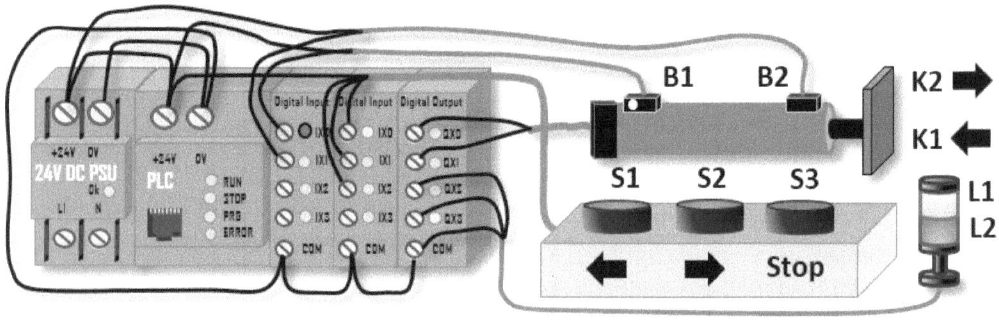

Liste over komponenter og virkemåde:

Navn	I/O	Adresse	Komponent	Virkemåde
S1	DI	IX1.0	Manuel trykkontakt (NO)	Ved aktivering skal cylinderen bevæge sig ind.
S2	DI	IX1.1	Manuel trykkontakt (NO)	Ved aktivering skal cylinderen bevæge sig ud.
S3	DI	IX1.2	Manuel trykkontakt (NC)	Stopper bevægelsen af cylinderen.
B1	DI	IX0.0	Sensor på cylinder (NO)	Endestop sensor som giver **TRUE** signal, når cylinderen er kørt helt ind.
B2	DI	IX0.1	Sensor på cylinder (NO)	Endestop sensor som giver **TRUE** signal, når cylinderen er kørt helt ud.
K1	DO	QX3.0	Motor til cylinder	Motor til cylinderen som kører cylinderen ind. Motoren må ikke køre når **B1** giver **TRUE** signal.
K2	DO	QX3.1	Motor til cylinder	Motor til cylinderen som kører cylinderen ud. Motoren må ikke køre når **B2** giver **TRUE** signal.
L1	DO	QX3.2	Gul kontrol lampe	Lys når cylinder motor ikke kører.
L2	DO	QX3.3	Grøn kontrol lampe	Lys når cylinder motor kører enten ud eller ind.

Alle variabler er digitale ind- eller udgangssignaler og derfor har de datatypen **BOOL.**

 © 2021 Tom Mejer Antonsen

Programmet er opbygget med SET / RESET på udgange og består af 6 netværk:

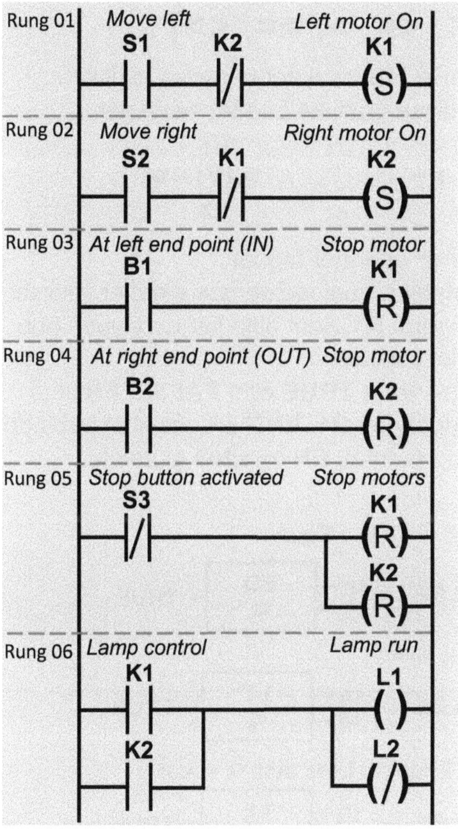

Rung 01
Her sættes cylinder til at køre ind, når der bliver trykket på **S1** og cylinder ikke kører ud. Der er indført at en motor ikke kan starte, hvis en anden motor kører. Dette kaldes gensidig spærring (interlock).

Rung 02
Her sættes cylinderen til at køre ud, når der bliver trykket på **S2** og cylinderen ikke er ved at køre ind.

Rung 03
Stopper motor **K1** når cylinderen er ved endestop sensor. Motor stopper på **TRUE** signal fra endestop sensor **B1**.

Rung 04
Stopper motor **K2** når cylinderen er ved endestop sensor. Motor stopper på **TRUE** signal fra endestop sensor **B2**.

Rung 05 stopper begge motorer hvis stop kontakten **S3** bliver aktiveret. Dette netværk skal være efter SET af motoren (**Rung 01** og **Rung 02**), da det er den sidste værdi (**K1** eller **K2**) i et netværk, der bliver kopieret til de digitale udgange.

Rung 06 sørger for at tænde eller slukke lamperne. **L1** skal lyse når en af de to cylinder motorer kører. **L2** er slukket, når **L1** er tændt og **L2** er tændt, når **L1** er slukket.

Rung 04 og **Rung 05** skal ligge efter **Rung 01** og **Rung 02**, så motoren alligevel ikke starter hvis cylinder allerede er ved endestoppet. Det har ingen effekt at indsætte **B1** og **B2** ind i **Rung 01** og **Rung 02** for at sikre at motoren ikke starter, da **Rung 05** allerede sikrer at motoren ikke starter alligevel.

10 Logiske operatorer (=, <, <=, >, >=, <>)

Til at sammenligne to værdier (heltal eller decimal tal), skal der benyttes logiske operatorer. De logiske operatorer bruger et af disse grafiske Ladder symboler:

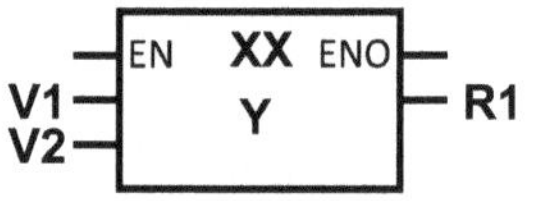

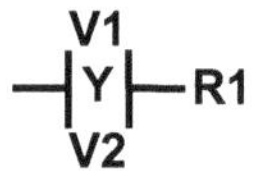

Hvor **XX** er navnet på operator funktionen og **Y** er operator tegnet.
De to indgangsværdier **V1** og **V2** kan være variabler, analoge sensor værdier eller tal.
Resultatet af sammenligningen er en udgangsværdi **R1**, som altid har datatypen boolean (**BOOL**) og kan derfor kun være **TRUE** eller **FALSE**.
EN betyder Enable (muliggør eller tændt) og kan være **TRUE** eller **FALSE. EN** skal være **TRUE** for at der kommer et resultat på udgangen **R1. ENO** bruges til at forbinde flere Ladder symboler efter hinanden i PLC programmet. **EN** og **ENO** er valgfri.
Der er følgende typer af logiske operatorer:

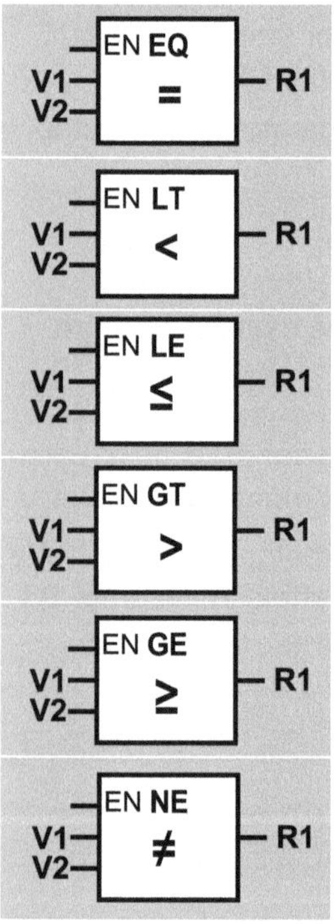

Lig med (det samme, ens). Engelsk: **Eq**ual

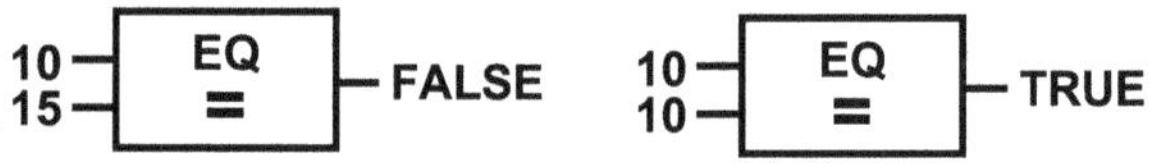

Mindre end. Engelsk: **L**ess **t**han

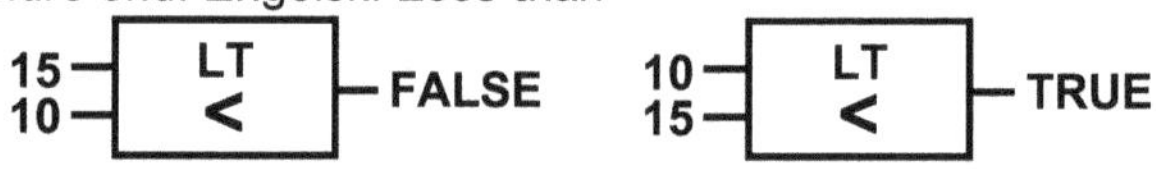

Mindre end eller lig med. Engelsk: **L**ess than or **e**qual

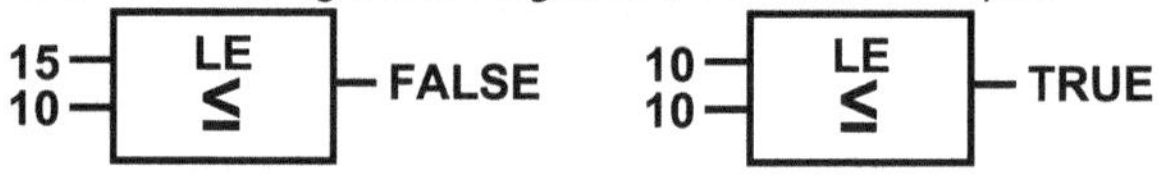

Større end. Engelsk: **G**reater **t**han

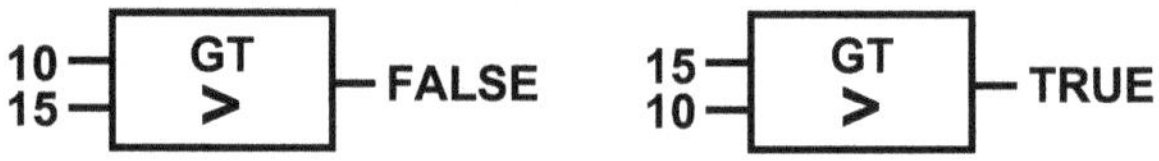

Større end eller lig med. Engelsk: **G**reater than or **e**qual

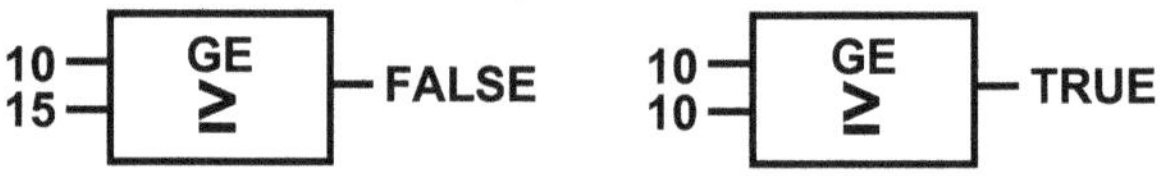

Forskellig fra (Tegn: <> eller ≠). Engelsk: **N**ot **e**qual

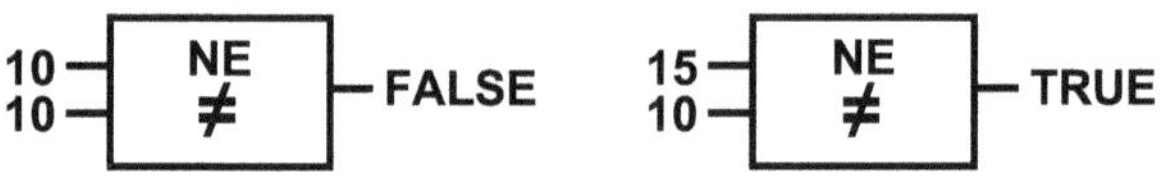

 © 2021 Tom Mejer Antonsen

10.1.1 Eksempel: Kontrolvejning af fyldt palle

Dette eksempel består af en vægt, der benyttes til at kontrolveje en fyldt palle. Hvis pallen har den forventede vægt, er pallen ok. Når pallen er ok skal **P1** lyse for at fortælle produktionspersonalet at pallen er ok. Hvis pallen ikke er ok, skal **P2** lyse.

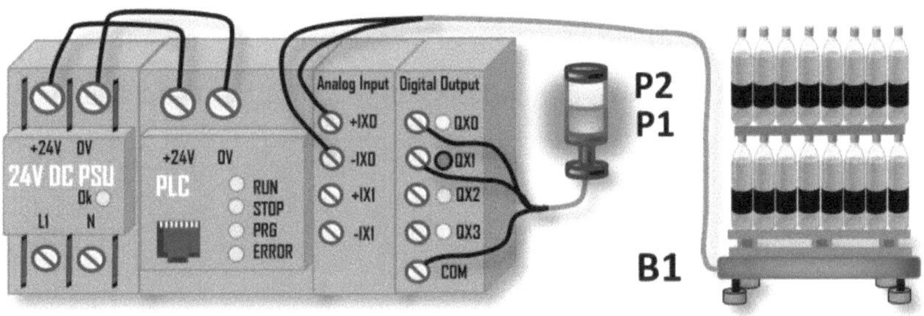

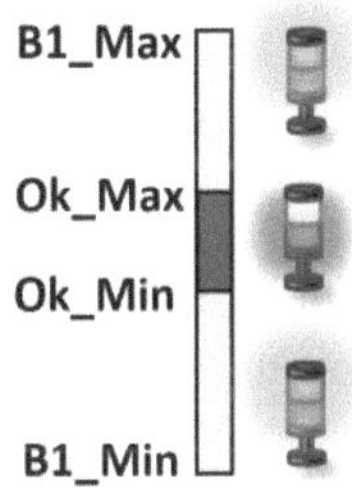

Vægten har et måleområde, som kan være bestemt af **B1_Min** til **B1_Max.** Det er typen af vægten som bestemmer måleområdet. Måleområdet for en palle vægt kunne være fra 0 til 2000 kg.

Når PLC programmet skal afgøre om vægten er ok, skal det ikke være præcist f.eks. 147,50 kg, da der altid er tolerance i målingen og afrundingsfejl i det analoge indgangsmodul. Derfor skal programmet opbygges så målingen skal være inden for et mindre interval, for at vægten af pallen er ok.

Forslag til PLC program:

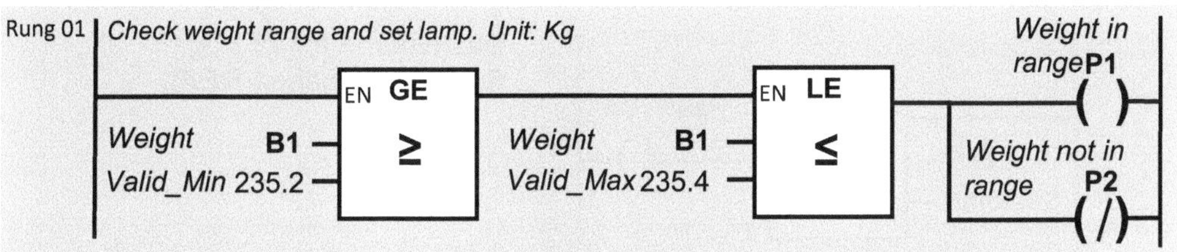

Programmet består af **GE** som giver **TRUE**, hvis den aktuelle vægt måling **B1** er større end eller lig med 235,2. Alle værdier skal have samme enhed. Enheden er kg.

Hvis **LE** får **TRUE** på **EN** indgangen fra udgangen på **GE** og den aktuelle vægtmåling **B1** er mindre end eller lig med 235,4 vil **LE** sætte **TRUE** på sin udgang.

Hvis **LE** er **TRUE** på udgangen vil lampe **P1** lyse for at fortælle produktionspersonalet at pallens vægt er ok. Hvis ikke vægten er ok, vil lampe **P2** lyse, da den er det inverterede signal. Hvis ikke vægten er ok, kunne det være at en flaske er utæt eller mangler på pallen.

10.1.2 Eksempel: Temperaturstyring af varme i tank

Dette eksempel består af en tank med et varmeelement og en temperatur måler. Varmelementet kan varme vandet i tanken og tændes via et eksternt relæ (en elektrisk tænd/sluk kontakt). Det eksterne relæ styres fra en digital udgang **QX0**.

Temperatur **TT1** måles med en temperatur sensor der sidder i tanken og signalet fra temperatur sensoren kommer ind i PLC via et analog indgangsmodul.

På et potmeter **Setpoint** indstilles den temperatur, hvor varmen skal tænde:

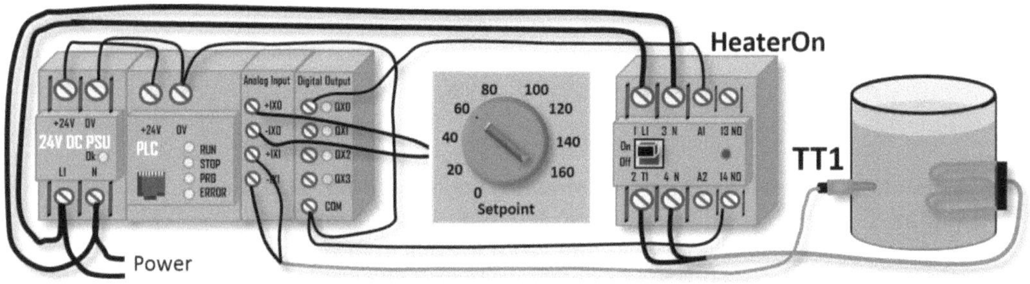

I dette eksempel er de analoge værdier fra **SetPoint** og temperatur sensor **TT1** skalleret til at ligge i området 0 til 160, da det er den skala som potmeter og temperatur sensoren har. Variablen **Setpoint** vil indeholde værdien 60, da det er den værdi en bruger har indstillet. Variablen **TT1** indeholder den aktuelle målte temperatur i tanken.

PLC programkode, hvor **LT** Ladder symbol er valgt til at sammenligne to værdier:

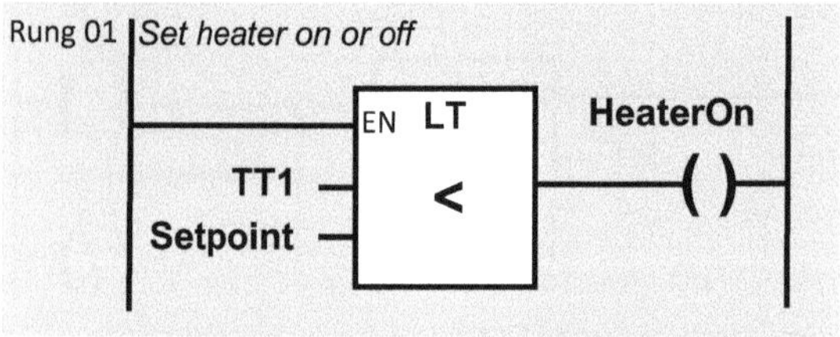

Datatyperne for **TT1** og **Setpoint** er begge **REAL**.

HeaterOn er en **BOOL** variabel, der er forbundet til den digitale udgang **QX0**. Udgangen trækker et relæ **HeaterOn**, der tænder eller slukker for varmeelementet.

Når **TT1** er mindre end **Setpoint** er **HeaterOn** = **TRUE** og varmen er tændt. Hvis **TT1** er større end **Setpoint** er **HeaterOn** = **FALSE** og varmen er slukket.

 © 2021 Tom Mejer Antonsen

10.1.3 Eksempel: Beskyttelse af varmeelement

Et varmeelement (varmelegeme/vandvarmer) skal være dækket af væske for ikke at blive for varm og brænde af. Derfor monteres en niveaukontakt **LS1** lige over varmelegemet. Dette kræver at der monteres et digitalt indgangsmodul, så signalet fra niveaukontakten kan komme ind i PLC og bruges i PLC programmet:

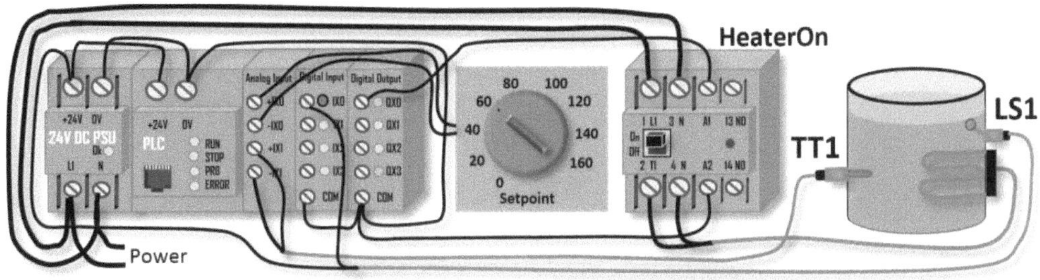

Varmeelementet må først tænde når **LS1** giver et signal. **LS1** er **N**ormally **O**pen (ON) og vil derfor give **TRUE** når der er væske. Dette betyder at hvis kablet til **LS1** bliver afbrudt eller niveaukontakten **LS1** går i stykker vil varmeelementet ikke tænde og muligheden for at varmelegeme tændes uden at der er væske minimeres.

LS1 kan indsættes i PLC programmet på to metoder:

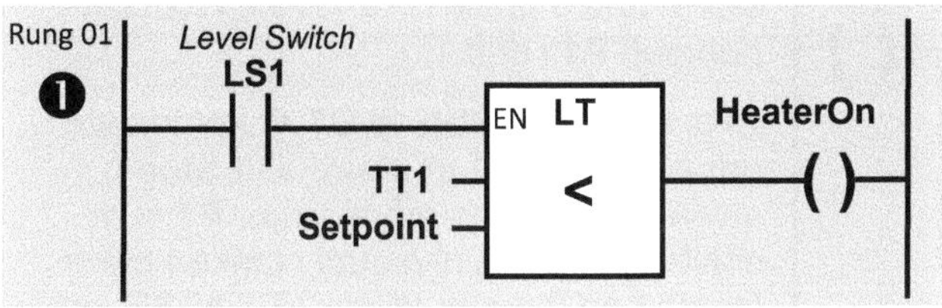

Her er niveaukontakt **LS1** indsat *før* den logiske operator **LT**.

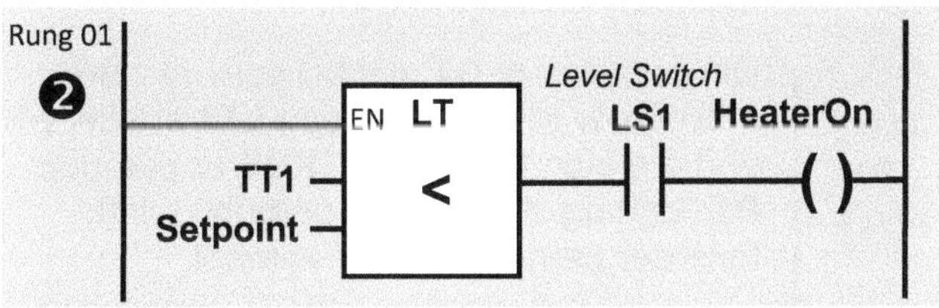

Her er niveaukontakt **LS1** indsat *efter* den logiske operator **LT**.

Løsning ❶ hvor niveaukontakt **LS1** er indsat før den logiske operator **LT** er at foretrække, da **LT** er mere krævende end et kontakt symbol for en PLC at udføre og derfor vil løsningen ❶ give det mest effektive PLC program, når **LS1** ikke er aktiveret.

© 2021 Tom Mejer Antonsen

10.1.4 Eksempel: Pumpe styret efter vandniveau

Dette eksempel er en pumpe som er styret efter to forskellige vandniveauer i en tank. En sensor **LT** måler vandniveauet i tanken. Hvis vandniveauet kommer under **Stop1** niveau skal pumpen **P1** stoppes, da pumpen kan gå i stykker hvis der ingen vand er ved pumpen. Hvis vandniveau kommer over **Start1** niveau skal pumpen tænde. Pumpen skal være tændt, når vandniveauet bevæger sig fra **Start1** til **Stop1**, men ikke fra **Stop1** til **Start1**. Hvis der ikke er forskel i start og stop niveau vil pumpen starte og stoppe ofte, pga. bølger i tanken, hvilket slider pumpen op. Opstillingen er:

Når niveauet kommer op over **Start1** skal pumpen tænde og pumpen skal forsat køre selvom niveauet falder under **Start1** igen. Sensor **LT1** måler niveauet fra 0 til 5 meter.

Her er to PLC kodeeksempler: Med selv-hold og SET/RESET:

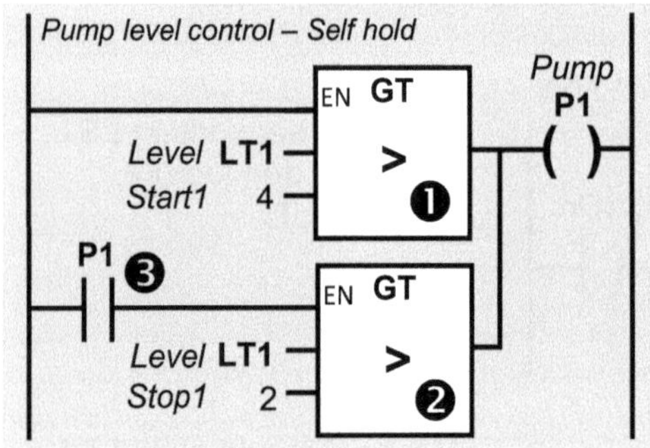

Der benyttes **GT ❶** symbol, som vil være **TRUE** når det målte væskeniveau **LT1** er større end 4 meter. Når **GT** er **TRUE** er pumpen **P1** i drift.

Hvis **P1 ❸** er **TRUE** vil **GT ❷** kontrollere om niveauet **LT1** er større end **Stop1** niveau, og på den måde virker **P1** som selvhold **❸**. Hvis niveauet i tanken bliver lavere end 2 meter bliver **GT FALSE**, og det stopper pumpen **P1**.

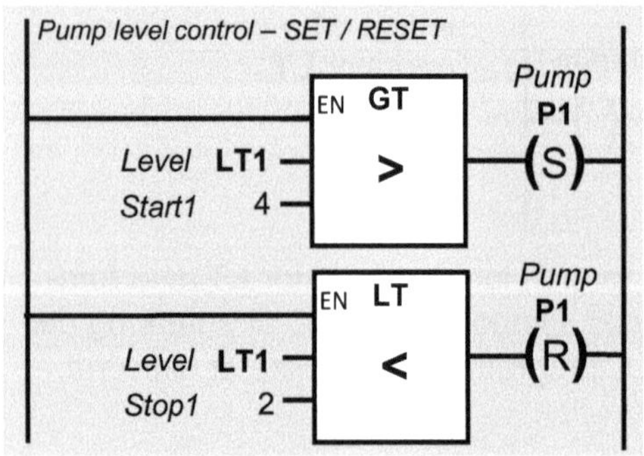

Der benyttes et **GT** symbol som vil være **TRUE**, når det målte niveau **LT1** er større end 4 meter. Når **GE** er **TRUE** er pumpen **P1** i drift og vil fastholde pumpen i drift, fordi der benyttes et SET symbol.

Der benyttes et **LT** symbol til at kontrollere om niveauet er lavere end 2 meter. Hvis niveauet er lavere kommer der **TRUE** på udgangen af **LT**. Det vil resette (slukke) **P1** og pumpen vil stoppe.

 © 2021 Tom Mejer Antonsen

Her sættes PLC programmet med selv-hold til at køre:

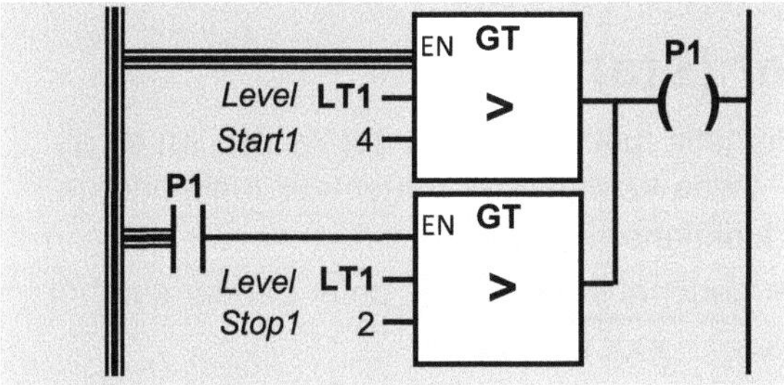

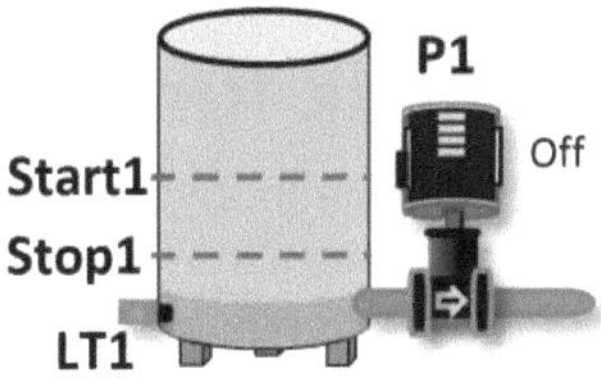

Tanken er tom og pumpen er stoppet.

Nu stiger niveauet i tanken:

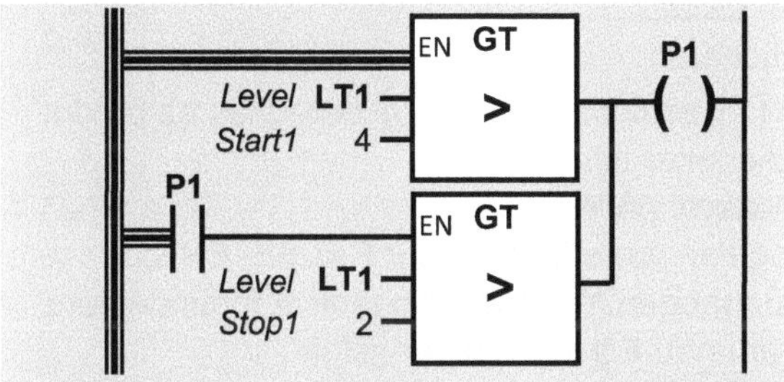

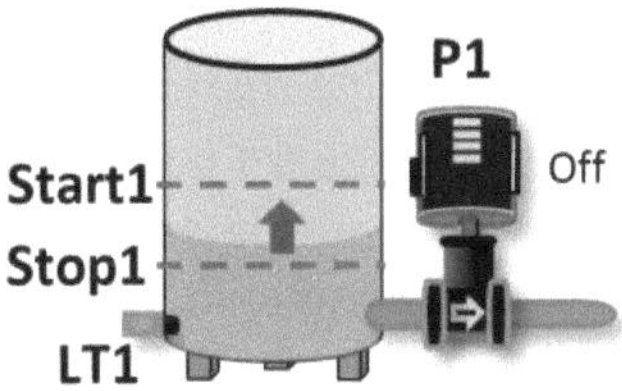

Niveauet er over **Stop1** niveau.

Nu er niveauet over **Start1** niveau og pumpen kører:

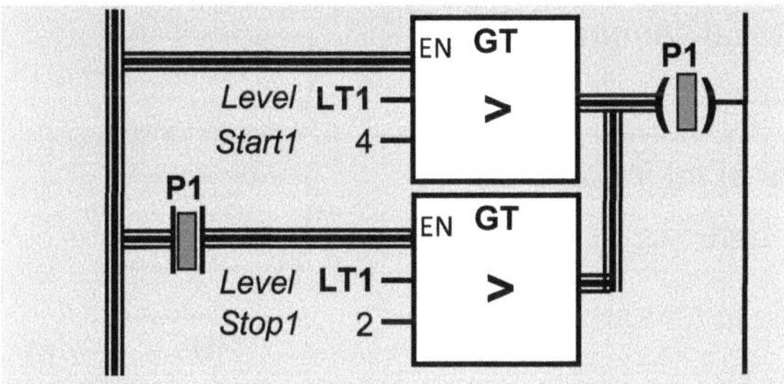

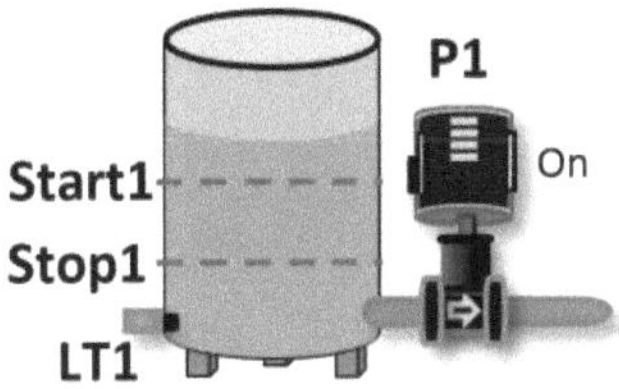

Tanken er fuld og pumpen kører.

Niveauet er kommet under **Start1** og pumpen kører stadig, da pumpen er selvhold.

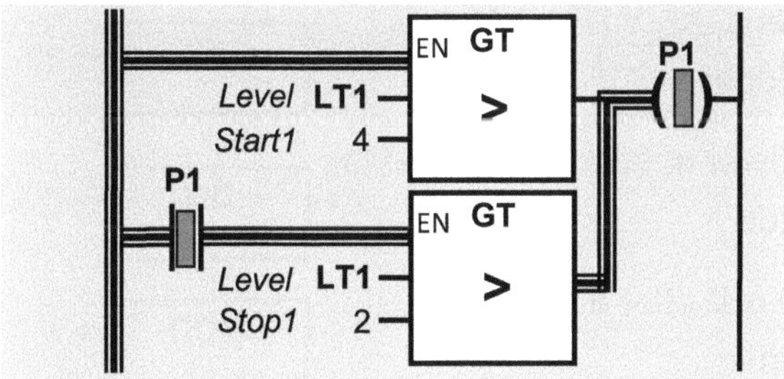

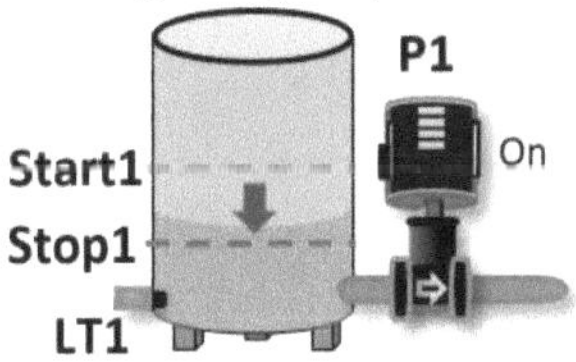

Niveauet er faldende og pumpen kører.

Pumpen stopper når niveauet igen er under **Stop1**, hvor **GT** afbryder selvhold.

© 2021 Tom Mejer Antonsen

11 Matematik funktioner (standard)

En PLC har de samme indbyggede matematik funktioner som det kendes fra en almindelig lommeregner eller et regneark. Dette kapitel viser matematik funktionerne i en PLC og viser eksempler på hvordan funktionerne bruges.

Til beregning med to værdier (heltal eller decimal tal) benyttes dette Ladder symbol:

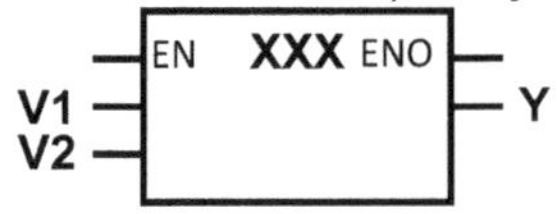

Hvor **XXX** er navnet på matematik funktionen.

De to indgangsværdier **V1** og **V2**, er de to værdier som der skal beregnes på og det kan være variabler, analog sensor værdier eller tal.
Resultatet af beregningen kommer som værdi på **Y.**
EN betyder Enable (muliggør eller on) og kan være **TRUE** eller **FALSE. EN** skal være **TRUE** for at der kommer et resultat på udgangen **Y. ENO** bruges til at forbinde flere beregninger efter hinanden i PLC programmet. **EN** og **ENO** er valgfri.

Der er følgende muligheder for matematik funktioner:

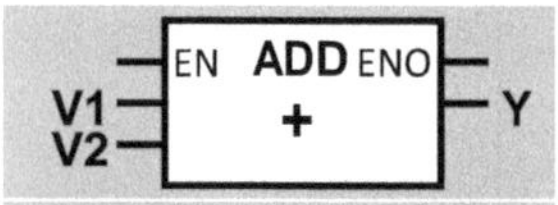

Plus, lægger to tal sammen
Engelsk: **Add**ition

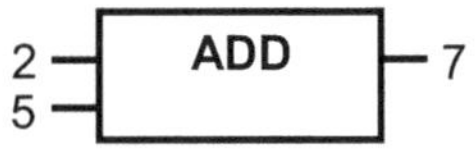

Minus, trækker et tal fra et andet
Engelsk: **Sub**tract

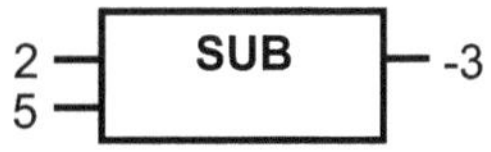

Gange, ganger to tal sammen
Engelsk: **Mul**tiply

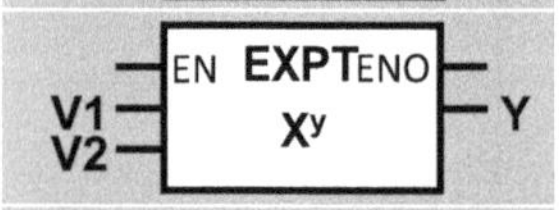

Opløftet i potens, X^y ($V1^{V2} = Y$)
Engelsk: **Expo**nen**t**

Division, dividerer et tal med et andet tal
Engelsk: **Div**ide

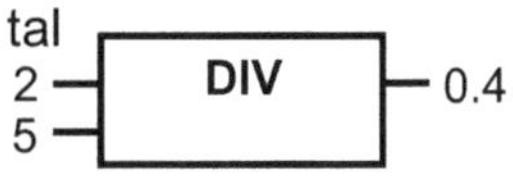

Modulus, find rest efter division
Engelsk: **Mod**ulo

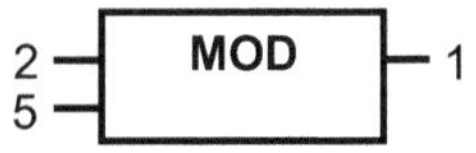

 © 2021 Tom Mejer Antonsen

11.1 Eksempel på en beregning

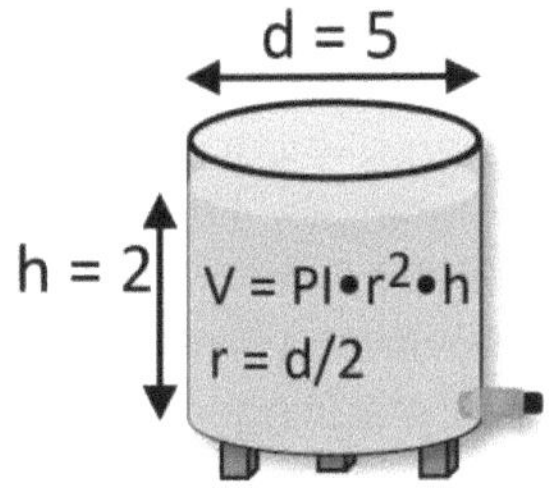

En sensor måler væskehøjen **h** i en tank til 2 meter.

En PLC kan beregne mængden (volumen) i tanken, ved at benytte en matematisk formel for volumen beregning af en tank, der har en cylinder form.

PLC programmet til beregningen kunne se således ud:

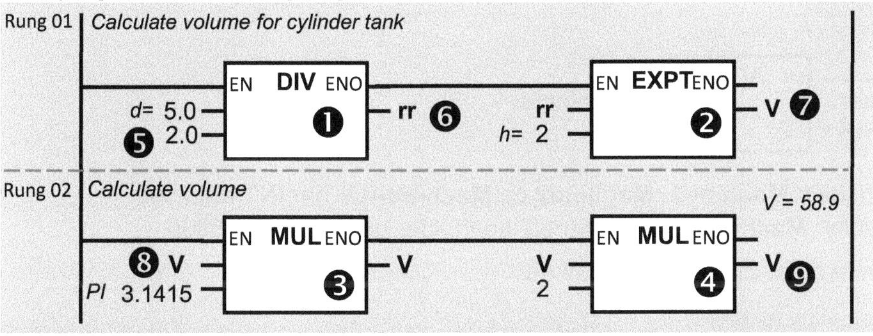

Programmet består af to netværk og der skal benyttes fire beregninger.

Den første beregning der udføres ❶, er en division mellem 5 (diameter) og 2 (væske-højden), og resultatet kommer i variablen **rr**. Dernæst udføres beregningen ❷ og der forsættes til næste netværk **Rung 02**, hvor først ❸ beregnes og tilslut beregnes ❹.

Værdierne ved ❺ er skrevet som decimal tal ved at skrive punktum nul efter tal, så divisionen udføres som en beregning mellem to decimaltal. Dette er vigtigt, da beregningen vil være forkert hvis der skrives 5 og 2, da PLC vil opfatte dette som heltal.

Variablen ved ❻ hedder **rr** og ikke kun **r** for radius, da et enkelt **r** ikke må benyttes i nogle typer PLC. Resultatet af beregningen udført i ❶ bliver overført til ❷ med variablen **rr.**

Resultatet fra beregningen fra ❷ er i variablen **V** ved ❼ og bliver overført til næste netværk og benyttes som indgangsvariabel ❽ til beregningen der udføres i ❸. Resultatet fra beregningen i ❸ bliver overført til ❹ med variablen **V**.

Det endelige **resultat** (58.9) er i variablen **V** som er anført ved ❾. Det er altså muligt at bruge variablen **V** til både mellemregning og det endelige resultat, og på den måde begrænse antallet af variabler i programmet.

11.2 Valg af datatype ved beregninger

Til beregninger er det vigtigt at vælge variabler som har en datatype, der kan rumme beregningen. I de fleste tilfælde vil en **REAL** variabel være en passende datatype. Hvis der f.eks. vælges **INT** som datatype, kan beregningen i nogle tilfælde give variabel overløb (variable overflow) pga. en for lille eller forkert datatype, hvis der foretages beregninger med store tal.

Som et eksempel på overløb er denne PLC kode, der ligger to tal sammen:

Alle tre variabler: **Machine1**, **Machine2** og **MachineALL** har **INT** datatype.
De to variabler: **Machine1** og **Machine2** indeholder begge tallet: 25000.

Ved programkørsel vil det se således ud:

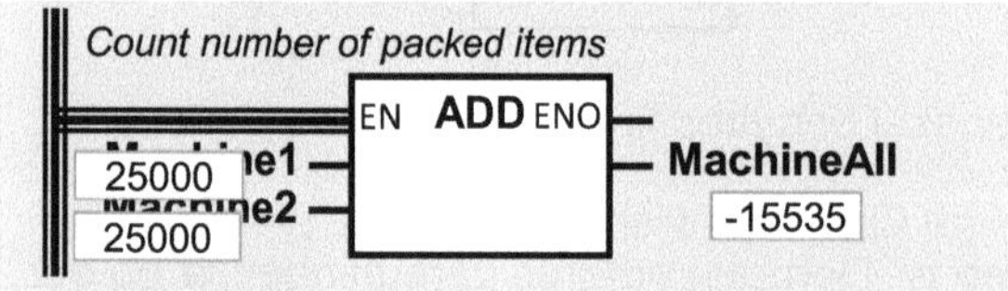

Den gule kasse med tal viser indholdet af variablen ved simulering af programmet. Variablerne **Machine1** og **Machine2** indeholder begge værdien 25000, hvilket er ok. Et **ADD** Ladder symbol lægger de to værdier sammen og derfor skal indholdet af **MachineAll** være 50000. Men indholdet af **MachineAll** er -15535. Dette skyldes at en **INT** variabel kun kan indeholde en værdi mellem -32768 og 32767. Hvis værdien i variablen bliver større end 32767, vil der komme variabel overløb og det næste tal bliver den mindste værdi en **INT** variabel kan indeholde.

Værdien -15536 fremkommer på denne måde:

25000 + 25000 = 50000 => 50000 – 32767 = 17233

17233 er variabel overløb og dertil lægges den mindste værdi for en **INT** datatype:

-32768 + 17233 = **-15535**

VIGTIGT
Vælg en datatype der kan indeholde tallet. Vælges en for stor datatype som f.eks. **LREAL** eller **LWORD** bruges mere hukommelse og det belaster PLC mere.

 © 2021 Tom Mejer Antonsen

11.3 Division med nul (0)

En PLC indlæser værdier fra forskellige sensorer og de værdier kan være nul (0), uden man lige tænker over det. F.eks. en temperaturmåler som i opstillingen på kontoret virker fint med 20 °C grader, men bliver temperaturen nul, går det galt hvis temperatur værdien indgår i en beregning.

Her er en beregning hvor temperatur indgår:

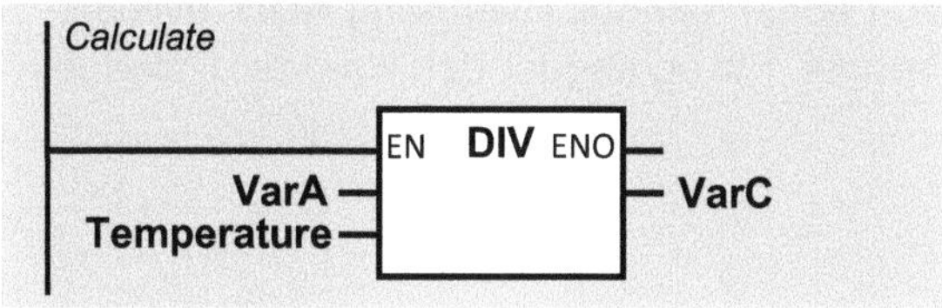

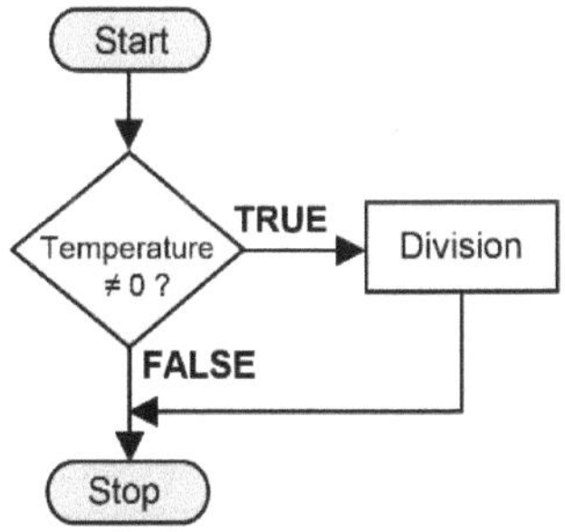

Beregningen er:

VarC er lig med **VarA** divideret med **Temperature**.

Bliver variablen **Temperature** nul, vil PLC få en run time error og/eller kan blive ustabil, da det er en ugyldig matematisk operation i en PLC.

For at sikre at PLC ikke får run time error på noget tidpunkt og minimere risikoen for senere fejl, kan ovenstående PLC-kode ændres til:

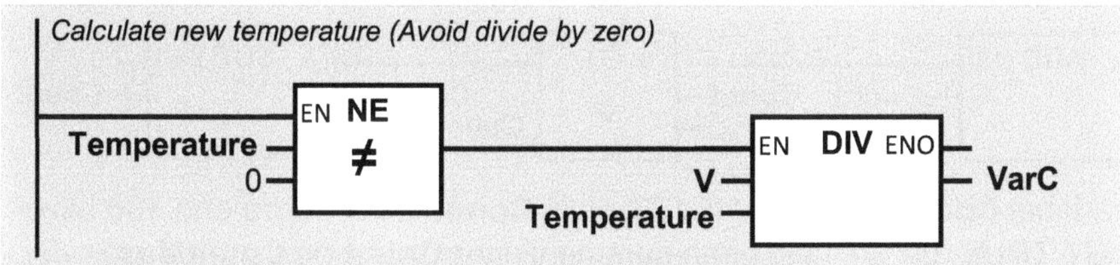

Hvis variablen **Temperature** ikke er nul, udføres beregningen. Beregningen udføres fordi **NE** Ladder symbol sætter **TRUE** på **EN** indgangen til **DIV** Ladder symbol.

DIV udfører ikke divisionen, hvis **EN** indgangen er **FALSE.**

Resultatet af beregningen er i variablen **VarC.**

© 2021 Tom Mejer Antonsen

11.4 Programscan tæller

Programafviklingen i en PLC foregår ved at PLC programmet bliver afviklet igen og igen med et fast tidsinterval. Dette tidsinterval hedder program-scan og tiden mellem hvert scan er ofte på 10 til 500 ms.
Som et eksempel på dette, er her et lille program hvor variablen **Count**, ved hvert programgennemløb (programscan) forøges med 1 (der lægges 1 til den foregående værdi). Programkoden indeholder et **ADD** Ladder symbol. Hver gang **ADD** afvikles, tager **ADD** en kopi af variablen **Count**, lægger 1 til og lægger den nye værdi tilbage i variablen **Count**:

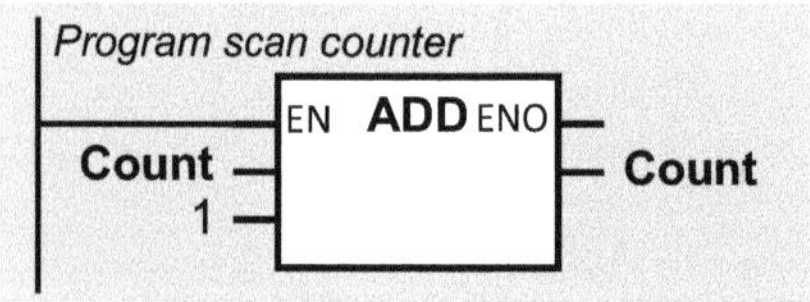

Count bliver således 1 større ved hvert programgennemløb.

Hvis **Count** har datatypen **INT**, skal man være opmærksom på, at når **Count** når værdien 32767 vil den næste gang skifte til -32768. Det er programmørens opgave at sikre, at der ikke sker overløb på en variabel. Der er 2 metoder: Enten benyttes en større datatype for **Count** variablen f.eks. **DINT**, eller begræns tælleren med en betingelse der sætter variablen til 0, når tallet bliver for stort. Den sidste metode er den bedste, da der på den måde aldrig vil være overløb af variablen:

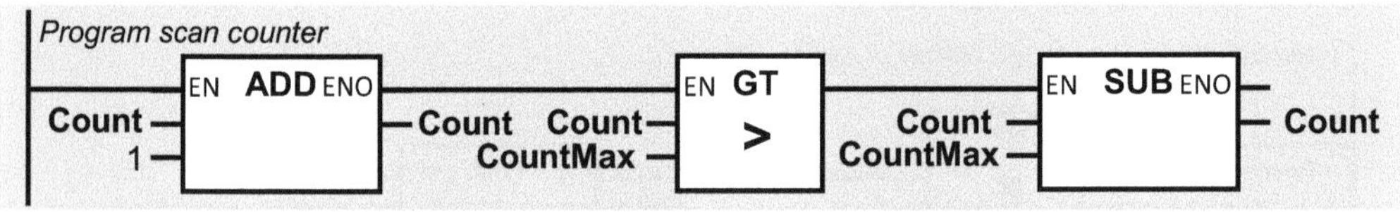

En konstant variabel **CountMax** er sat til 100. Hvis **Count** bliver større end 100 bliver udgangen på **GT TRUE**, da **GT** hele tiden sammenligner **Count** og **CountMax**.

Udgangen på **GT** er forbundet til **EN** indgang på **SUB**. Når **EN** på **SUB** er **TRUE** trækkes der 100 fra **Count.**

Som vist herover tæller **Count** variablen 1 op for hvert programscan. Hvis PLC scan-tid er indstillet til 1 [ms], vil det tage 100 [ms] før Count sættes til 0.

TIP: Ovenstående tæller kan fint bruges som program heartbeat (hjerteslag), så det er muligt at se aktiviteten på sit kørende PLC-program.

Der findes indbyggede tællefunktioner: **CTU**, **CTD** og **CTUD**. Se mere side 106.

 © 2021 Tom Mejer Antonsen

11.5 Eksempel: PLC program til trafiklys

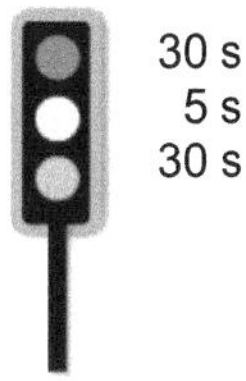

Dette eksempel viser hvordan en programscan tæller kan bruges til at skifte lys i et trafiklys.
Et trafiklys skifter mellem rød, gul og grøn i et fast tidsinterval. I praksis er både rød og gul tændt på samme tid og efter grøn vil der blive skiftet til gul, inden der skiftes tilbage til rød.
For at gøre eksemplet enkelt lyser rød til 30 sekunder, gul i 5 sekunder og grøn i 30 sekunder. Dernæst skiftes tilbage til rød.

Rung 01: Dette netværk har en variabel **n** (heltal) som tæller 1 op for hvert programscan. Variabel **nMax** er en konstant værdi og den værdi som **n** skal være, for at der er opnået 1 sekund. Ved en scantid på 10 ms, skal **nMax** være 100 for at opnå 1 sekund. Når der er opnået 1 sekund sættes **SecPass** (**BOOL** datatype) til **TRUE**, og det er den i et programscan.
Rung 02: Tæller **Sec** variablen 1 op hver gang 1 sekund er gået. Hele lyssekvensen gennemløbes på **SecMax** sekunder (30 + 5 + 30 = 65). **Rung 02** sørger for at nulstille **SecMax** variablen, så variablen er klar til en ny tidsperiode med rød, gul og grøn lys.
Rung 03 – Rung 05: Her tændes lys, når **Sec** tæller er i et bestemt tidsinterval.

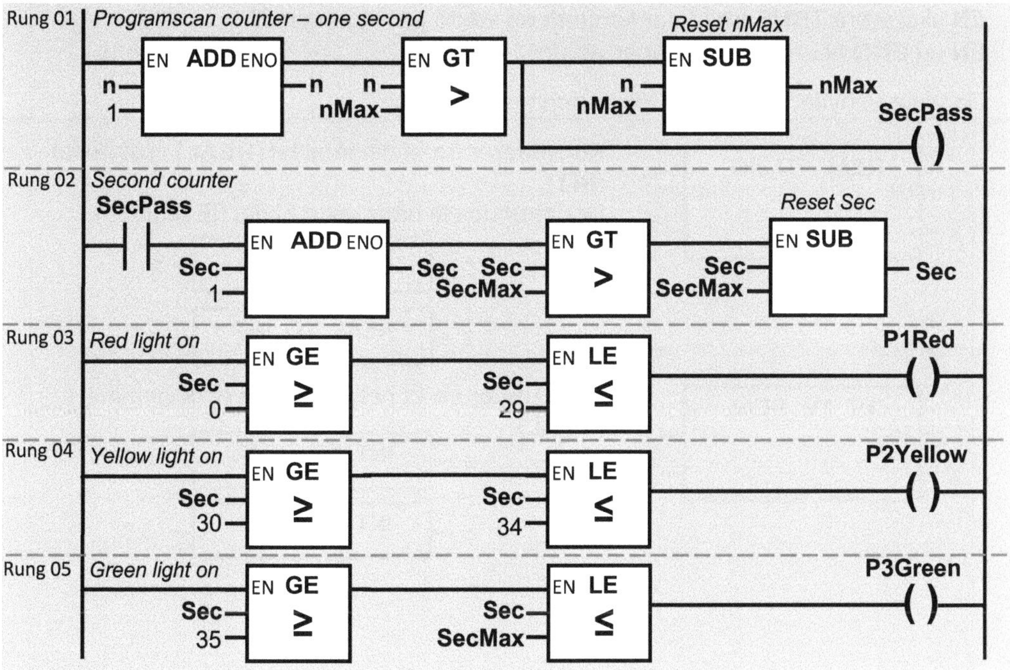

12 Funktioner til konvertering af datatyper

Hvis der er behov for at flytte indholdet af en variabel med én datatype til en variabel med en anden datatype, er der en række indbyggede funktioner, som skal benyttes. Nogle PLC-typer har mere end 100 forskellige konverteringsfunktioner, så der er ofte mange muligheder for at konvertere variabler mellem de forskellige datatyper.

Konverteringsfunktionerne bruger dette Ladder symbol:

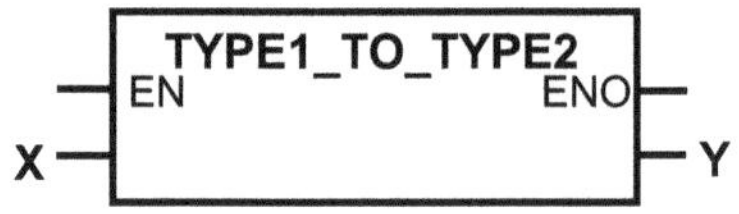

Hvor

> **TYPE1** er datatype af den variabel, der konverteres fra.
> **TYPE2** er den datatype, der konverteres til.

Indgangsværdien **X** er en variabel med datatypen **TYPE1.**
Udgangsværdien **Y** er en variabel med datatypen **TYPE2.**

EN betyder Enable (muliggør eller on) og kan være **TRUE** eller **FALSE.**
EN skal være **TRUE** for at der kommer en værdi på udgangen **Y.**
EN og **ENO** er i nogle PLC-typer valgfri.

De mest benyttede datatype konverteringsfunktioner:

Konverterer fra et decimal tal (**REAL**) til et heltal (**INT**).
Der afrundes til nærmeste heltal (IEC60559).

Konverterer fra et heltal (**INT**) til et decimaltal (**REAL**).

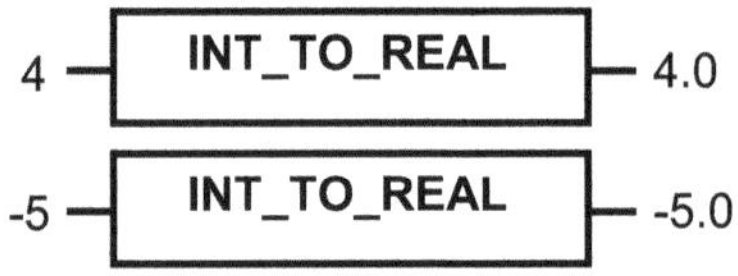

 © 2021 Tom Mejer Antonsen

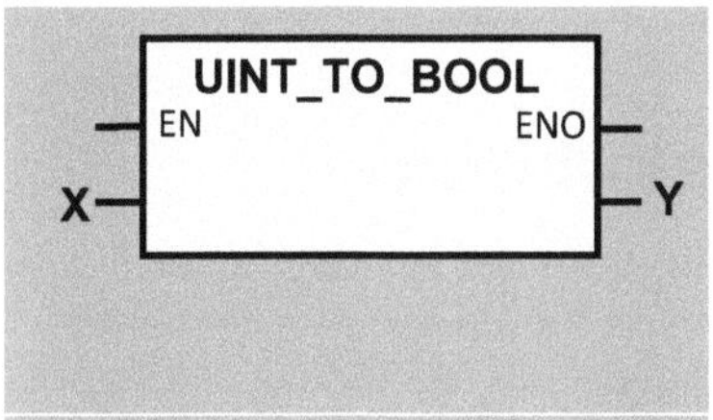

Konverterer fra et heltal uden fortegn (**UINT**) til en boolean (**BOOL**).

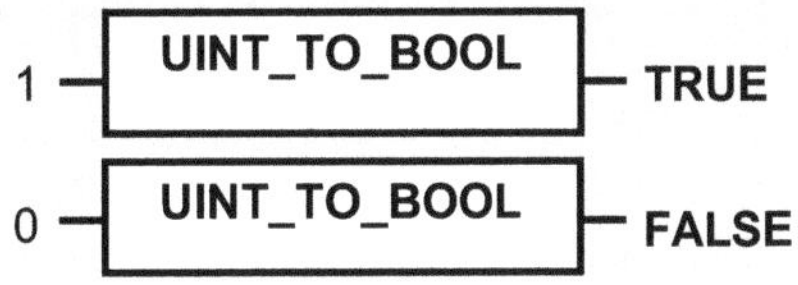

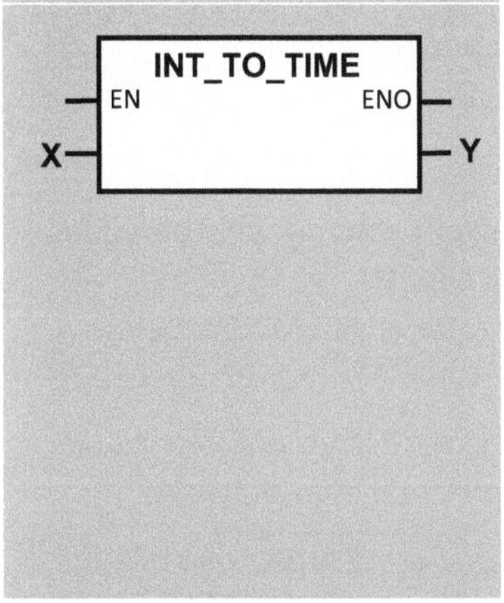

Konverterer et heltal til **TIME** med enheden [ms].

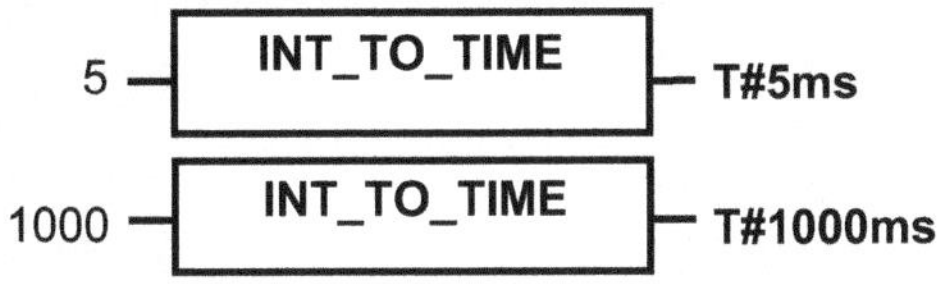

Denne konvertering benyttes hvis værdien kommer fra en analog sensor eller brugerindtastning.

TIME kan kun konverteres fra et heltal, da **TIME** er en tæller der tæller fra 00:00:00 UTC.

DATE og **TIME** fås normalt fra et internt elektronik kredsløb, der er en del af den hardware som er i en PLC. Dette kredsløb tæller tiden i sekunder fra 00:00:00 UTC 1.1.1970 (koordineret universaltid).

Det er vigtigt at sikre, at tal kan konverteres, da det kan give fejl der gør at PLC stopper programafviklingen eller programmet bliver ustabilt.

Her er et eksempel på hvordan datatype konverteringsfunktionerne kan bruges sammen med matematik funktioner:

En maskine producerer et antal emner. Der ønskes beregnet hvor mange emner der produceres hvert minut. En variabel **NoItems** indeholder antal producerede emner og datatypen er **LWORD**, så variablen er stor nok.

For at beregningen bliver udført korrekt konverteres **NoItems** til en **REAL** datatype og der divideres med 60.0 for at beregne antal emner produceret hvert minut. Der skrives 60.0 og ikke kun 60, da PLC skal foretage beregningen i en **REAL.** Antal producerede emner pr. minut er i variablen **NoItems_m.**

PLC program kode:

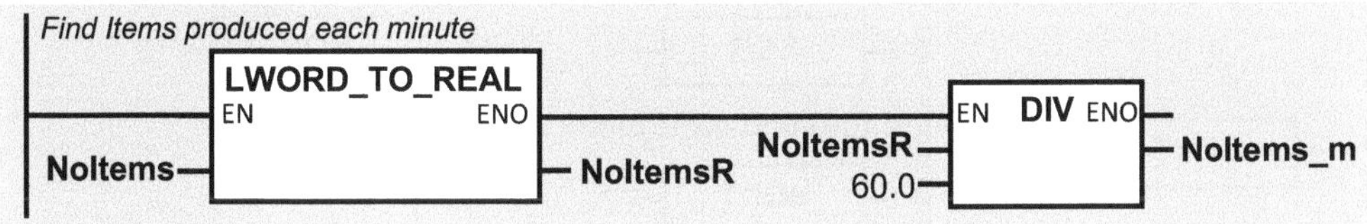

© 2021 Tom Mejer Antonsen

13 Matematik funktioner (videnskabelig)

En PLC har de samme indbyggede matematik funktioner som det kendes fra en avanceret eller en videnskabelig lommeregner. Dette afsnit beskriver de avancerede matematik funktioner i en PLC og viser eksempler på disse.

Til avancerede matematik beregninger benyttes dette Ladder symbol:

X –[ZZZ]– Y

Hvor **ZZZ** er navnet på matematik funktionen.

Indgangsværdien **X** er den værdi (**INT** eller **REAL** datatype) som der skal beregnes på. Det kan være en variabel, en analoge sensor værdi eller tal.

Resultatet af beregningen kommer som en værdi på **Y** (ofte en **REAL** datatype).

Der er følgende muligheder for matematik funktioner:

X –[**TRUNC**]– Y	Konverterer en **REAL** decimal værdi til en **INT** værdi. INGEN afrunding af heltal. Fjerner tal efter punktum. 3.9 –[**TRUNC**]– 3 -2.5 –[**TRUNC**]– -2
X –[**FRAC**]– Y	Decimal værdien af et **REAL** tal. Viser tal efter punktum. 2.8 –[**FRAC**]– 0.8 -3.49 –[**FRAC**]– 0.49
X –[**ABS**]– Y	Absolut værdi. Funktionen sikrer altid en positiv værdi. -1.2 –[**ABS**]– 1.2 3.4 –[**ABS**]– 3.4
X –[**FLOOR**]– Y	Indgangsværdien er et positivt eller negativt decimaltal. Udgangsværdien er et heltal som er rundet ned. 2.8 –[**FLOOR**]– 2 -2.8 –[**FLOOR**]– -3
X –[**SQR**]– Y	Denne funktion beregner x^2 (opløftet i 2). X^2 Det samme som x * x, (x gange x). 2 –[**SQR**]– 4 4 –[**SQR**]– 16
X –[**SQRT**]– Y	Denne funktion beregner kvadratroden. $Y = \sqrt{X}$ 4 –[**SQRT**]– 2 9 –[**SQRT**]– 3

 © 2021 Tom Mejer Antonsen

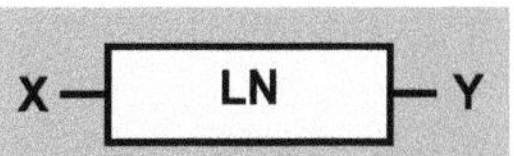

Den naturlige logaritme.

Den naturlige logaritme med base 10.

Eksponentiel funktion. Det samme som e^X eller e^x, e = 2.718281828

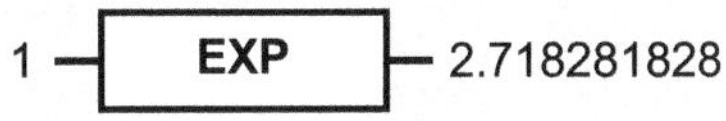

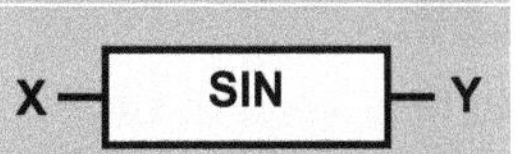

Sinus funktion. Beregnes i grader.

Tilsvarende funktioner: **COS** for cosinus funktion og **TAN** for Tangent funktion.

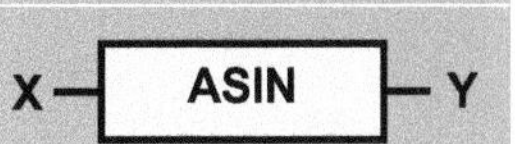

Arc-sinus funktion. Invers sinus funktion.
Omvendt sinus. **SIN**$^{-1}$(x), Sinh(x)

Tilsvarende findes for **ACOS**: Arc-cosinus funktion. Invers cosinus funktion **COS**$^{-1}$(x), cosh(x)

Tilsvarende findes for **ATAN**: Arc-tangent funktion. Invers tangent funktion **TAN**$^{-1}$(x), tanh(x)

Opløftet af en variabel med en anden variabel. $Z = x^y$

Ovenstående er alle indbyggede funktioner i en PLC. Dvs. funktioner, der kan bruges, uden at der skal tilføjes ekstra biblioteker eller programmoduler i PLC programmeringsværktøjet. Der kan være lidt variation i forhold til de enkelte PLC-typer. Derfor anbefales det altid at kigge bruger manualen til den enkelte PLC-type igennem, for at få overblik og se mulighederne for matematiske funktioner og hvordan de bruges.

© 2021 Tom Mejer Antonsen

Husk at tjekke datatyper for de enkelte matematik funktioner, så du bruger de samme datatyper i de variabler du opretter i dit PLC program.

Det er vigtigt at sørge for, at PLC ikke får run time error på noget tidspunkt når matematik funktionerne bruges. Funktionerne **LN** og **LOG** kan ikke tåle at indgangsværdien er 0 (nul), da dette er en ugyldig matematisk operation.

Dette stykke PLC kode kontrollerer at **X** ikke er nul inden **LN** bruges:

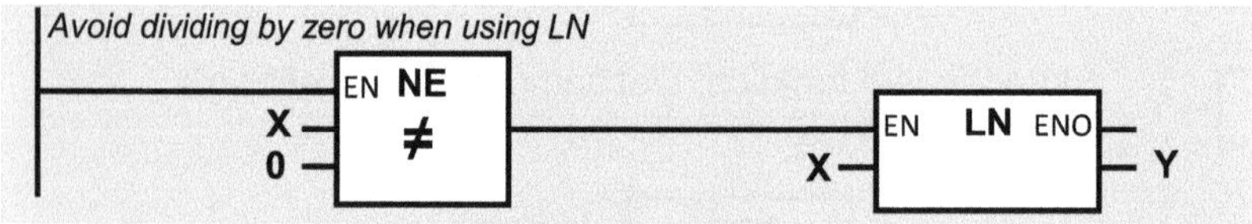

Hvis variablen **X** ikke er nul, udføres beregningen ved at **NE** sætter **TRUE** på **EN** indgangen til **LN**. **LN** udfører ikke beregningen, hvis **EN** er **FALSE.**

Bemærk at **LN** funktionen har **EN** og **ENO** vist, og at **EN** bruges til at sikre at **LN** beregningen kun udføres efter at **NE** har kontrolleret at **X** ikke er nul.

13.1.1 Eksempel: Beregning af højde på robotarm

Dette eksempel viser hvordan et PLC program kan beregne højden **h** på en robotarm:

Variablerne til beregningen er:
- **c** = 1,5 meter
- **a** = 1,1 meter

Alle variabler er **REAL** datatype.

Variablerne **cc, aa** og **ac** er til mellemregninger.

Formel er: $h = \sqrt{c^2 - a^2}$

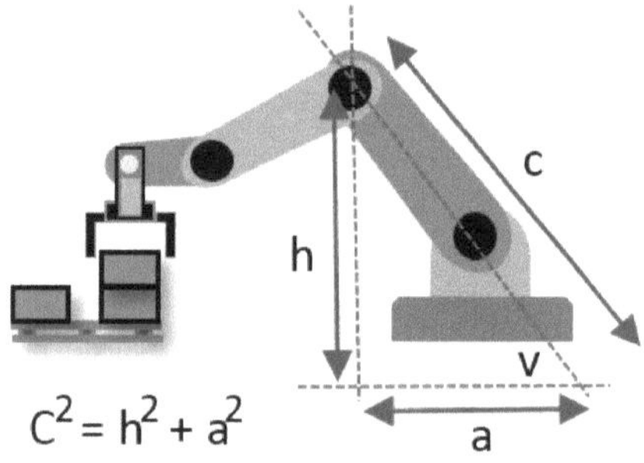

Forslag til PLC program hvor **h** beregnes:

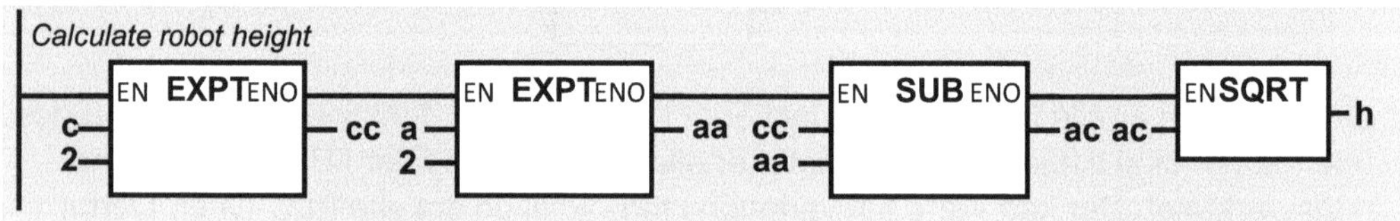

 © 2021 Tom Mejer Antonsen

13.1.2 Eksempel: Simuleringssignaler

Dette eksempel beskriver simuleringssignaler, der kan bruges under udvikling af programmer og efterfølgende test. Ofte er maskinen eller hardwaren ikke til rådighed, når PLC-koden skrives og efterfølgende testes; Enten er hardwaren ikke kommet hjem, maskinen ikke færdigbygget eller udstyret er allerede sendt af sted til kunden. Derfor kan det være en fordel, at kunne simulere "sensor" signaler på digitale eller analoge indgange og se om programmet virker efter hensigten.

Herunder er forslag til simuleringssignaler, der nemt kan tilpasses i frekvens (antal svingninger) og amplitude (største og mindste værdi). Signaler kan sættes sammen eller konstanter kan ændres for at skabe nye simuleringssignaler.
Variablen **n** (**REAL** datatype) er programscan tæller. Værdien 0.01 er frekvensen.

Her er forslag til en sinus kurve:

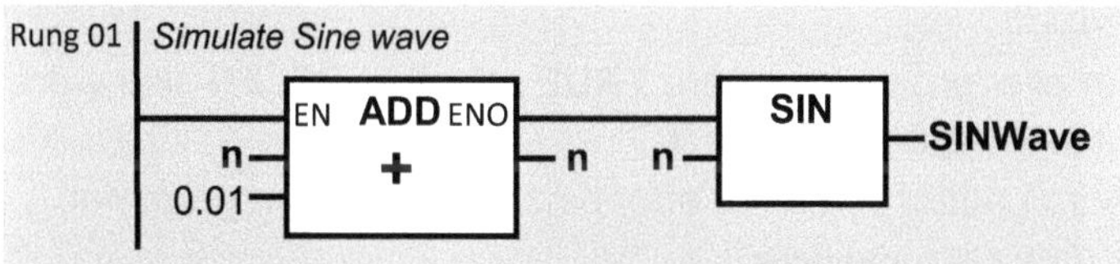

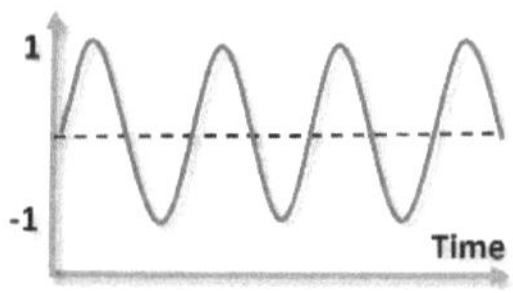

Her er bruges **ABS** til at få positive signaler:

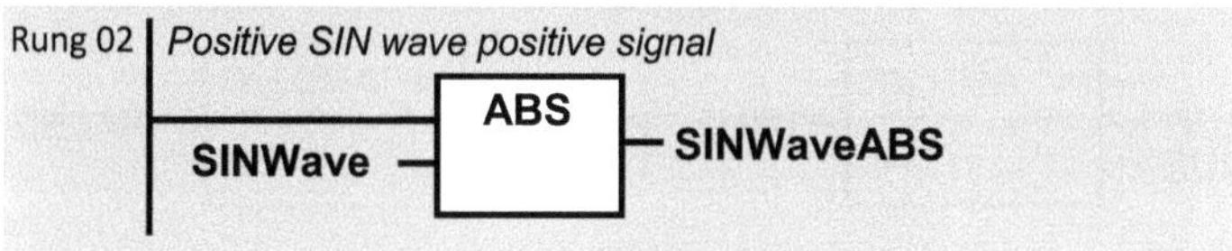

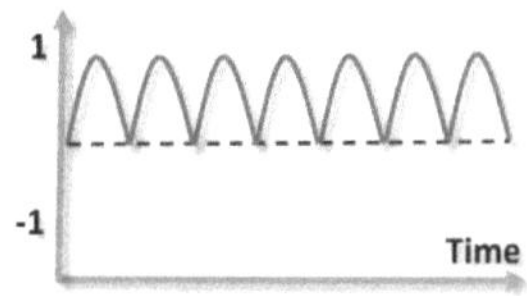

Her er et signal som svinger mellem 0 og 10:

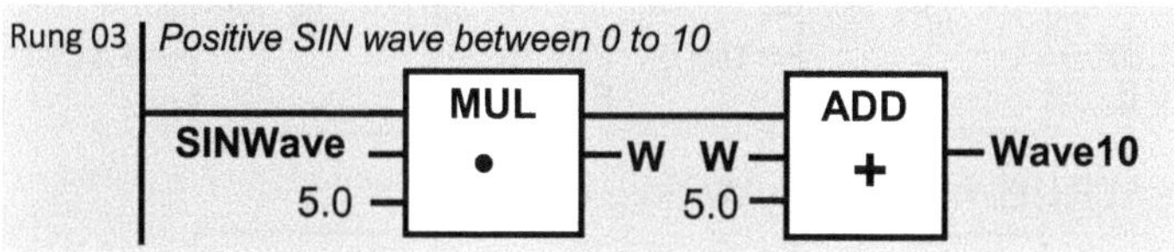

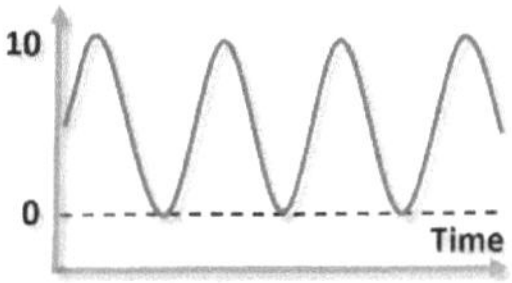

Her er et firkant signal, der er enten 0 eller 1:

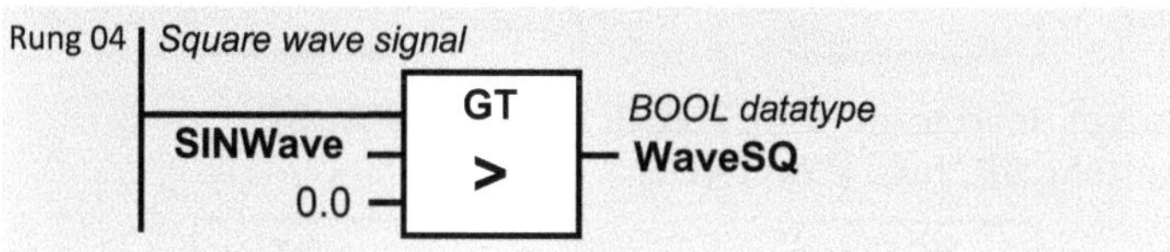

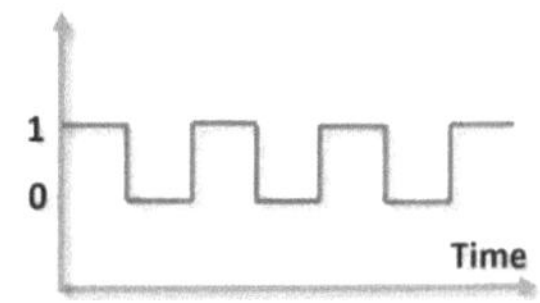

14 Logik og bit funktioner (AND, OR, XOR, NOT)

Logik benyttes til at sammenligne to forskellige **BOOL** variabler eller værdier. Resultatet af sammenligningen er en værdi, som altid har datatypen boolean (**BOOL**) og kan derfor kun være **TRUE** eller **FALSE**.
Dette afsnit beskriver logik funktionerne i en PLC og hvordan de benyttes i PLC kode.

Til logik funktioner benyttes dette Ladder symbol:

Hvor **XXX** er navnet på logik funktionen. De to indgangsværdier **V1** og **V2**, er de to værdier som skal sammenlignes. Resultatet af sammenligningen kommer på udgangen **Y** og er altid en **BOOL** værdi.

EN betyder Enable (muliggør eller on) og kan være **TRUE** eller **FALSE. EN** skal være **TRUE** for at der kommer et resultat på udgangen **Y**.

ENO bruges til at forbinde flere Ladder symboler efter hinanden i PLC programmet.

Der er følgende muligheder for logik funktioner:

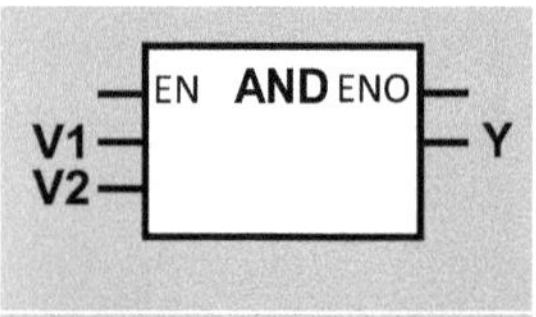

Y er **TRUE**, hvis både **V1** og **V2** er **TRUE**.

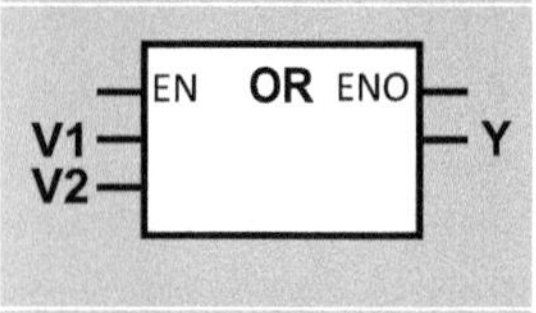

Y er **TRUE**, hvis **V1** eller **V2** er **TRUE**.

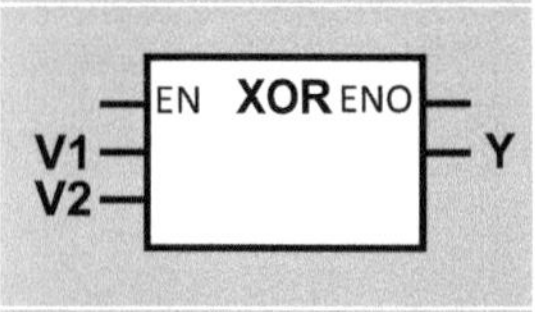

Y er **TRUE**, hvis **V1** og **V2** ikke er ens.

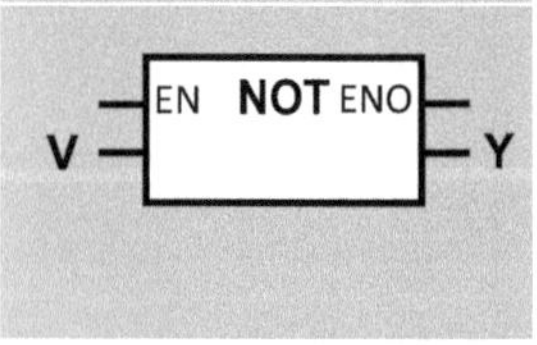

Modsat. Inverteret. **Y** er **TRUE**, hvis **V** er **FALSE**.
Y er **FALSE**, hvis **V** er **TRUE**.

 © 2021 Tom Mejer Antonsen

AND kan benyttes ved serieforbindelse af komponenter (sensorer og kontakter), hvor alle komponenter skal give **TRUE** signal, for at det samlede udtryk er **TRUE**.

Dette betyder at disse to stykker PLC kode har samme virkemåde:

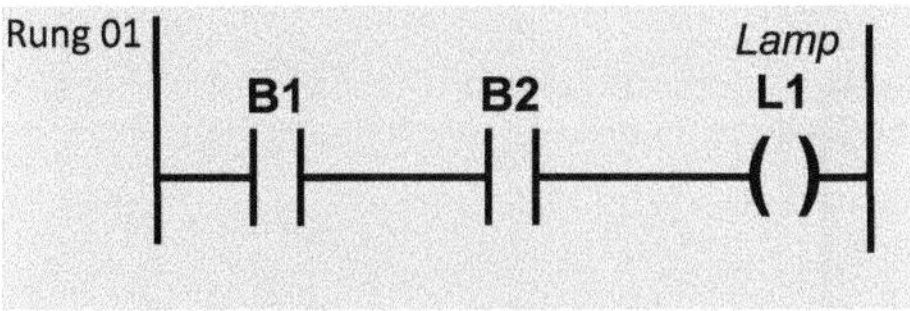

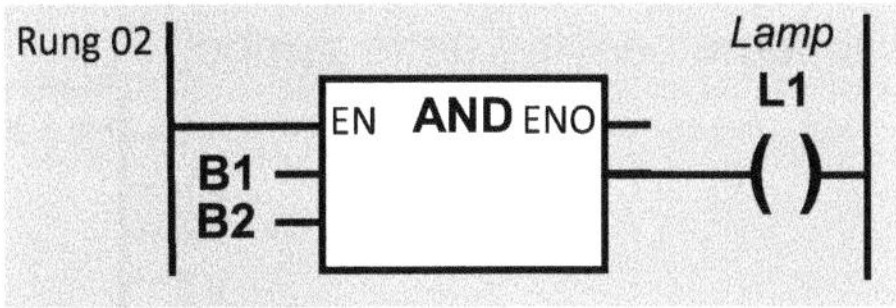

OR kan benyttes hvis komponenter er forbundet parallelt, hvor bare én component skal give **TRUE** signal, for at det samlede udtryk er **TRUE**.

Dette betyder at disse to stykker PLC kode har samme virkemåde:

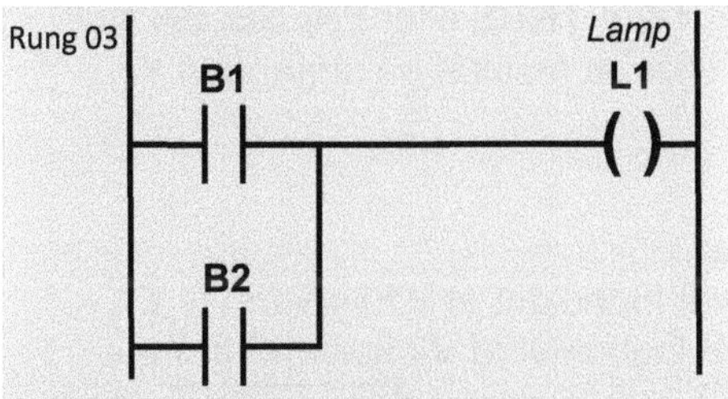

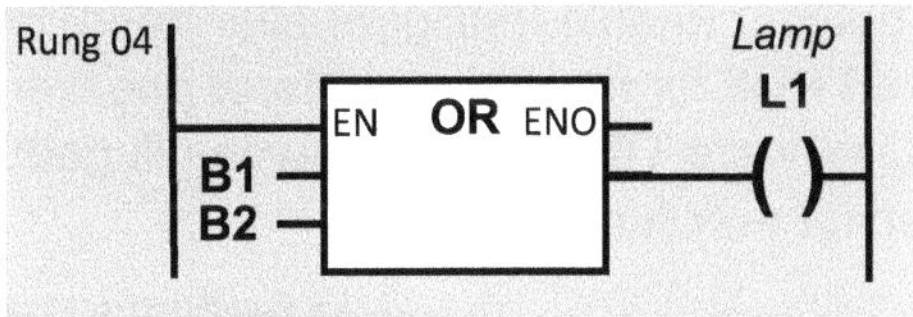

AND kan også bruges direkte til at sammenligne på f.eks. binære værdier. Dette kaldes bitmaskering eller bit maske:

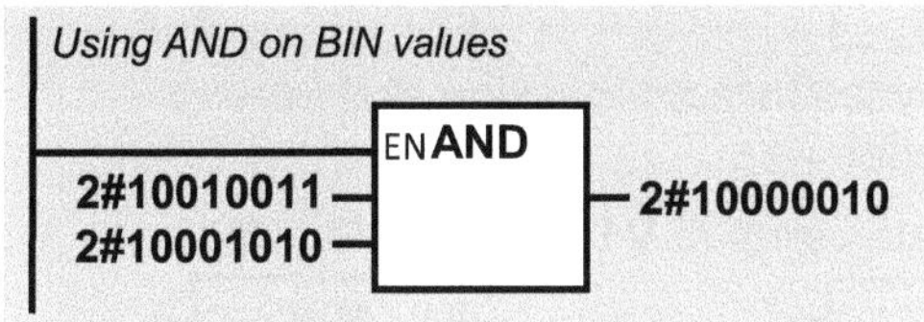

Når der skrives **2#** foran et tal betyder det, at det er et binært tal. Resultatet er at de bit som er **TRUE** i begge binære tal er **TRUE** i resultatet. Bit 2 og 8 er derfor begge **TRUE** på udgangen af **AND.**

Ind- og udgangsværdierne **V1**, **V2** og **Y** skal være samme datatype. Dvs. at hvis **V1** og **V2** er en **USINT** skal **Y** også være en **USINT**. Hvis der ønskes en anden datatype, skal der benyttes en datatype konverterings funktion. Her er et program eksempel, hvor en lampe **L1** skal tænde hvis bit nummer 2 er **TRUE** i **2#10001010**:

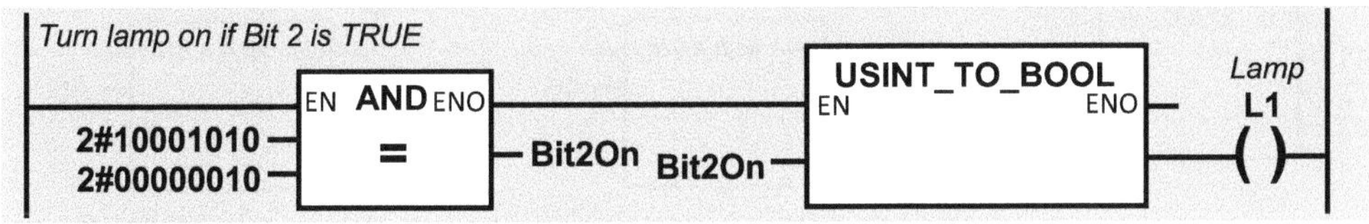

© 2021 Tom Mejer Antonsen

14.1 Funktioner til valg af en værdi

Dette afsnit beskriver funktioner til at udvælge en værdi blandt flere værdier.

Funktionerne benytter dette symbol:

Hvor **XXX** er navnet på funktionen.
Der kan være flere indgangsværdier end de viste tre værdier: **V1**, **V2** og **V3**.
Der er kun én udgangsværdi: **Y**.
EN betyder Enable (muliggør eller tænd) og kan være **TRUE** eller **FALSE. EN** skal være **TRUE** for funktionen udfører opgaven og viser et resultat på udgangen **Y**.
ENO vil være **TRUE** hvis opgaven gik godt.
Oversigt over funktioner:

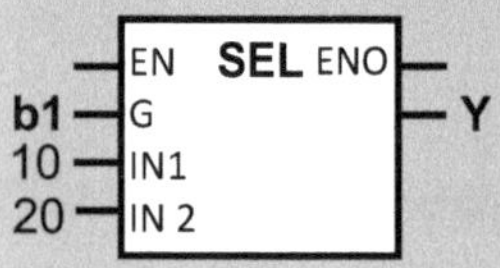

Valg mellem to værdier.
Hvis **b1** er **FALSE** bliver indholdet af **V1** kopieret til **Y**.
Hvis **b1** er **TRUE** bliver indholdet af **V2** kopieret til **Y**.

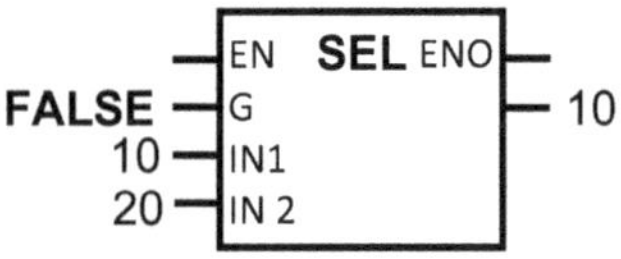

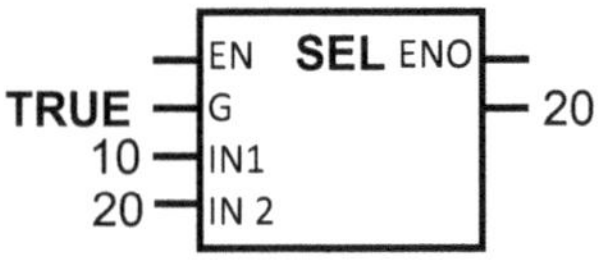

SEL kan f.eks. benyttes hvis en maskine skal køre to forskellige hastigheder.

Kopierer den mindste værdi af **V1**, **V2** eller **V3** til **Y**.

Der kan oprettes flere indgangsvariabler end de viste tre.
MIN benyttes til at finde den laveste værdi af flere værdier.

Kopierer den største værdi af **V1**, **V2** eller **V3** til **Y**.

Der kan oprettes flere indgangsvariabler end de viste tre.
MAX finder den højeste værdi blandt flere værdier.

 © 2021 Tom Mejer Antonsen

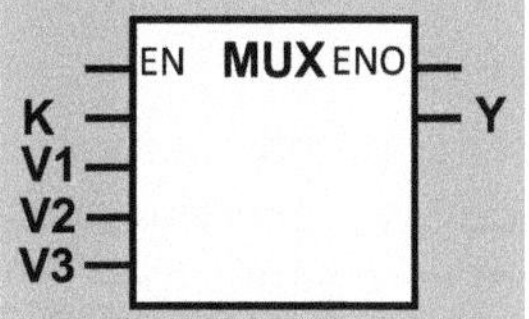

Variablen **K** benyttes til at vælge mellem flere værdier.
K skal være et positivt heltal.
Hvis **K** = 0 bliver indholdet af **V1** kopieret til **Y**.
Hvis **K** = 1 bliver indholdet af **V2** kopieret til **Y** osv.

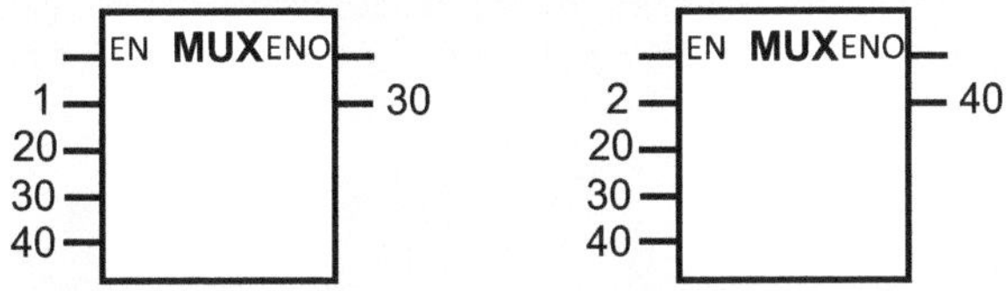

Der kan oprettes flere indgangsvariabler end de viste 3.
MUX kan benyttes hvis en motor skal skifte mellem flere konstante hastigheder.

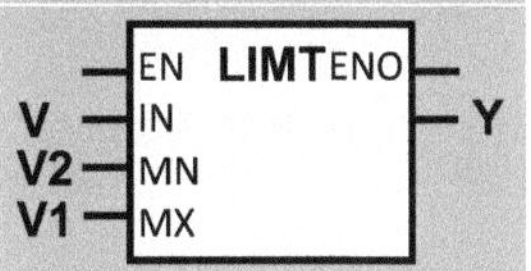

Indholdet af **V** kopieres til **Y,** hvis værdien i **V** er mellem **V1** og **V2**.
Hvis **V** er større end **V2** kopieres indholdet af **V2** til **Y**.
Hvis **V** er mindre end **V1** kopieres indholdet af **V1** til **Y**.

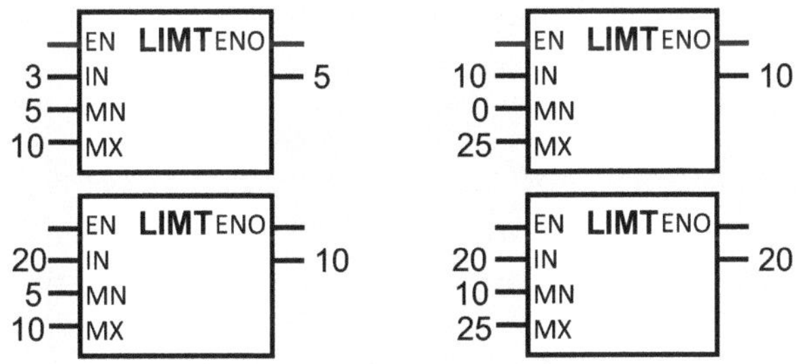

Bruges til at sikre at en værdi er inden for et ønsket område. Kan bruges før en variabel udlæses til en analog udgang, så variablen er i det ønskede område (interval).

Kopierer en værdi eller variabel indhold fra **V** til **Y**.
Værdien kopieres når indgangen **EN** bliver **TRUE**.

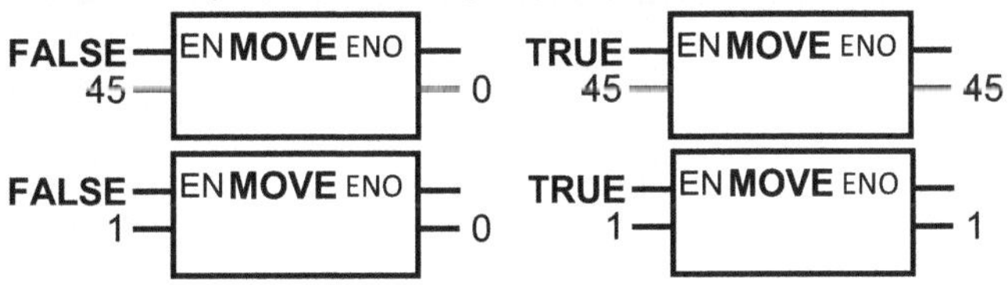

Kan benyttes til at sætte en værdi til en analog udgang,- det kunne f.eks. være hastigheden af en motor.
Kan også benyttes som SET/RESET af en **BOOL** variabel.

14.1.1 Eksempel: Indstiling af hastighed på motor og ventilator

Her er et programeksempel hvor hastigheden på en motor indstilles på en manuel drejeomskifter med variabel navnet **MotorSwitch.** Der er desuden en ventilator med navnet **Fan** og en **PowerSwitch** til at tænde og slukke både motor og ventilator:

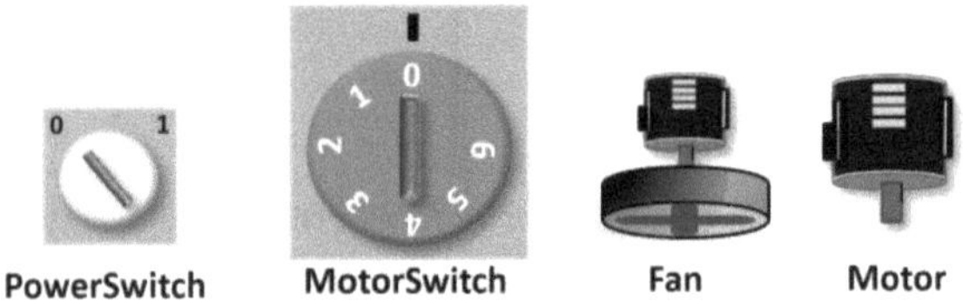

Drejeomskifter **MotorSwitch** sættes i step fra 0 til 6, som kan være 7 forskellige spændingsniveauer på et analog indgangsmodul.
Ventilator **Fan** skal køre en hastighed på 25 Hz. Hvis **Motor** kører mere end 45 Hz, skal ventilator **Fan** køre 50 Hz.

PLC programeksempel bestående af tre netværk:

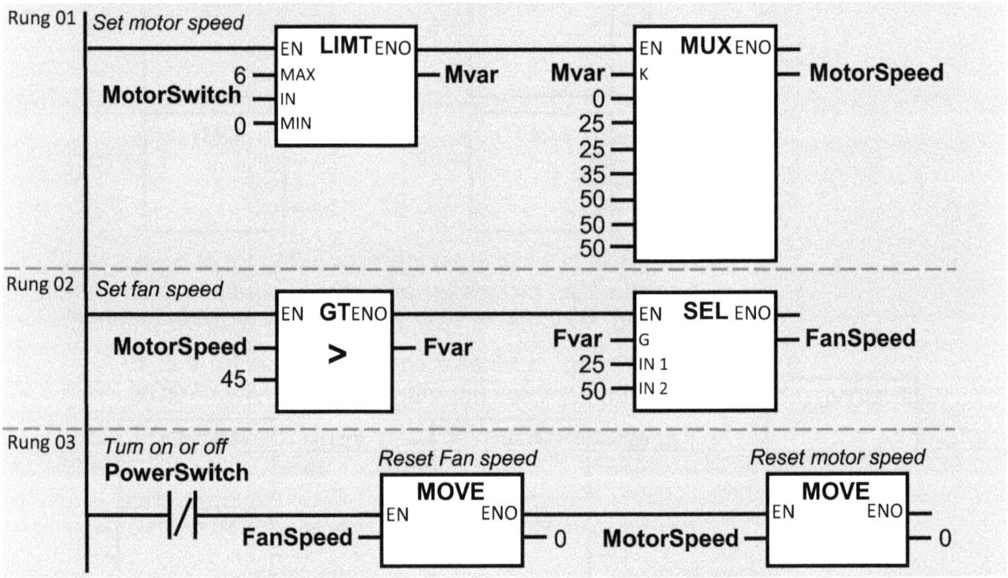

 © 2021 Tom Mejer Antonsen

Der benyttes følgende variabler i PLC programmet:

PROGRAM MotorControl

Scope	Name	Address	Data type	Initialization	Comment
VAR	**MotorSwitch**		**INT**		Speed 0 to 6 (analog value)
VAR	**PowerSwitch**		**BOOL**		**FALSE** in position 0
VAR	**FanSpeed**		**INT**		Analog value (Speed). 0 to 50 Hz
VAR	**MotorSpeed**		**INT**		Analog value (Speed). 0 to 50 Hz
VAR	**Mvar**		**INT**		Internal VAR for MotorSwitch
VAR	**Fvar**		**BOOL**		Internal VAR for Fan

Forklaring til PLC program:

Rung 01

LIMIT funktionen sikrer at **MotorSwitch** altid er i det ønskede område (0 til 6), så **MUX** funktionen ikke bliver kaldt med en værdi på **k** som er uden for området. Der kan være forskel på hvordan de enkelte PLC leverandører håndterer situationen, når indgangen **k** får et tal som er mere end de tilladte 6, og derfor er en ugyldig værdi.
I PLC standarden er der anført at **ENO** skal sættes til **FALSE**, hvis der foretages en ugyldig operation. Men det er ikke sikkert at **MUX** virker på samme måde i alle typer PLC, da de enkelte PLC leverandører fortolker PLC standarden forskelligt.
Fortolkningen kan være om motor skal stoppe hvis **MUX** kaldes med en ugyldig **k** værdi, eller om motor skal køre med den seneste hastighed. Som PLC programmør er det vigtigt at få undersøgt de indbyggede standard funktioner, så virkemåden er kendt, fremfor at gætte sig til hvordan de virker.

Hvis **MotorSwitch** variablen er 1 eller 2, vil hastigheden **MotorSpeed** blive 25. Hvis **MotorSwitch** er 3, vil hastigheden **MotorSpeed** blive 35. Hvis **MotorSwitch** er 0 vil **MotorSpeed** blive 0 (motor stoppet).

Rung 02

GT funktionen sørger for at sætte den interne variabel **Fvar** til **TRUE**, hvis **Motor-Speed** er større end 45. Hvis **Fvar** er **TRUE** vil **SEL** funktionen sætte **FanSpeed** til 50. Hvis **Fvar** er **FALSE** sætter **SEL** funktionen **FanSpeed** til 25.

Rung 03

Dette netværk sætter **FanSpeed** og **MotorSpeed** til nul (0), hvis den manuelle omskifter **PowerSwitch** står i position 0 (**FALSE** signal). Der er ingen ændring af **FanSpeed** eller **MotorSpeed** hvis omskifteren står i position 1 (**TRUE** signal).

En **MOVE** funktion overskriver en værdi i en variabel med en ny værdi.

Da værdien i **FanSpeed** og **MotorSpeed** bliver sat til nul af **MOVE**, så de ikke kører, skal dette netværk være det sidste af de tre netværk. Dette skyldes at det altid er den sidste værdi en variabel har i programmet, der udskrives på den analoge udgang.

© 2021 Tom Mejer Antonsen

14.2 Funktioner til bit forskydning (Bit Shifts)

Dette afsnit beskriver standard funktioner, som kan forskyde bit i en variabel:

Funktionerne benytter dette symbol:

Hvor **XXX** er navnet på funktionen. Indgangsværdien **V** er et heltal med den variabel som indeholder bit som skal forskydes. Resultatet kommer på udgangen **Y.**
Det antal pladser som bit skal forskydes anføres i **n** (**n** er et positivt heltal).
EN betyder Enable (muliggør eller tænd) og kan være **TRUE** eller **FALSE. EN** skal være **TRUE** for at der kommer et resultat på udgangen **Y.**
Der er følgende funktioner:

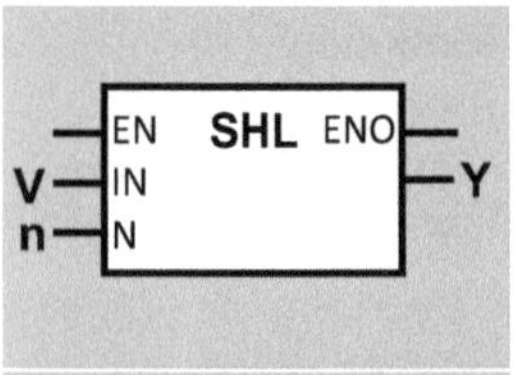

Denne funktion forskyder bit mod venstre. Overskydende bit slettes. Det samme som: **Y** = **V** gange 2, hvis **n** = 1.

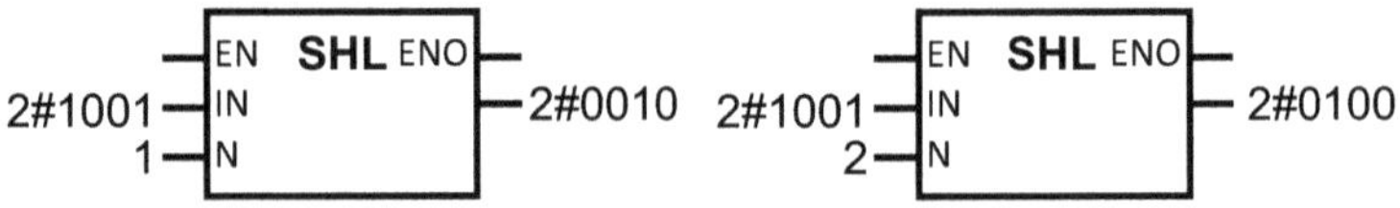

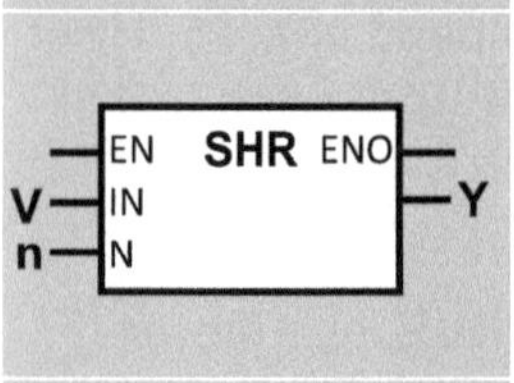

Denne funktion forskyder bit mod højre. Overskydende bit slettes. Det samme som: **Y** = **V** divideret med 2, hvis n = 1.

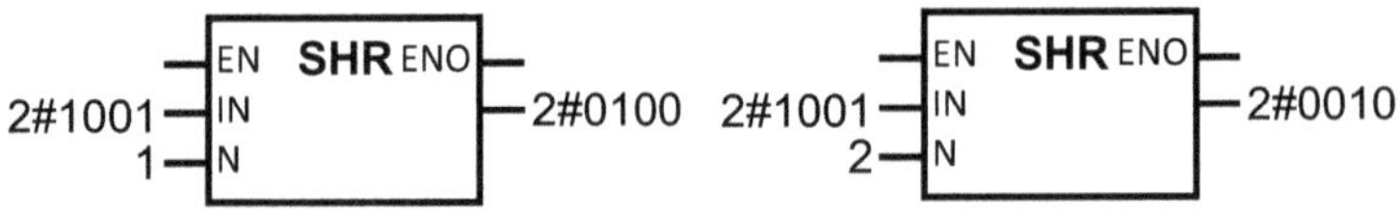

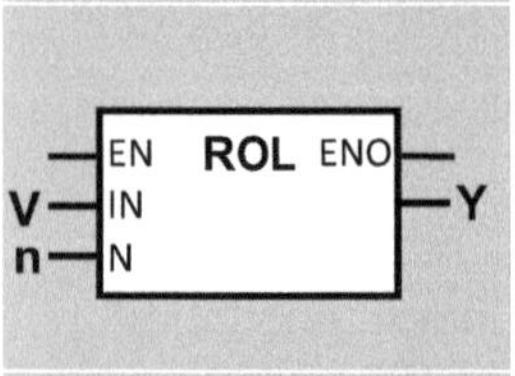

Denne funktion forskyder bit mod venstre. Bit roteres, så overskydende bit placeres yderst til højre.

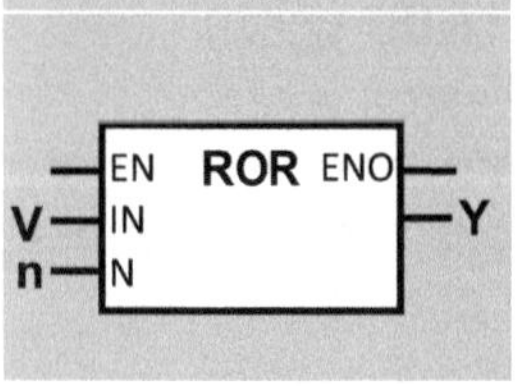

Denne funktion forskyder bit mod højre. Bit roteres, så overskydende bit placeres yderst til venstre.

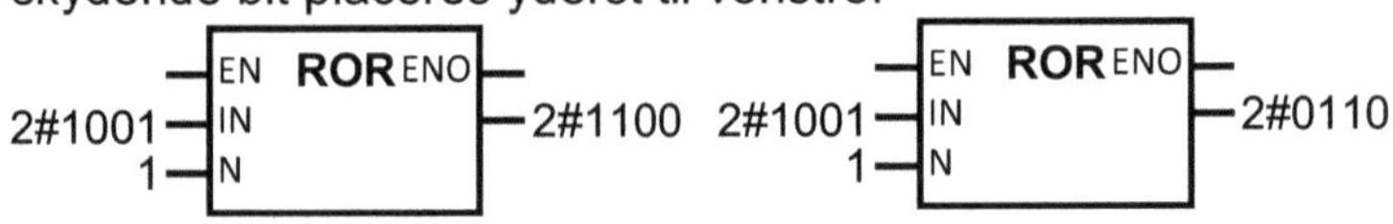

 © 2021 Tom Mejer Antonsen

14.2.1 Eksempel: Brug af skifteregister til at fjerne flasker

Dette eksempel viser hvordan et bit skifteregister kan bruges til at fjerne en flaske der mangler en etiket.

Flaskerne står helt tæt på transportbåndet og sensor **B2** er **TRUE** når der er en flaske, og **FALSE** når der ingen flaske er.

En sensor **B1** giver **TRUE** signal hvis en flaske mangler en etiket.

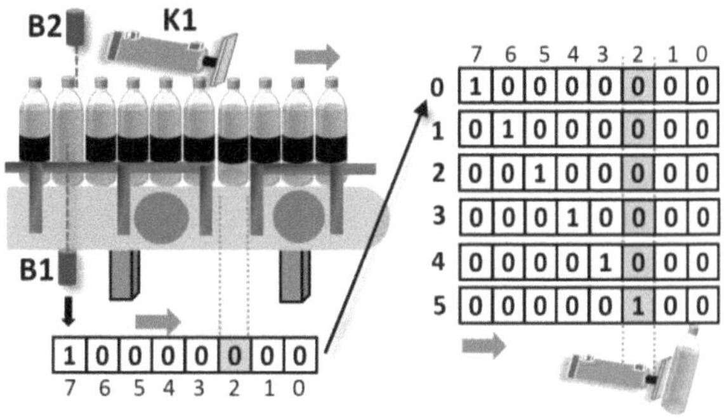

Cylinder **K1** skubber flasken væk uden etiket, så den ikke kommer ud til en kunde.

Forslag til PLC program der består af to netværk:

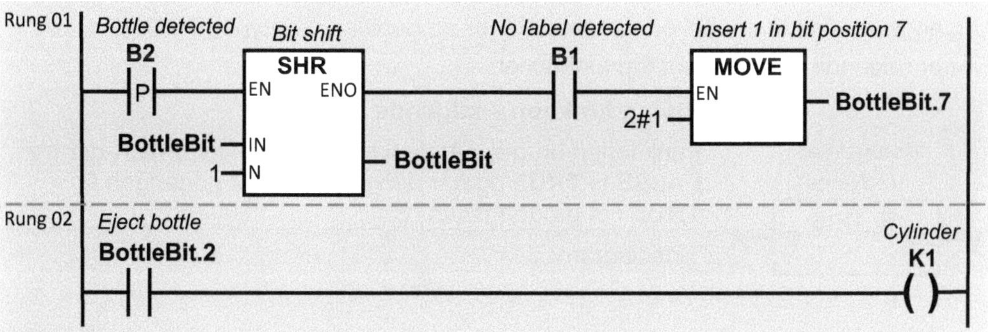

Rung 01

Variablen **BottleBit** er en **BYTE** datatype, som indeholder 8 bit og det giver plads til at markere 8 flasker i variablen. Der er 5 flasker mellem hvor sensor **B2** registrerer en flaske til hvor cylinder skal skubbe flasken ud.

Hver gang sensor **B2** registrerer en flaske vil **B2** være **TRUE**. For at **SHR** funktionen kun rykker bit en plads i variablen **Bottlebit** skal **N** være sat til 1 og der skal være anført et "**P**" i kontakt symbol for **B2.**

Hvis **B1** registrerer at flasken ingen etiket har, vil **MOVE** vil indsætte "1" på plads 7 i **BottleBit** variablen. "**2#**" betyder at det er et binært tal og **.7** angiver plads 7.

Rung 02

Hvis bit plads nummer 2 i variablen **BottleBit** er **TRUE** betyder det at flasken skal afvises og dette gøres ved at sætte **TRUE** på **K1**. **K1** er forbundet til en cylinder, der skubber flasken væk fra transportbåndet.

15 Kant trig funktioner: R_TRIG, F_TRIG

Ofte er der behov for, at et stykke kode kun skal afvikles én gang på en bestemt handling. Det kan være en sensor kontakt der aktiveres og et tilhørende stykke kode ønskes afviklet (f.eks. en sensor der tæller emner på et transportbånd). Når sensor kontakten er aktiveret, vil koden blive afviklet flere gange pga. den måde en PLC afvikler programmer, medmindre der benyttes en kant trig funktion:

Funktionerne benytter en af disse Ladder symboler:

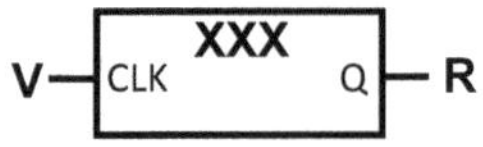

Hvor **XXX** er navnet på funktionen.

Indgangsværdien **V** kan være en variabel eller en digital sensor værdi.

V har datatypen boolean (**BOOL**) og kan derfor kun være **TRUE** eller **FALSE**.

Udgangsværdien **R** er altid en variabel, der er en boolean datatype (**BOOL**).

Der er følgende typer af kant trig funktioner:

Rising funktion – stigende flanke

Funktionen bruges på et stigende signal, hvor **CLK** går fra **FALSE** til **TRUE** og når den gør dette, er udgangen **Q** **TRUE** i et programscan.

Tidsdiagram:

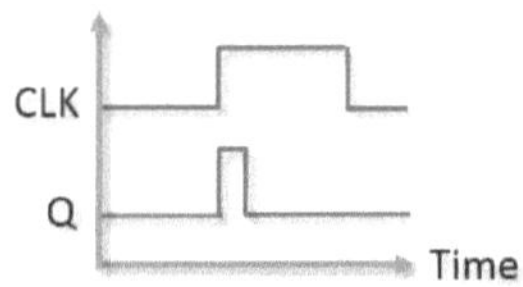

Det betyder at når **V** bliver **TRUE**, f.eks. hvis en sensor værdi bliver **TRUE**, vil **R** være **TRUE** i et programscan. I det efterfølgende programscan er **R FALSE**.

Funktionen kaldes også: One Shot Rising, positive edge detecting, positive pulse, OSR.

VarName: Funktionen skal oprettes i variabellisten med et sigende navn. Dette kaldes en instans og det skal være dette navn som benyttes i PLC programmet.

Kommentar: Der skrives en passende kommentar øverst, for at hjælpe med forståelsen af virkemåden.

 © 2021 Tom Mejer Antonsen

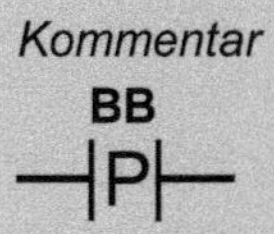

Alternativt til **R_TRIG** kan der bruges et **P** kontaktsymbol. **BB** er navnet på sensor.

Dette virker på samme måde som **R_TRIG**, dog er det her ikke nødvendigt at oprette funktionen i variabellisten og dette reducerer antallet af variabler og dette kan gøre PLC programmet mere overskueligt.

Engelsk: Positive Transistion Contract.

Kommentar: Der skrives en passende kommentar øverst, for at hjælpe med forståelsen af virkemåden.

Falling function – faldende flanke

Funktionen bruges på et faldende signal, hvor **CLK** går fra **TRUE** til **FALSE** og når den gør dette, er udgangen **Q** **TRUE** i et programscan.

Tidsdiagram:

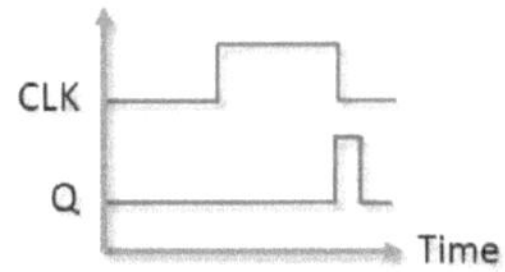

Det betyder at når **V** bliver **FALSE**, f.eks. hvis en sensor værdi bliver **FALSE** vil **R** være **TRUE** i et programscan. I det efterfølgende program scan er **R FALSE**.

Funktionen kaldes også: One Shot falling, negative edge detecting, negative pulse, OSF.

VarName: Funktionen skal oprettes i variabellisten med et sigende navn. Dette kaldes en instans og det skal være dette navn der benyttes i PLC programmet.

Kommentar: Der skrives en passende kommentar øverst, for at hjælpe med forståelsen af virkemåden.

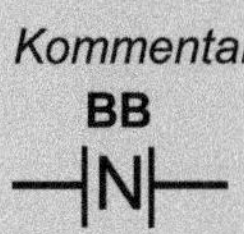

Alternativt til **F_TRIG** kan der bruges et **N** kontaktsymbol. **BB** er navnet på sensor.

Dette virker på samme måde som **F_TRIG**, dog er det her ikke nødvendigt at oprette funktionen i variabellisten og dette kan gøre PLC programmet mere overskueligt.

Engelsk: Negative Transistion Contract.

Kommentar: Der skrives en passende kommentar øverst, for at hjælpe med forståelsen af virkemåden.

© 2021 Tom Mejer Antonsen

15.1.1 Eksempel: Brug af stigende flanke funktion

Her er tre programeksempler som alle har ens virkemåde.

Der er en sensor indgang **B1** og en udgang **L1** til en lampe. **B1** bliver **TRUE** når **B1** indgangen aktiveres og det bevirker at udgangen **L1** er **TRUE** i ét programscan.

```
PROGRAM MAIN1
VAR
  B1 :        BOOL;    //B1 is the sensor input
  L1 :        BOOL;    //L1 is the lamp output
END_VAR
```

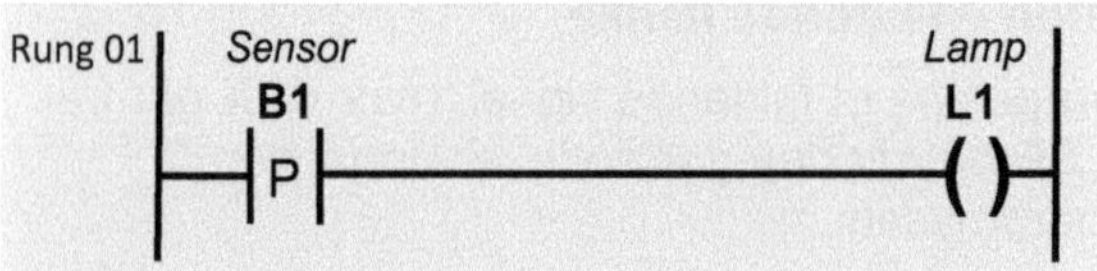

Dette eksempel anvender kontakt symbol med **P**.

Variablerne er vist på tekstform og består af de to variabler der benyttes i programmet.

```
PROGRAM MAIN2
VAR
  B1OneShot : R_TRIG;  //One shot B1 sensor input
  B1 :          BOOL;  //B1 is the sensor input
  L1 :          BOOL;  //L1 is the lamp output
END_VAR
```

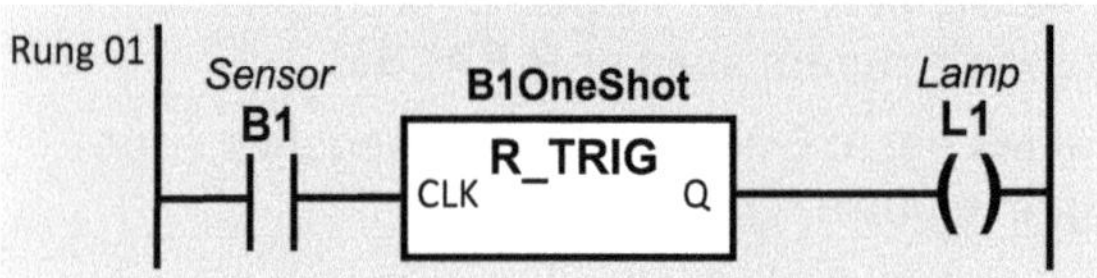

Dette eksempel anvender **R_TRIG** funktionen.

Variablerne er vist på tekstform og består at de tre variabler der benyttes i programmet. **R_TRIG** skal oprettes som en variabel (instans), for at den kan benyttes i programmet.

I dette sidste eksempel er variablerne vist på listeform. Der er ingen forskel i virkemåden på de tre programeksempler:

PROGRAM MAIN3

Scope	Name	Address	Data type	Initialization	Comment
VAR	**B1**		**BOOL**		**B1** sensor input signal
VAR	**B1OneShot**		**R_TRIG**		OneShot for **B1**
VAR	**L1**		**BOOL**		**L1** is Lamp Output

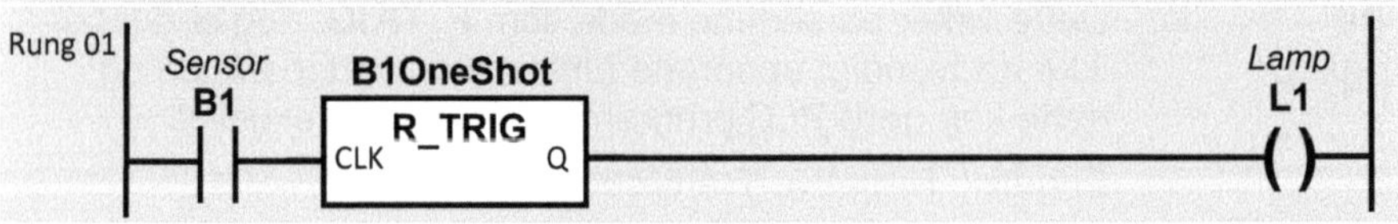

 © 2021 Tom Mejer Antonsen

15.1.2 Eksempel: Gør-det-selv kode til stigende flanke funktion

Dette eksempel er programkode til en *gør-det-selv* løsning, uden brug af **R_TRIG** funktionen eller kontaktsymbol med **P**.

Der er en sensor **B1** og en udgang **L1** som i eksemplet på forrige side.

Der skal benyttes en ekstra variabel **B1Old**, som skal bruges til at kontrollere om **B1** har ændret sig.

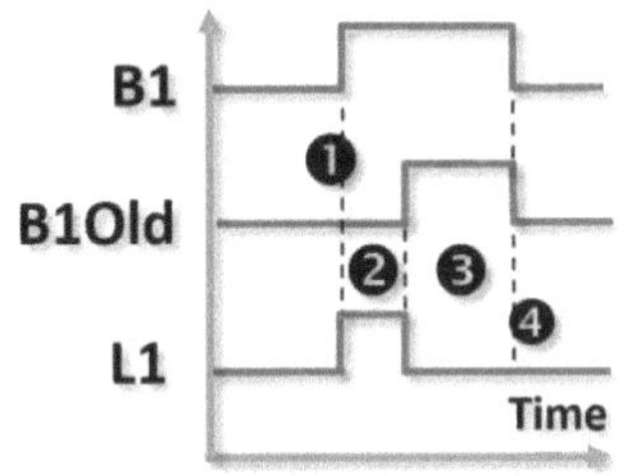

Tidsdiagram for en gør-det-selv oneshot løsning

Virkemåde:

Når sensor indgang **B1** bliver **TRUE** ❶ samtidig med, at **B1Old** er **FALSE** skal **L1** være **TRUE**.

L1 skal kun være **TRUE** i et programscan ❷ og derfor sættes **B1Old** til **TRUE** i samme programscan.

I næste programscan ❸ skal **L1** sættes til **FALSE**.

Når **B1** bliver **FALSE** ❹ sættes **B1Old** til **FALSE.**

Her er variabler og programkode:

PROGRAM MAIN

Scope	Name	Address	Data type	Initialization	Comment
VAR	**B1**		**BOOL**		**B1** sensor input signal
VAR	**B1Old**		**R_TRIG**	**FALSE**	Old **B1** for handling oneshot
VAR	**L1**		**BOOL**		**L1** is lamp Output

B1Old sættes til **FALSE** i variabellisten, så der er sikkerhed for at den interne variabel er **FALSE** når PLC tændes.

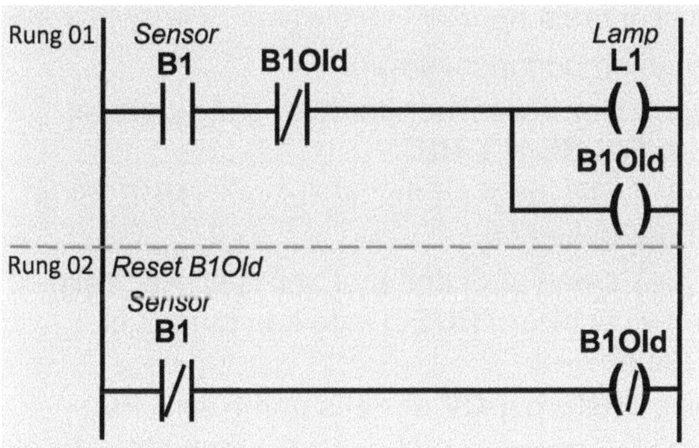

Rung 01 sikrer at **L1** er **TRUE** i et programscan.

Når **B1** er **TRUE** og **B1Old** er **FALSE**, bliver **L1** sat til **TRUE.** Samtidig bliver **B1Old** sat til **TRUE** og **L1** bliver **FALSE** i næste programscan. **B1Old** bliver også sat til **FALSE** i næste programscan, men **B1Old** sættes til **TRUE** af **Rung 02**, så længe **B1** er **TRUE.**

Rung 02 vil sætte **B1Old** til **FALSE** når **B1** ikke er **FALSE** mere og programkoden er tilbage til start situationen.

© 2021 Tom Mejer Antonsen

16 Tællefunktioner: CTU, CTD, CTUD

En PLC har indbyggede funktioner der kan benyttes til at tælle. De kan f.eks. bruges til at tælle antal emner en maskine producerer.

En tællefunktion benytter dette grafiske symbol:

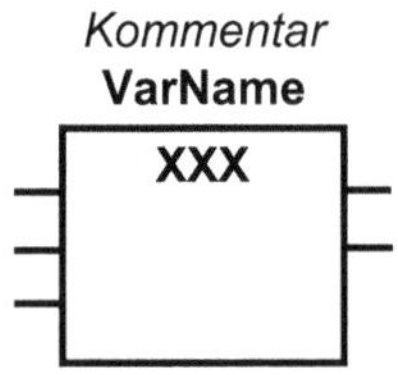

Hvor:

XXX	Navn på funktionen: **CTU**, **CTD** eller **CTUD**.
VarName	Funktionen skal oprettes i variabellisten med et sigende navn. Dette kaldes en instans og det skal være dette navn som benyttes i PLC programmet.
Kommentar	Der skrives en passende kommentar øverst, for at hjælpe med forståelsen af virkemåden.

CTU, **CTD** og **CTUD** benytter en **WORD** datatype som intern tællevariabel og derfor kan funktionen kun tælle mellem 0 og 65535. Nogle PLC fabrikanter tilbyder tællefunktioner som f.eks. **CTU_DINT** der kan tælle til 2,5 milliard.

Beskrivelse af tællefunktioner:

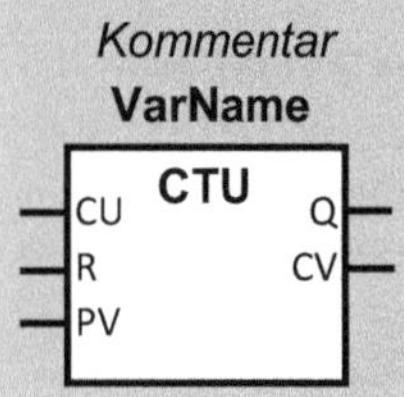

CTU, kan benyttes til at tælle op.

Forklaring til indgangs og udgangsværdier:

CU: (**BOOL** datatype). Der tælles 1 op for hver gang signalet på indgangen går fra **FALSE** til **TRUE**.

R: (**BOOL** datatype). Tælleværdi sættes til nul ved **TRUE.** Skal være **FALSE** for at der tælles op.

PV: (**WORD** datatype). Den værdi der skal tælles til. Når tælleren når denne værdi vil **Q** blive **TRUE**. Dette kan bruges til f.eks. at tænde en lampe.

Q: (**BOOL** datatype). **TRUE** når **CV** er det samme som **PV**.

CV: (**WORD** datatype). Den værdi tælleren er kommet til.

CU og **R** har indbygget en kant trig funktion, så **CTU** reagerer på en positiv flanke (fra **FALSE** til **TRUE** signal).

 © 2021 Tom Mejer Antonsen

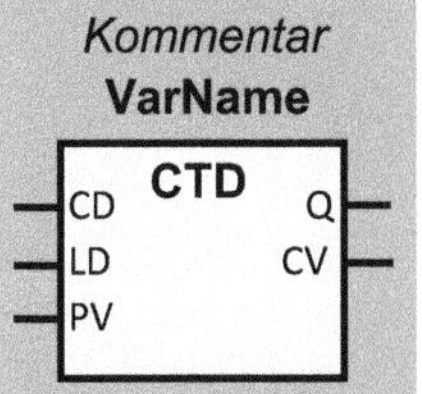

CTU, kan bruges til at tælle ned.

Forklaring til indgangs og udgangsværdier:

CD: (**BOOL** datatype). Der tælles 1 ned for hver gang signalet på indgangen går fra **FALSE** til **TRUE**.

LD: (load) (**BOOL** datatype). Tælleværdi sættes til **PV** ved **TRUE.** Skal være **FALSE** for at der tælles ned.

PV: (**WORD** datatype). Den værdi der startes med og der tælles ned fra. Når tæller bliver nul (0) vil **Q** blive **TRUE**. Dette kan bruges til f.eks. at tænde en lampe.

Q: (**BOOL** datatype). **TRUE** når **CV** er det samme som **PV**.

CV: (**WORD** datatype). Den aktuelle værdi tæller er kommet til. Ved start vil det være den samme værdi som **PV**.

CD og **LD** har indbygget en kant trig funktion, så **CTU** reagerer på en positiv flanke (fra **FALSE** til **TRUE** signal).

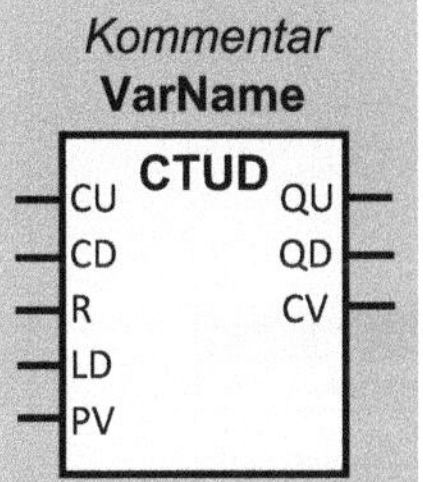

CTUD, kan tælle både op og ned.

Forklaring til indgangs og udgangsværdier:

CU: (**BOOL** datatype). Der tælles 1 op for hver gang signalet på indgangen går fra **FALSE** til **TRUE**.

CD: (**BOOL** datatype). Der tælles 1 ned for hver gang signalet på indgangen går fra **FALSE** til **TRUE**.

R: (**BOOL** datatype). Tælleværdi sættes til nul (0) ved **TRUE.** Skal være **FALSE** for at der tælles op.

LD: (Load) (**BOOL** datatype). **CV** sættes til **PV** ved **TRUE.** Skal være **FALSE** for at der tælles ned.

PV: (**WORD** datatype). Den værdi der startes med og der tælles ned fra. Når tæller bliver nul (0) vil **QD** blive **TRUE**. Dette kan bruges til f.eks. at tænde en lampe.

QU: (**BOOL** datatype). **TRUE** når **CV** er lig med **PV**.

QD: (**BOOL** datatype). **TRUE** når **CV** er nul **(0)**.

CV: (**WORD** datatype). Den aktuelle værdi tæller er kommet til.

Indgangssignaler med **BOOL** datatype har indbygget en kant trig funktion, så **CTUD** reagerer på en positiv flanke.

© 2021 Tom Mejer Antonsen

16.1.1 Eksempel: Program til at tælle antal pakker

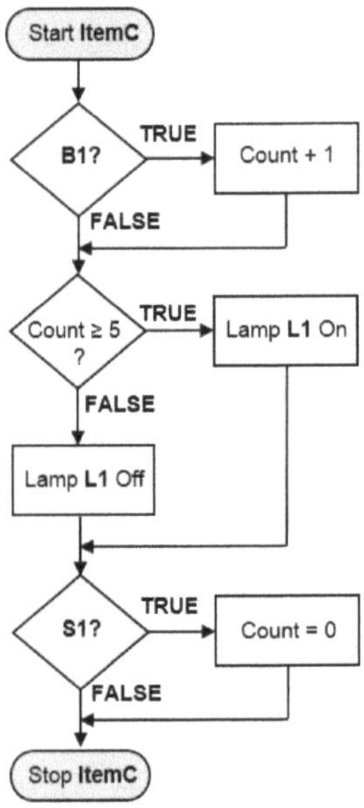

Dette eksempel består af en sensor **B1**, der giver et digitalt signal hver gang en kasse er udfor sensoren på transportbåndet. Når der har været 5 kasser forbi sensoren, skal lampen **L1** lyse, så operatøren kan få besked om, at der har været 5 kasser forbi.

Operatøren kan nulstille tælleren ved at trykke på **S1.**

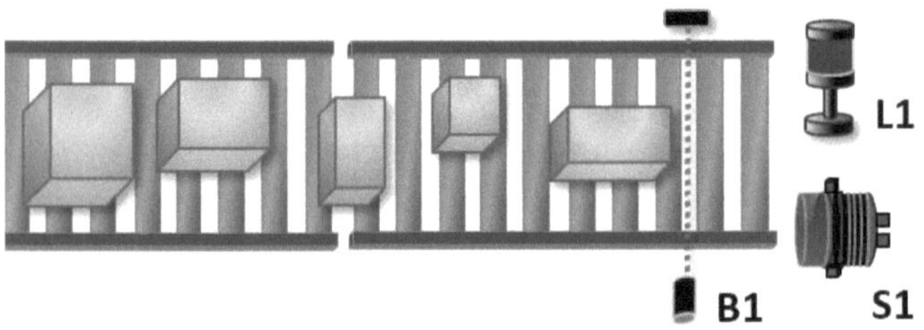

Programmet består af 5 variabler, hvor **B1**, **S1** og **L1** er digitale signaler. Variablen **n** kan benyttes til at se den aktuelle værdi som tælleren er kommet til. Tællefunktionen **CTU** har fået navnet **Count**.

PROGRAM ItemC

Scope	Name	Address	Data type	Initialization	Comment
VAR	**B1**		**BOOL**		**B1** sensor input signal
VAR	**S1**		**BOOL**		**S1** user reset button
VAR	**Count**		**CTU**		Counter function block
VAR	**n**		**WORD**		Current count value
VAR	**L1**		**BOOL**		**L1** is lamp output.

PLC programmet består af ét netværk:

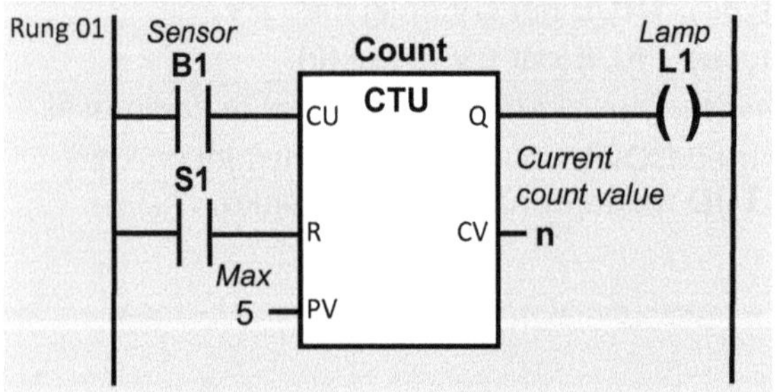

Ved **TRUE** på **B1** vil variablen **Count** tælle 1 op. Når **Count** har talt til 5 vil lampen **L1** lyse, da **Q** er forbundet til udgangen **L1**. Tælleren vil forsætte med at tælle, hvis der kommer flere pakker forbi.

Tæller kan til en hver tid nulstilles med den manuelle kontakt **S1**.

 © 2021 Tom Mejer Antonsen

PLC programmet på foregående side er det samme som dette eksempel:

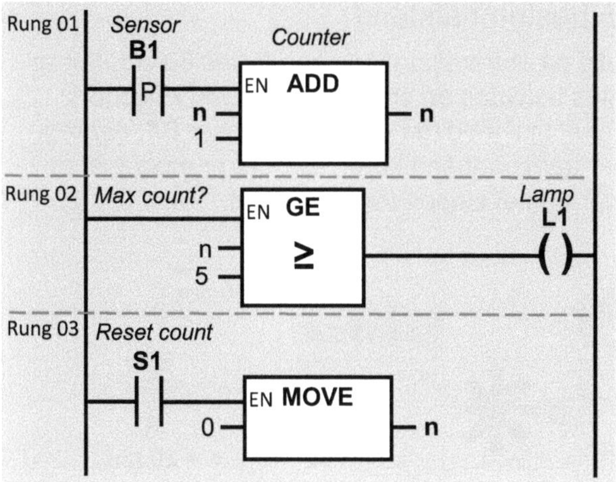

Programmet består af tre netværk og kan tælle til 4,28 mio., hvis variablen **n** bliver oprettet med data typen **DWORD**. Dette er noget mere end **CTU**, der kun kan tælle til 65535. Ved ikke at benytte **CTU** skal der være mere programkode, men til gengæld er der muligheder for at tilpasse programkoden, så det passer til de ønsker man har.

Dette program stopper med at tælle når der er talt til 5:

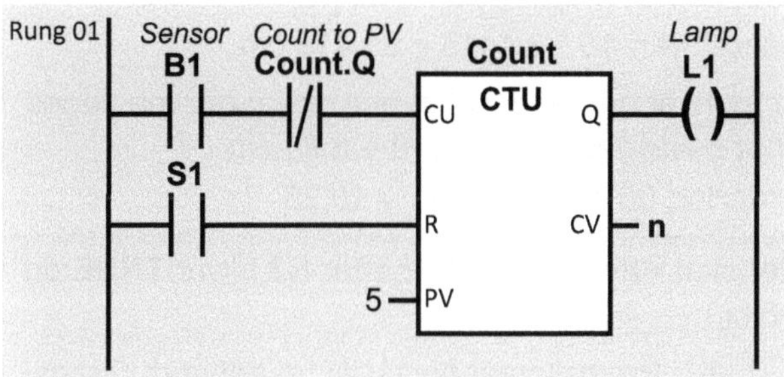

Ved at sætte en betingelse mere på **CU** indgangen er det muligt at stoppe med at tælle når der er talt til 5.

Udgangssignalet **Q** kan aflæses ved at benytte variabel navnet efterfulgt af punktum og **Q**: **Count.Q.**

Dette program starter automatisk forfra med at tælle:

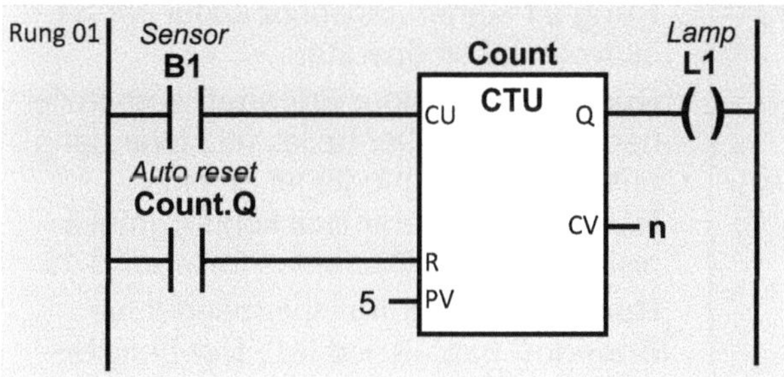

Ved at sætte udgangssignalet **Q** til reset indgangen **R** på **CTU** vil tælleren starte forfra når der er talt til 5.

I dette tilfælde vil **L1** kun være **TRUE** i et programscan. Det kan en operatør ikke se, da lampen kun er tændt i ét programscan, som måske er 100 ms.

16.1.2 Eksempel: Flyt palle en bestemt afstand

Dette eksempel viser hvordan en palle på et transportbånd kan flyttes 60 cm. For at bestemme afstanden pallen skal flyttes benyttes en enkoder. (engelsk: Encoder). Enkoderen i dette eksempel består af et hjul med tænder og en sensor **B1,** der registrerer **TRUE** og **FALSE** signaler, når transportbånd kører. Når der er modtaget et bestemt antal signaler, skal PLC programmet stoppe transportbånd.

Eksempel opstilling:

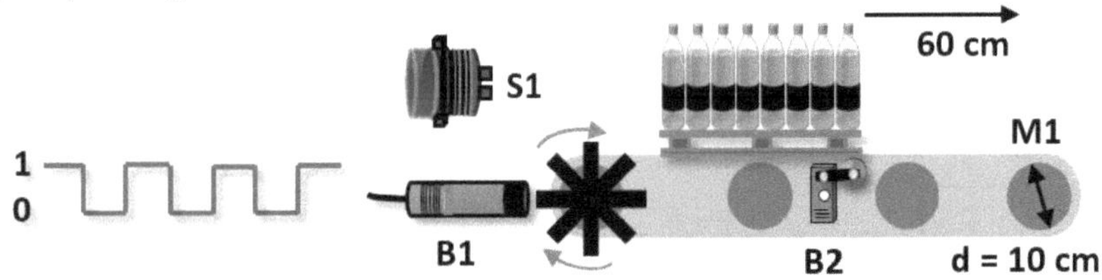

For at beregne hvor mange pulser der skal modtages benyttes formlen for en cirkel, hvor den lineære afstand beregnes for en hel omgang på motoren:

Afstand = Diameter på transportbånd * PI = 10 * 3,1415 = 31,415 cm.

Der kommer 8 pulser fra enkoderen for hver omgang. Dette betyder at der modtages én puls hver gang transportbåndet har bevæget sig 31,415/8 = 3,93 cm.

Antal pulser der skal modtages er derfor: 60 cm / 3,93 cm = 15,28.

Der kommer ikke halve pulser, så der skal komme 15 pulser efter **B2** bliver **TRUE** og pallen bliver flyttet: 15 * 3,93 = 58,95 cm.

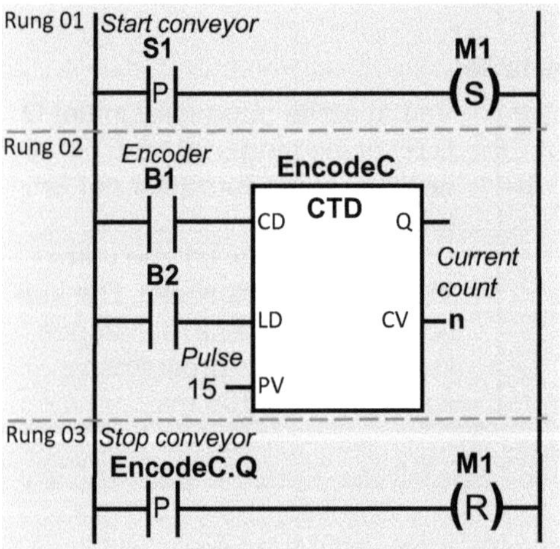

Programmet består af tre netværk. Transportbåndet er styret med SET/RESET.

Rung 01 starter transportbåndet når **S1** aktiveres af en operatør.

Rung 02 indeholder **EncodeC** som tæller ned fra 15 til 0. Der tælles ned hver gang enkoder **B1** har modtaget en puls.
Når pallen aktiverer limit kontakt (mekanisk vippe arm) **B2** sættes tælleren til 15.

Rung 03 stopper transportbåndet når **EncodeC** har talt ned til 0. Der benyttes oneshot, da transportbåndet skal kunne startes igen.

 © 2021 Tom Mejer Antonsen

16.1.3 Eksempel: Antal flasker i maskinen

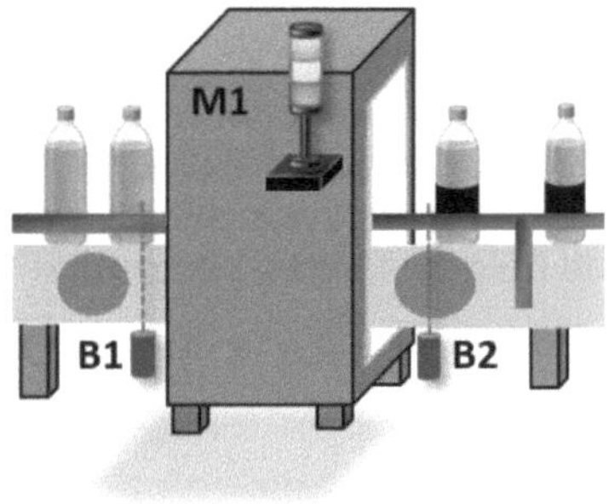

Dette eksempel viser hvordan **CTUD** funktionen (op og ned tæller) kan benyttes til at bestemme hvor mange flasker der er i en maskine.

Maskinen skal have en sensor **B1** der registrerer hver flaske der kommer ind i maskinen, og en sensor **B2** der registrerer hver gang en flaske forlader maskinen.

En kontrollampe **L2** lyser gul, hvis der ingen flasker er i maskinen.

Programmet har følgende variabler:

PROGRAM M1BottelCount

Scope	Name	Address	Data type	Initialization	Comment
VAR	**B1**		**BOOL**		Sensor detecting incoming bottles
VAR	**B2**		**BOOL**		Sensor detecting outgoing bottles
VAR	**M1Bottle**		**CTUD**		Bottle counter
VAR	**M1**		**BOOL**		Bottle label machine
VAR	**L2**		**BOOL**		Yellow light: No bottles in machine

Programkode:

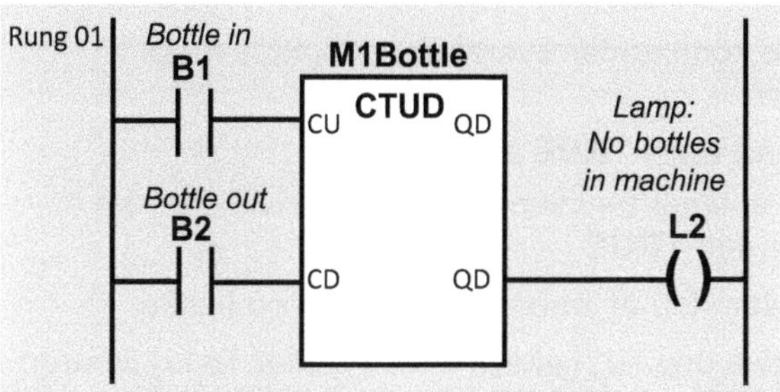

Sensor **B1** er forbundet til **CU,** som tæller 1 op for hver gang en flaske er på vej ind i maskinen.

Når en flaske forlader maskinen bliver sensor **B2** aktiveret og der tælles 1 ned.

L2 lyser når der ingen flasker er i maskinen.

CU og **CD** indgangene har indbygget en oneshot, så der kun registreres én flaske.

De ind- og udgange som ikke benyttes på **CTUD** funktionsblokken er fjernet. Det betyder, at der ikke er sat et maksimum for, hvor mange flasker der kan være i maskinen, og der ikke er vist hvordan antal flasker i maskinen kan sættes til nul. Behovet for at sætte antal flasker til nul i **M1Bottle** tælleren, kan være når service personalet fjerner alle flaskerne der er i maskinen.

© 2021 Tom Mejer Antonsen

17 Funktioner til tidsforsinkelse: TON, TOF

I et PLC program er der ofte behov for at udstyr skal køre i en bestemt tid. Det kan være en motor, som skal køre i 30 minutter hver time, lyset i en trappeopgang der skal slukke automatisk efter en periode eller et stopur. Det kan også være et alarmsignal fra en niveausensor i en tank, der først skal vise sig efter en bestemt periode, da bølger i tanken kan påvirke niveausensoren ved en fejl. En timer kan løse dette.

En timer funktion benytter dette grafiske symbol:

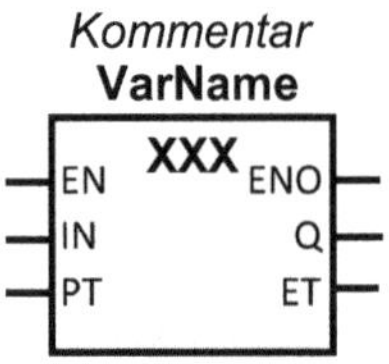

En timer i en PLC er en elektronisk udgave af et æggeur.

Hvor:

XXX	Navn på timer funktionen: **TON** eller **TOF**.
VarName	Funktionen skal oprettes i variabellisten med et navn som passer til den opgave timeren skal løse. Dette kaldes en instans, og det skal være dette navn som benyttes i PLC programmet.
Kommentar	Der skrives en passende kommentar øverst, for at hjælpe med forståelsen af virkemåden.
EN	**EN** betyder Enable og kan være **TRUE** eller **FALSE.** **EN** skal være **TRUE** for at timer funktionen er tændt. Hvis der ikke er forbundet noget til **EN** er den **TRUE.**
IN	**BOOL** datatype. Start eller stop af timeren. Starter på en flanke.
PT	**TIME** datatype. Her sættes den tid (f.eks. T#100ms eller T#1s) timeren skal køre inden der er **TRUE** eller **FALSE** på udgangen **Q**. Tidsangivelsen skal starte med **T#** efterfuldt af et tal og tidsenhed. Tidsenheden kan være us = mikrosekunder, ms = millisekunder, s = sekunder, h = timer eller d = dage.
ENO	**ENO** bruges til at forbinde til næste Ladder symbol.
Q	**BOOL** datatype. Bliver **TRUE** eller **FALSE** når tiden er udløbet.
ET	**TIME** datatype. Den tid timeren er kommet til. Kan bruges til at se om timeren kører. Vil ikke ændre sig, når tiden i **PT** er nået.

 © 2021 Tom Mejer Antonsen

Der er følgende standard timer funktioner:

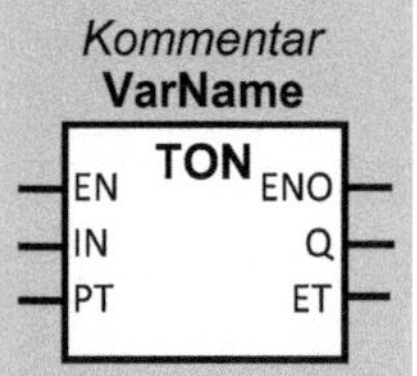

TON: Timer on - *Tidsrelæ, forsinket tilkobling*

Alternative navne: On-delay timer, ODT, TONR, ON delay.

En **TON** timer funktionsblok sætter en **BOOL** variabel **Q** til **TRUE** efter en tidsperiode angivet ved **PT**.

Timeren starter når **IN** går fra **FALSE** til **TRUE:**

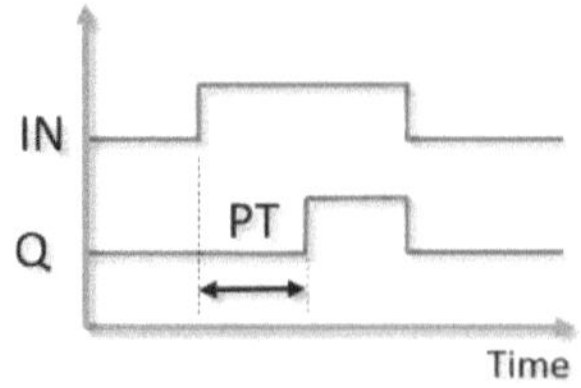

En **TON** timer kan benyttes hvis en komponent skal have et signal når der er gået en bestemt tid. Det kan være en maskine, hvor en startkontakt skal holdes nede i 5 sekunder inden maskinen må starte.

Kan undertrykke kontaktstøj fra kontakter og switche.

Tiden hvor **IN** er aktiveret, skal være længere end **PT**.

Skal tiden være mikrosekunder benyttes: **LTON**.

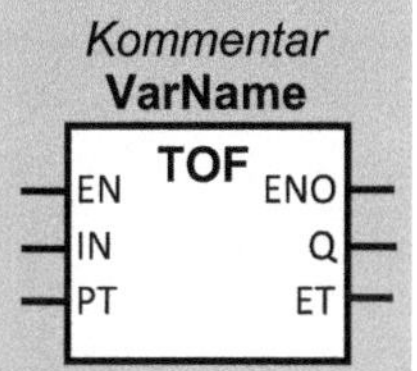

TOF: Timer off - *Tidsrelæ, forsinket frafald*

Alternative navne: Off-delay timer, OFFDT, TOFR, OFF delay

En **TOF** timer sætter en **BOOL** variabel **Q** til **FALSE** efter en tidsperiode angivet ved **PT**.

Timeren starter når **IN** går fra **TRUE** til **FALSE.**

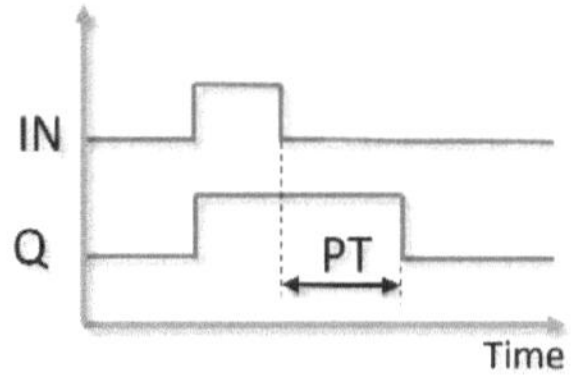

En **TOF** timer kan benyttes til lys i en trappeopgang eller toilet ventilation, hvor der skal være tændt i en periode efter der er trykket på en kontakt.

Skal tiden være mikrosekunder benyttes: **LTOF.**

© 2021 Tom Mejer Antonsen

17.1.1 Eksempel: Ventilator skal køre i en periode

Dette eksempel består af en ventilator **M1** og en manuel trykkontakt **S1.**

Ved tryk på **S1** skal ventilator køre i 2 minutter. Der benyttes en **TOF** timer, da den timer funktion passer til opgaven.

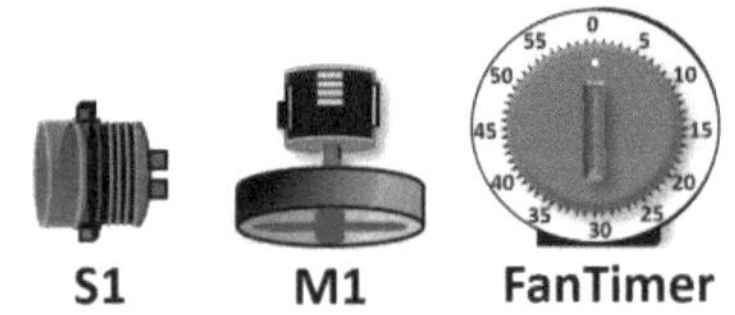

Der er oprettet følgende variabler til programmet **FanContol:**

PROGRAM FanControl

Scope	Name	Address	Data type	Initialization	Comment
VAR	**S1**		**BOOL**		Manuel start button
VAR	**FanTimer**		**TOF**		Fan timer
VAR	**M1**		**BOOL**		Fan control
VAR	**ETime**		**TIME**		Time elapsed

Timer funktionen til at styre tiden er oprettet med en variabel der hedder **FanTimer** og den skal have datatypen **TOF.**

Variablen **ETime** kan benyttes til udlæsning af den aktuelle tid timeren er kommet til, når programmet afvikles i simulerings tilstand. Det er nyttigt at kunne se tiden ændre sig, når programmet udvikles og afprøves.

Her er PLC program og rutediagram:

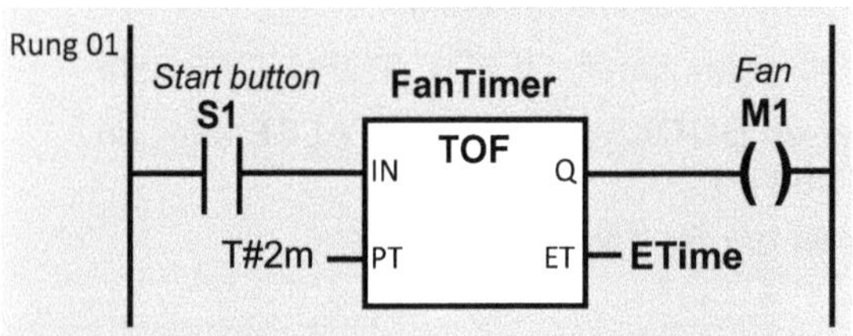

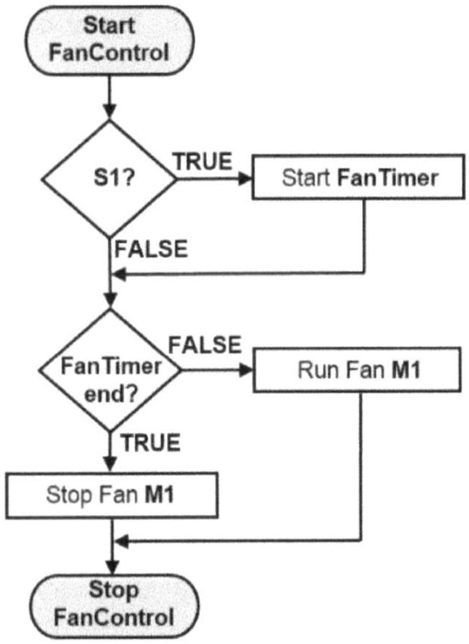

Når **S1** bliver aktiveret vil **Q** blive **TRUE** med det samme. Dette sætter udgangen **M1** til **TRUE** og ventilatoren vil køre.

FanTimer starter først tiden efter at **S1** ikke er aktiveret mere (starter på faldende flanke).
Når der er gået 2 minutter vil **Q** blive **FALSE** og dette sætter **M1** til **FALSE** og ventilatoren stopper.
Den tid ventilatoren kører, er den tid **S1** er aktiveret (holdt nede) plus 2 minutter.

 © 2021 Tom Mejer Antonsen

17.1.2 Eksempel: Niveaustyring til tank

Dette eksempel er en tank som fyldes med væske, når niveau sensoren **B1** giver ON signal. Dette sikrer at der altid er væske i tanken.
Styringen kan tændes og slukkes med en manuel drejekontakt **S1**.
For ikke at ventil (elektrisk vandhane) **V1** åbner for væsken og hurtigt lukker bagefter når niveauet i tanken aktiverer **B1**, skal der være en timer, som sikrer en tidsforsinkelse mellem åbning og lukning af ventil.

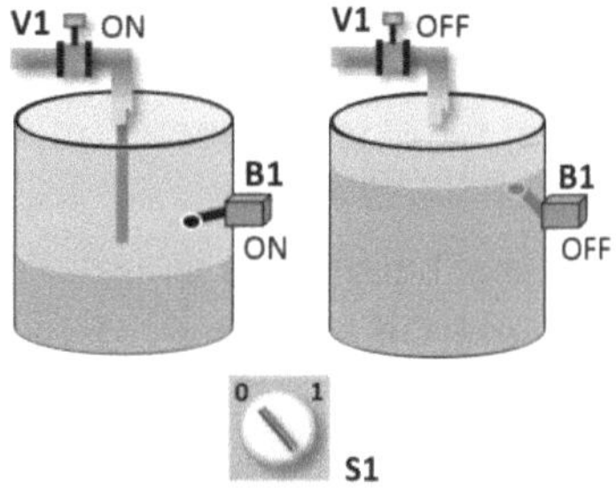

Der skal benyttes følgende variabler til PLC programmet:

PROGRAM TankControl

Scope	Name	Address	Data type	Initialization	Comment
VAR	**S1**		**BOOL**		Manuel on/off turn button
VAR	**OpenDelay**		**TON**		Open delay for filling
VAR	**B1**		**BOOL**		Level switch (NC)
VAR	**V1**		**BOOL**		Valve for filling (NO)
VAR	**ETime**		**TIME**		Current time elapsed

Sensor **B1** giver et **TRUE** signal, hvis der mangler væske i tanken. Når der er væske i tanken er **B1** signal **FALSE**. Hvis kablet til sensoren er afbrudt vil signalet fra sensoren være **FALSE**. Dette sikrer at tanken ikke fyldes, hvis sensor kablet bliver afbrudt.

PLC program:

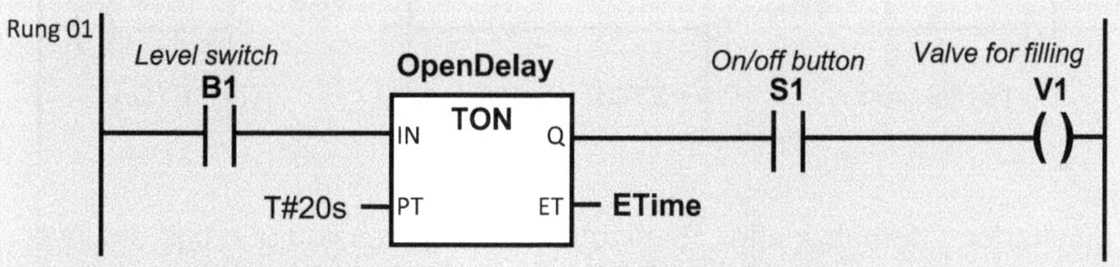

Drejekontakten **S1** sidder lige før udgangen og vil derfor lukke ventil **V1** hvis drejekontakten sættes til slukket tilstand. Hvis **S1** er **TRUE** er det timeren **OpenDelay** som bestemmer hvornår **V1** skal være åben eller lukket.

Når timeren er **TRUE** på indgangen **IN** vil **Q** være **TRUE** og tanken fyldes. Når tanken er fyldt bliver **B1** aktiveret og **B1** bliver **FALSE.** Dette sætter **Q** til **FALSE.**

Når væskeniveauet falder i tanken bliver **B1 TRUE** og dette starter timeren. Først efter 20 sekunder vil **Q** blive **TRUE** og ventilen åbner.

© 2021 Tom Mejer Antonsen

17.1.3 Eksempel: Tidsstyring af en mixer

En mixer **M1** skal køre i 5 minutter hvert 15. minut for at blande væsken i tanken. Det er for at spare energi, at mixeren ikke kører hele tiden.

Der skal benyttes to timere:

TimerOff skal køre i 15 minutter.
TimerOn skal køre i 5 minutter.

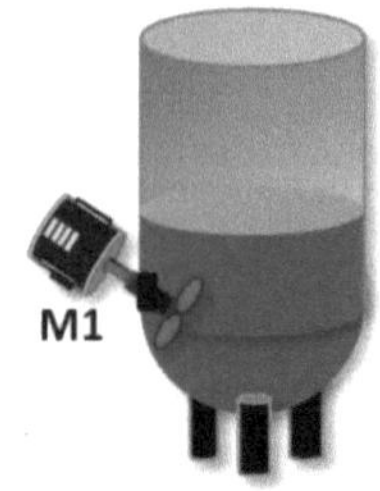

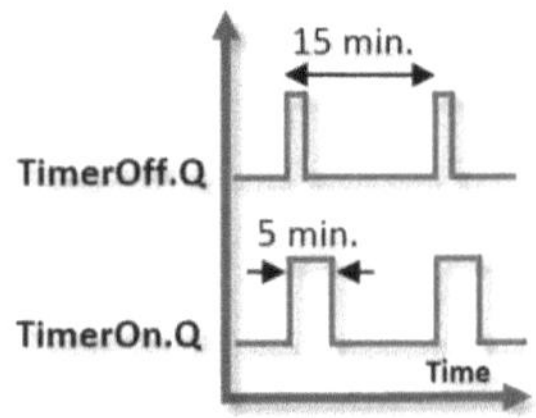

Der bruges en **TON** timer til at styre tiden mellem hver start, og en **TOF** timer til at styre den tid hvor mixeren skal køre. Variablerne bliver derfor:

PROGRAM TankMix

Scope	Name	Address	Data type	Initialization	Comment
VAR	**M1**		**BOOL**		Mixer motor control
VAR	**TimerOff**		**TON**		Delay between starts
VAR	**TimerOn**		**TOF**		Mixer running time
VAR	**ETOff**		**TIME**		For debugging and testing
VAR	**ETOn**		**TIME**		For debug and test

PLC program:

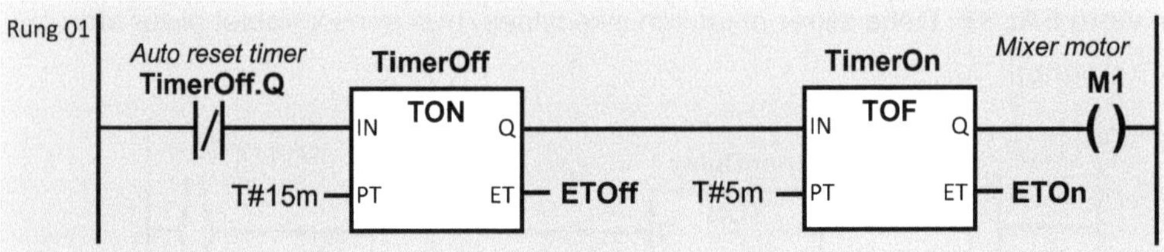

Virkemåde:

TimerOff genstarter automatisk efter 15 minutter. Dette gøres ved at bruge det inverterede **Q** signal på indgangen **IN. Q** er **TRUE** i et programscan og dette resetter timeren, så den starter forfra.

Udgangssignal **Q** fra **TimerOff** er sat til indgangen **IN** på **TimerOn.** Når **IN** går fra **TRUE** til **FALSE** vil **TimerOn** starte og køre i 5 minutter. Når der benyttes en **TOF** er udgangen **Q TRUE** i 5 minutter.

Det er hurtigt at teste programmet, hvis **T#15m** ændres til **T#15s** og **T#5m** til **T#5s**. Husk at ændre tiden tilbage til **T#15m** og **T#5m** bagefter.

Variablerne **ETOff** og **ETOn** (**TIME** datatype) kan udelades, men er gode at have med under udvikling og test af programmet.

 © 2021 Tom Mejer Antonsen

17.1.4 Eksempel: Alarm overvågning af cylinder bevægelse

En cylinder kan køre fra inderste position til yderste position ved **TRUE** signal på **K2**.

Når cylinderen er i yderste position giver sensor **B2** et **TRUE** signal.

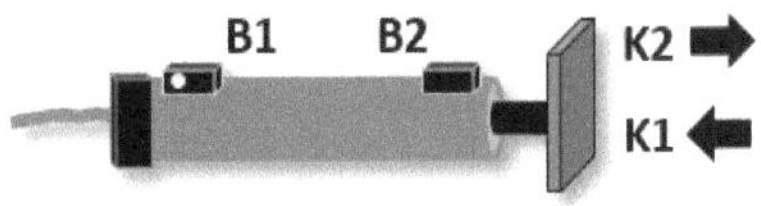

Det tager 10 sekunder for cylinderen at bevæge sig fra inderste til yderste position. For at overvåge bevægelsen skal PLC programmet give en alarm efter 12 sekunder, hvis cylinderen ikke er kommet til yderste position. Det kan være at der er kommet noget i klemme, så cylinderen ikke kan bevæge sig, så en overvågning af bevægelsen er meget relevant.

Der er følgende variabler:

PROGRAM CylMoveAlarm

Scope	Name	Address	Data type	Initialization	Comment
VAR	**B1**		**BOOL**		Sensor for cylinder inner position
VAR	**B2**		**BOOL**		Sensor for cylinder outer position
VAR	**K1**		**BOOL**	FALSE	Motor for moving out
VAR	**K2**		**BOOL**	FALSE	Motor for moving in
VAR	**ETime**		**TIME**		Time elapsed
VAR	**AlarmTime**		**TIME**	T#12s	Time before alarm
VAR	**AlarmFlag**		**BOOL**		**TRUE** if moving alarm
VAR	**AlarmDelay**		**TON**		Timer for alarm delay

AlarmTime er oprettet som en variabel, så den er nem at finde i programmet og ændre, hvis det viser sig at tiden på de 12 sekunder skal ændres.

PLC programmet benytter en **TON** timer:

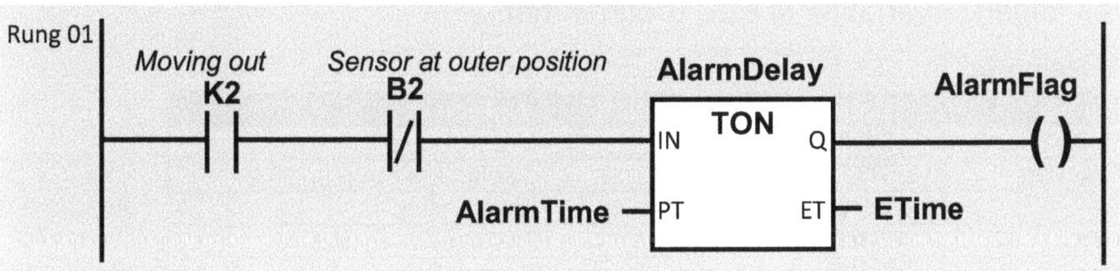

Når cylinderen skal flytte sig til yderste position bliver **K2** sat til **TRUE**. Da **B2** er et inverteret signal kører timeren straks efter at **K2** er **TRUE.** Når cylinderen er i yderste position bliver **B2 TRUE** og det vil stoppe timeren, da **IN** nu bliver **FALSE**.
Bliver **B2** ikke **TRUE** inden for 12 sekunder vil **AlarmFlag** blive **TRUE**. **AlarmFlag** kan forbindes til en lampe eller optræde i en alarmliste så operatøren kan få besked om, at der er fejl under kørsel med cylinderen.

© 2021 Tom Mejer Antonsen

17.1.5 Eksempel: Rampestyring til motor (soft starting)

En motor behøver tid for at komme op i hastighed, og ofte er det nødvendigt at have en rampestyring for at beskytte motoren og de mekaniske dele som motoren styrer.

Dette eksempel er en rampestyring til en motor, hvor motoren skal køre fra 0% til 100% hastighed i løbet af 8 sekunder. Trykkontakten **S1** bruges til at starte motoren.

Som vist i eksempelopstillingen er en udgang fra et analog udgangsmodul forbundet til en analog indgang på en frekvensomformer. Frekvensomformeren er konfigureret (indstillet) til at styre hastigheden efter det analoge signal, så hastigheden og rampen er styret direkte af PLC programmet:

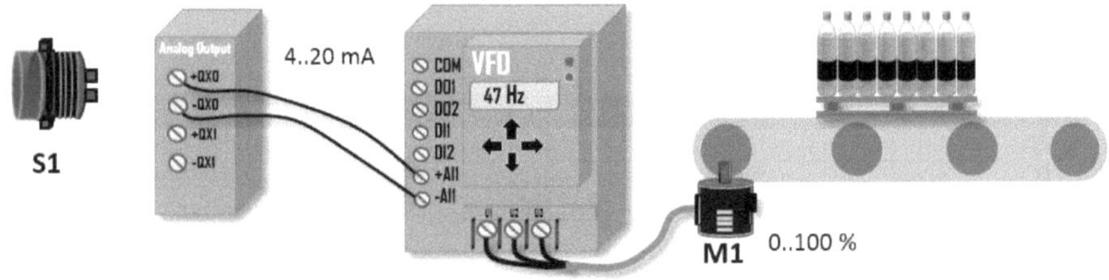

Motoren er styret med et analog signal som går fra 0 % til 100% på 8 sekunder som vist på grafen:
Rampen følger en ret linje.
Når det analoge signal er 0 mA skal hastigheden på motor være 0%, og hvis det analog signal er 20 mA skal hastigheden på motor være 100%.

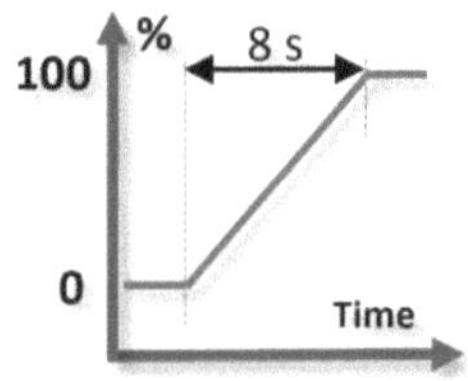

Der benyttes følgende variabler til PLC programmet:

PROGRAM RampUp

Scope	Name	Data type	Initialization	Comment
VAR	**MotorSpeed**	**REAL**	0	Motor speed 0 to 100
VAR	**TimerUp**	**TOF**		Control the ramp up time
VAR	**S1**	**BOOL**		Start switch
VAR	**TMax**	**TIME**	T#8s	The max ramp up time
VAR	**TNow**	**TIME**		Current time
VAR	**TMaxR**	**REAL**		The ramp max time in REAL
VAR	**TNowR**	**REAL**		Current time in REAL
VAR	**RampR**	**REAL**		Ramp value in REAL

Variablen **TMax** er sat til 8 sekunder i **initalization** sektionen i variabellisten. Det betyder at **TMax** får værdien 8 sekunder, når PLC tændes. Det giver et godt overblik at have de faste værdier skrevet ned i variabellisten frem for at skrive værdien (hard code) direkte i PLC koden. Derudover bruges **TMax** flere gange i programmet og ved at have **TMax** i variabellisten skal værdien kun ændres et sted.

 © 2021 Tom Mejer Antonsen

PLC programmet ser således ud:

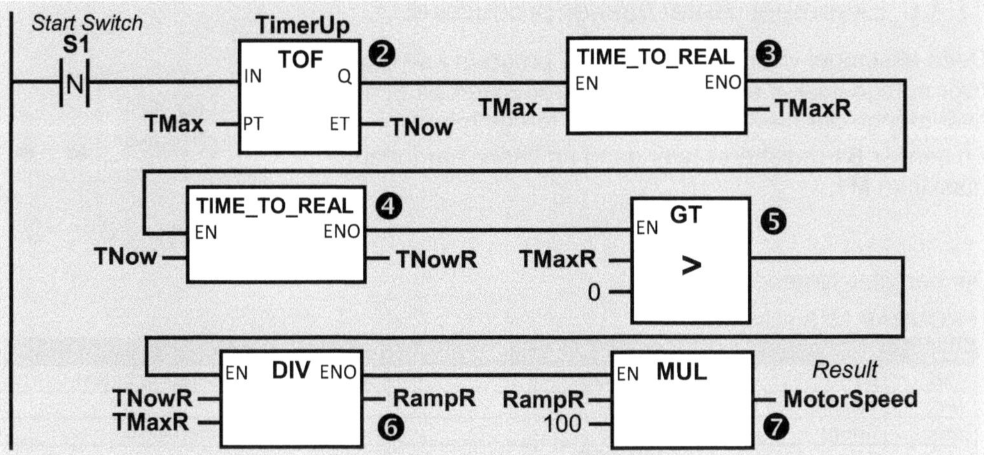

Startkontakten **S1** er indsat som en oneshot ❶, da en **TOF** timer først starter på en negativ flanke (fra **TRUE** til **FALSE**). Der er benyttet en **TOF** timer ❷, da **Q** skal være **TRUE** i en periode på 8 sekunder efter at **IN** går fra **TRUE** til **FALSE.**

Det er ikke muligt at foretage en beregning på en **TIME** datatype og derfor konverteres **TIME** til en **REAL** med **TIME_TO_REAL** konverteringsfunktionen ❸❹. Der konverteres til en **REAL** datatype, da der foretages en division ❻ mellem den maksimale tid **TMaxR** og den aktuelle tid **TNowR**. For ikke at der foretages en division med 0, er der indført et check ❺ på om **TMaxR** er 0. Divisionen foretages derfor kun hvis **TMaxR** ikke er nul. En division med nul er en ugyldig matematisk operation og kan gøre at PLC programmet får en run time error. Hvis programmøren på et tidspunkt ændrer **TMaxR** til 0, vil programmet derfor ikke virke og det kan være svært at finde den fejl senere.

Beregning af rampefunktion (❻ og ❼): **MotorSpeed** = **TNowR** * 100 / **Tmax**.

MotorSpeed er en værdi der går fra 0 og 100 på 8 sekunder. Den værdi kan sættes direkte til den analoge udgang. Det er ikke sikkert at **MotorSpeed** bliver præcist 100, men måske kun 99,9 da **TNow** ofte bliver større end **TMax** og beregninger i en PLC er ikke altid helt præcise, da en PLC kun kan regne i heltal.

© 2021 Tom Mejer Antonsen

17.1.6 Eksempel: Antal flasker produceret

Dette eksempel viser hvordan et PLC program kan registrere, hvor mange flasker en maskine har produceret på et minut og hvor mange der blev produceret i det forrige minut.

En sensor **B1** registrerer hver gang en flaske har forladt maskinen **M1.**

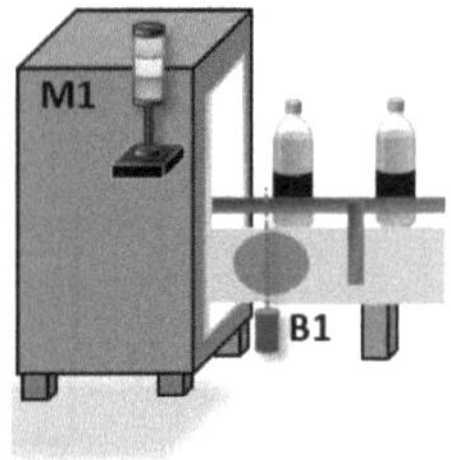

Der benyttes følgende variabler:

PROGRAM M1BottleCount

Scope	Name	Address	Data type	Initialization	Comment
VAR	**B1**		**BOOL**		Sensor detecting outgoing bottles
VAR	**TimerC**		**TON**		1 minute timer
VAR	**Count**		**CTU**		Bottle counter function block
VAR	**CNow**		**WORD**		Count in current minute
VAR	**CT1**		**WORD**		Bottles produced 1 minute ago
VAR	**CT2**		**WORD**		Bottles produced 2 minutes ago

PLC programmet består af to netværk:

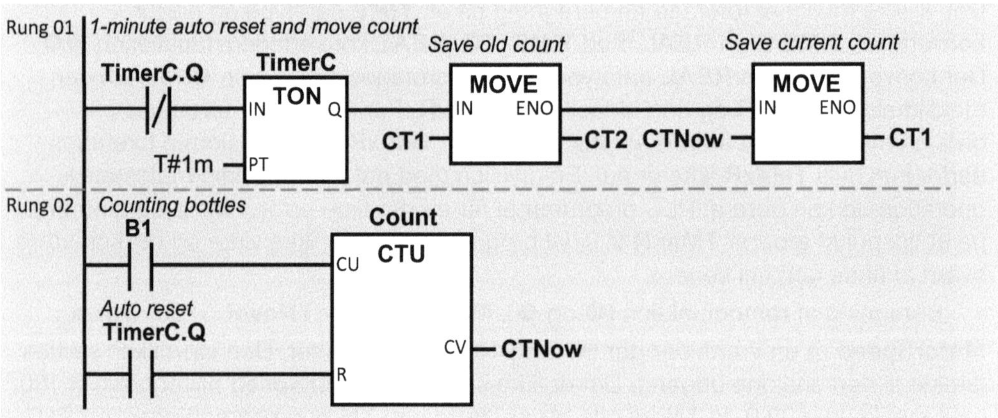

Rung 01: TimerC genstarter automatisk hvert minut og når det sker, vil indholdet af variablen **CT1** blive kopieret til variablen **CT2.** Det gamle indhold af **CT2** slettes. Som det sidste kopieres indholdet af variablen **CTNow** til variablen **CT1.**

Det antal flasker som blev produceret på 1 minut er i variablen **CT1** og antallet for forrige minut er i variablen **CT2.**

Rung 02: Hver gang der kommer en flaske ud af maskinen bliver **B1 TRUE** og variablen **CTNow** tæller 1 op. **TimerC.Q** nulstiller tælleren når der er gået 1 minut. Den nuværende sammentælling sker i **CTNow**.

 © 2021 Tom Mejer Antonsen

17.1.7 Eksempel: Anvend program-scan som timer

De foregående sider beskrev, hvordan de indbyggede funktionsblokke **TON** og **TOF** bruges til at skabe en tidsforsinkelse. En anden mulighed er, at anvende program-scan til at skabe en tidsforsinkelse. Dette er muligt, da en PLC afvikler programmer i realtid, hvilket betyder at programmer afvikles med et bestemt tidsinterval.

Herunder er et programeksempel, der er implementeret ud fra det viste rutedigram. Programmet indeholder en tællervariabel **Count**, der tæller 1 op hver gang programmet afvikles. Hvis scan-tiden er 10 [ms], afvikles programmet hvert 10 [ms]. Hver gang programmet afvikles tælles 1 op. Dette bevirker at lampen, efter 200 program-scan (10 [ms] * 200 = 2 sekunder) lyser og efter 4 sekunder (400 programgennemløb) slukker lampen.

Dette er en simpel måde, at få en lampe til at blinke. Dog vil en ændring af scan-tiden bevirke, at lampen vil blinke med et andet tidsinterval og hvis PLC er belastet, kan et programscan mistes, så de 2 sekunder ikke er helt nøjagtige.

```
PROGRAM LampFlash
VAR
   Count: INT := 0;   //Counter value
   Lamp: BOOL;        //Connection to the Lamp
END_VAR
```

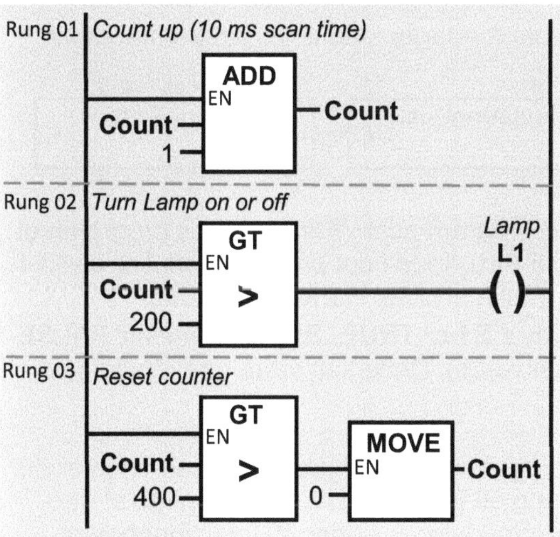

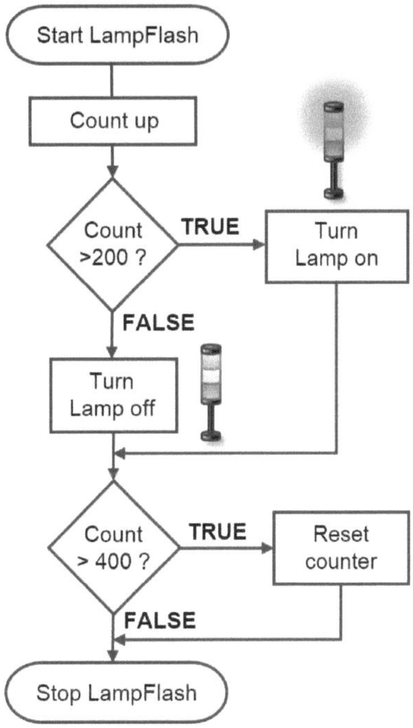

© 2021 Tom Mejer Antonsen

18 Opdeling af PLC program

Et PLC program skal opdeles i mange små programdele for at have en god og overskuelig programstruktur. De små programdele kaldes programmoduler, funktioner og funktionsblokke, og de indeholder således hver især et lille stykke PLC-kode, der kan bruges igen og igen.

For at opnå en god struktur, er det en god håndregel kun at have max. 20 – 25 Ladder netværk (rung) i hvert programmodul, funktion eller funktionsblok.

Når programmet er opdelt, kan afviklingsrækkefølgen nemt ændres og programmoduler kan gøres inaktive ved fejlsøgning (debug). Desuden er det meget nemmere at overskue mange små stykker PLC-kode, frem for ét stort kæmpe program og det er nemmere at flytte og rette i små stykker PLC-kode.

Programmodulerne og funktionerne bør navngives med et passende navn.

Forskellen mellem funktioner og programmoduler er, at funktioner ofte foretager beregninger eller databehandling på enkelte komponenter eller målinger, mens programmoduler er opdeling af hele programmet. Programmodulerne bruger relevante funktioner og funktionsblokke for at løse de konkrete opgaver.

Det er typisk nemmere at genbruge funktioner end programmoduler.

18.1 Programmoduler

Herunder er vist et hovedprogram **Main**, som foretager kald til tre programmoduler:

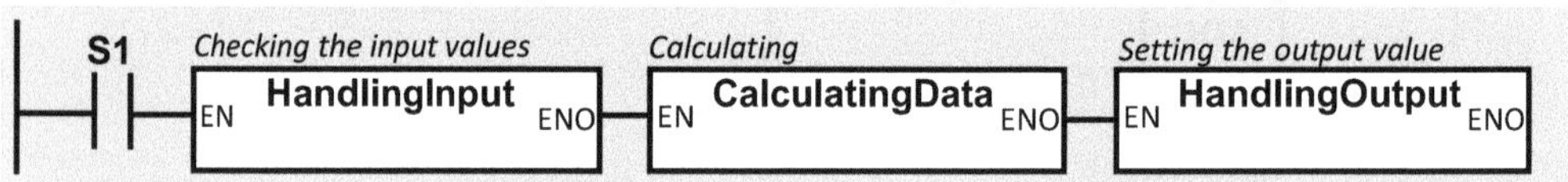

Hovedprogrammet **Main** bliver kaldt i hvert program-scan. Først afvikles programmet **HandlingInput**, da den står først, og når alt PLC-kode i det programmodul er afviklet fortsættes til **CalculateData** programmet. Tilslut afvikles **HandlingOutput**.
De tre programmoduler bliver kun afviklet hvis **S1** er **TRUE. S1** kan sættes til **FALSE** hvis de tre moduler ikke skal afvikles (eksekveres). Dette kan være nødvendigt ved fejlsøgning og test af programmodulerne.

Når scan-tiden er udløbet afvikles de tre programmoduler igen. Hvis scan-tiden er 50 [ms] bliver **Main** programmet kaldt hver gang 50 [ms] er gået. Det er vigtigt, at den samlede gennemløbstid for alle fire programmoduler er under 50 [ms]. Indeholder programmodulerne meget program, er det ikke sikkert at alle programmoduler er afviklet inden for scan-tiden. For at løse dette, skal scan-tiden øges eller

 © 2021 Tom Mejer Antonsen

programmerne kikkes igennem, for at se om noget kan reduceres tidsmæssigt for at have en mere jævn belastning på CPU.
Husk at programmer har en variabel gennemløbstid, da der kan være betingelser (sensorer som ikke er aktiveret), der ikke altid er opfyldt. Regn derfor med worst-case program gennemløbstid og beregn ekstra tid i hvert program-scan.

Normalt vil PLC udviklingsværktøjet eller PLC give besked om, hvis den ikke kan nå at afvikle et program modul inden for den fastlagte program scan tid og på den måde får man besked om at scan tiden skal sætte op.

Programmodulerne kan konfigureres til at have forskellig scan-tid, fordi ikke alle programmoduler skal udføres med samme scan-tid afhængig af opgaven:

Main (PRG)
Scan time: 50 [ms]
Main program

Time1Secound(PRG)
Scan time: 1000 [ms]
Update timer

AvgCal(PRG)
Scan time: 10000 [ms]
Calculate average values

TemperatureCal(PRG)
Scan time: 2000 [ms]
Calculate temperatures

Ved opdeling i programmoduler opnås følgende:

- Bedre og overskuelig programstruktur
- Mulighed for individuel scan-tid
- Mulighed for at ændre programafviklingsrækkefølge
- Programmoduler kan nemt gøres inaktive ved fejlfinding

Der er mange måder at opdele et program på. Her er en inspirationsliste til opdeling:

- Sensorer på en side af maskinen
- Digitale input fra elektriske kontakter og afbrydere
- Alle motorer til ventilation
- Behandling af værdier til/fra HMI (brugerbetjenings panel)
- Afvikling af programsekvenser
- Programmodul til stop af maskine
- Alarm overvågning
- Fejl håndtering på maskinen
- Håndtering af datakommunikation til andre PLC

© 2021 Tom Mejer Antonsen

18.2 Programstruktur

Det er bedst at programstrukturen er opbygget hierarkisk, således at et program kun benytter variabler fra et program som ligger ovenover. Dette kan illustreres med følgende eksempel, der består af en fælles global variabelliste og 7 programmer:

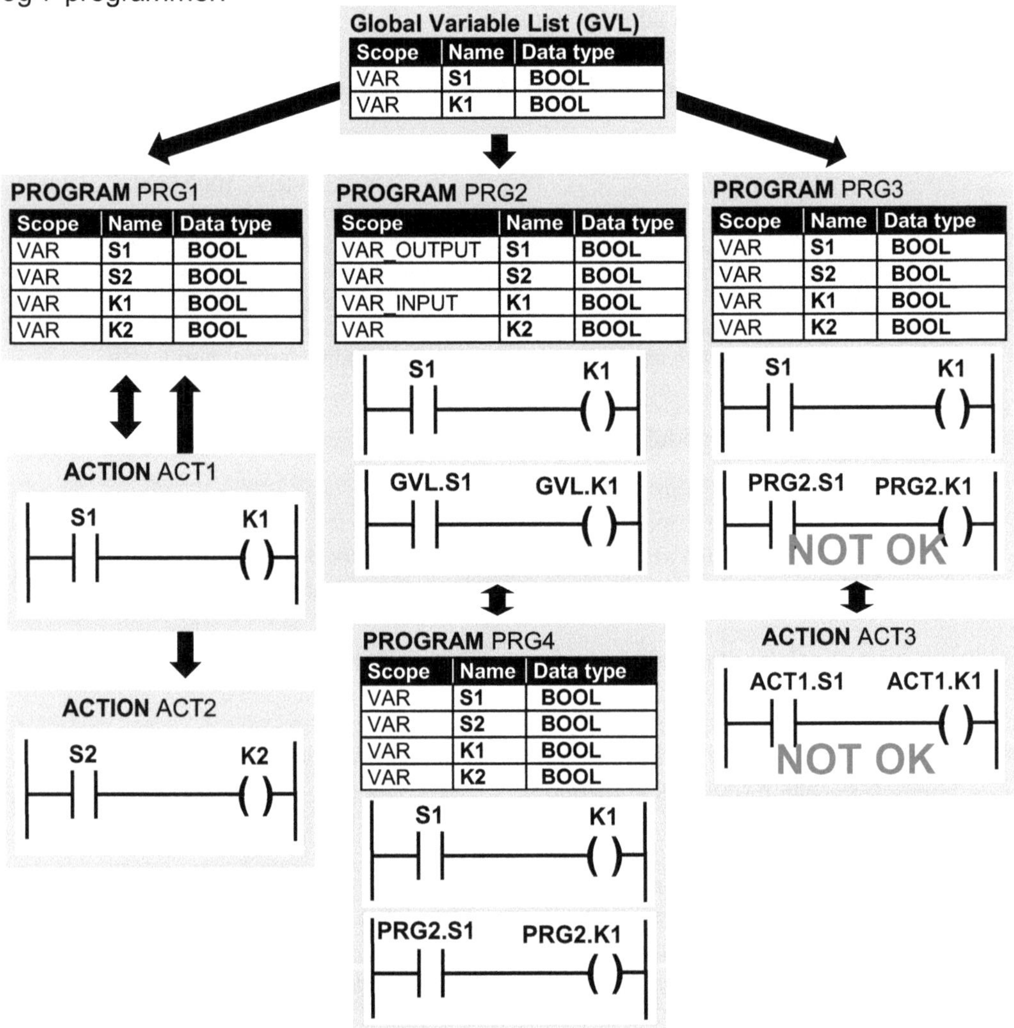

 © 2021 Tom Mejer Antonsen

Variablerne i den fælle liste **GVL** er globale og kan bruges af alle programmodulerne. Et programmodul skal bruge en variabel fra **GVL** ved at skrive **GVL.S1** (se **PRG2**).

Et PROGRAM kan have lokale variabler: **S1**, **S2**, **K1** og **K2**. Programmoduler som er oprettet som en ACTION, bruger de lokale variabler som findes i det PROGRAM som er oprettet ovenover. Det betyder at ACT1 og ACT2 bruger de variabler som er oprettet i PRG1. ACTION bruges således til at opdele et stort program i mindre programmer, og en ACTION deler variablerne med det ovenstående PROGRAM. Et PROGRAM kan have flere ACTION programmer (se PRG1, der har to underprogrammer: ACT1 og ACT2).
Program PRG4 skal bruge variabler fra PRG2 program som ligger ovenover og dette gøres ved at skrive **PRG2.S1** eller **PRG2.K1**. For at dette er muligt skal variabel scope for **S1** være VAR_OUTPUT, så et andet programmodul kan læse variablen. For at et andet programmodul kan skrive til **K1** skal scope for **K1** være VAR_INPUT.

Variablerne **S1**, **S2**, **K1** og **K2** i de forskellige programmer er ikke de samme. **S1** findes derfor i fem forskellige udgaver i det samlede program, og derfor er det fornuftigt at bruge unikke variabelnavne i hele programmet, så man ikke tager fejl af hvilken **S1** der benyttes.

Program PRG3 viser en dårlig programstruktur, da programmet bruger variabler fra programmet PRG2 og ACT1. PRG3 bruger således variabler på tværs af programstrukturen og ikke oppe fra og ned.
Programmet ACT3 er placeret under PRG3 og bruger variabler fra ACT1. Det kan give en bedre programstruktur at ACT3 placeres under ACT1. Dette medfører at det ikke er nødvendigt at skrive **ACT1.S1** for at bruge variablen **S1**.

Programmer oprettes normalt i folderen POU (**P**rogram **O**rganisation **U**nit):

POU
- **Main**(PRG)
- **PRG1**(PRG)
  - **ACT1**
  - **ACT2**
- **PRG2**(PRG)
- **PRG3**(PRG)
  - **ACT3**
- **PRG4**(PRG)

Som det ses er programmerne listet under hinanden, og det er ikke muligt at se hele program strukturen og derfor bør programhierarkiet dokumenteres i en design beskrivelse.

Der skal benyttes bedre og mere sigende navne til programmoduler end de viste: PRG1, PRG2, PRG3, ACT1, ACT2 og ACT3.

Antallet af variabler i den globale variabelliste bør begrænses til de mest nødvenlige variabler, da alle programmer har adgang til listen og det kan være svært at fejlfinde i programmet, hvis alle variabler er i en samlet liste.

© 2021 Tom Mejer Antonsen

18.2.1 Eksempel: Robotstyring til pakning af emner

Dette eksempel tager udgangspunkt i et lille robot anlæg, hvor en robot pakker tre emner i en kasse. Efterfølgende bliver kassen kontrolleret med et vision kamera:

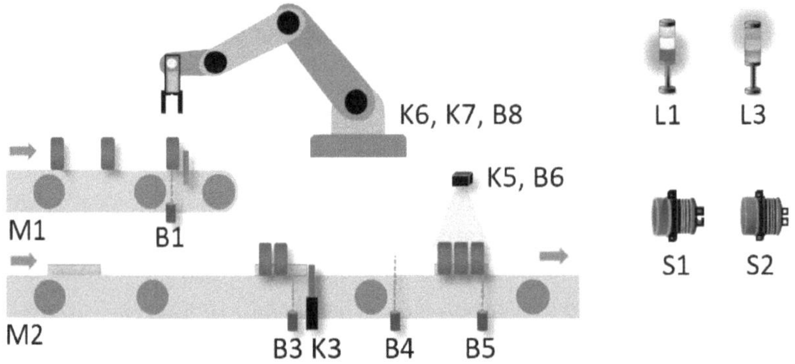

Robotten har egen styring (robot controller) og den styres fra PLC med to digitale signaler (**K6**, **K7**). Når robotten er færdig med at flytte emner, gives et signal tilbage til PLC (**B8**). De to transportbånd styres med digitale signaler (**M1**, **M2**) fra PLC.

Komponenter og virkemåde:

Navn	I/O	Komponent	Virkemåde
S1	DI	Start kontakt	Ved tryk på kontakt starter anlægget. Transportbånd kører og robotten arbejder med at flytte emner.
S2	DI	Stop kontakt	(NC – **N**ormally **C**losed contact). Stop anlæg.
B1	DI	Sensor	Signal når et emne kan fjernes af robot.
B3, B4, B5	DI	Sensor	Signal når en kasse bryder sensor lysstrålen. **B3** starter robot program. **B5** starter vision kamera. **B4** aktiverer **K3**.
B6	DI	Vision	Pulssignal hvis kassen er uden fejl.
B8	DI	Robot	Pulssignal når robotten har flyttet tre emner.
K3	DO	Luftcylinder	Ved signal er cylinderen oppe og kassen står stille, så robotten kan fylde emner i kassen. Styret af **B4** og **B8**
K5	DO	Vision kamera	Ved signal: Tag et billede af kassen og sammenlign med tidligere billeder af kasser som er ok.
K6	DO	Robot	Startsignal til robot. Ny kasse skal fyldes. Robotten stopper ved ingen signal.
K7	DO	Robot	Flyt et emne til kassen.
L1	DO	Grøn lampe	Seneste kasse med emner er ok.
L3	DO	Rød lampe	Seneste kasse med emner er ikke ok.
M1, M2	DO	Transportsbånd	Styret af en motor med frekvensomformer. Hastighed på bånd indstilles på frekvensomformer.

Alle variabler er digital signaler med data typen **BOOL**.

 © 2021 Tom Mejer Antonsen

Et rutediagram er et godt værktøj til at få en forståelse for, hvordan styringen for anlægget skal virke inden programmet skrives og til at hjælpe andre med at forstå hvordan det færdige program virker.
Et rutediagram kan tegnes på flere måder, afhængig af om spørgekasser skal være udenfor eller indeni underprogrammerne.

Her er vist to forskellige rutediagrammer til robotstyringen:

Rutediagram Start1
I dette rutediagram er spørgekasser medtaget og på den måde er det muligt at se, hvad der skal udføres når **S1, B4** eller **S2** bliver aktiveret. Dette kan give et godt overblik, men samtidig kan det medføre at rutediagrammet bliver kompleks og uoverskueligt.

Rutediagram Start2
I dette rutediagram er det kun spørgekassen **RunBit** som er medtaget og dette giver et mere overskueligt rutediagram.

RunBit er en intern variabel (flag) som sættes til **TRUE** efter **S1** (startkontakten) er aktiveret. Underprogrammer afvikles kun hvis **RunBit** er **TRUE**.

Når en spørgekasse ikke vises på hoved rutediagrammet, findes spørgekassen i underprogrammet.

Et rutediagram er normalt opdelt fornuftigt og overskueligt, når der er 10-12 kasser i hvert rutediagram.

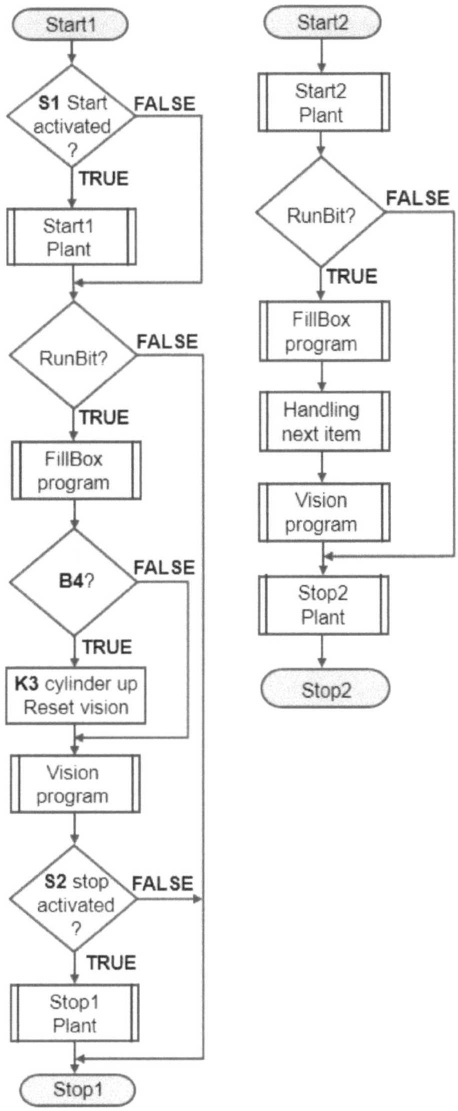

© 2021 Tom Mejer Antonsen

Her er hovedprogrammet for **Start1** og det tilhørende rutediagram:

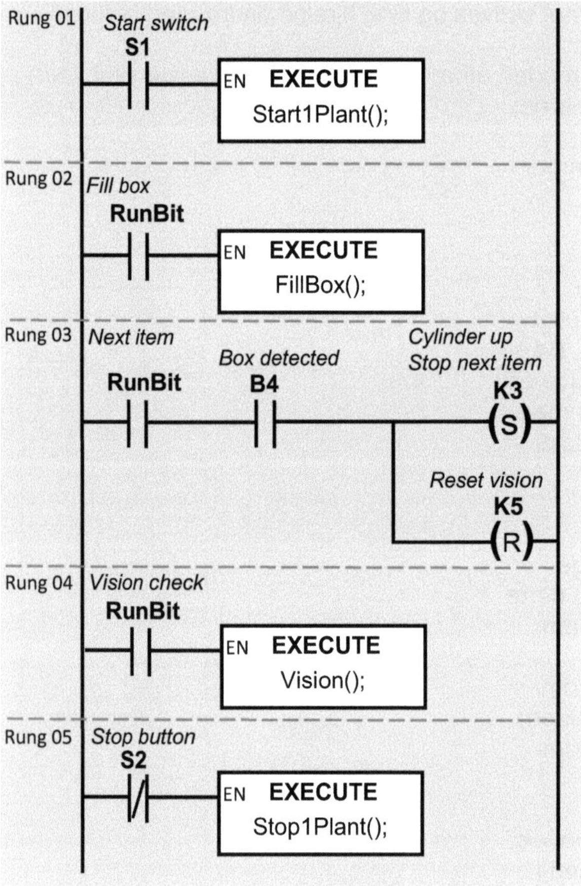

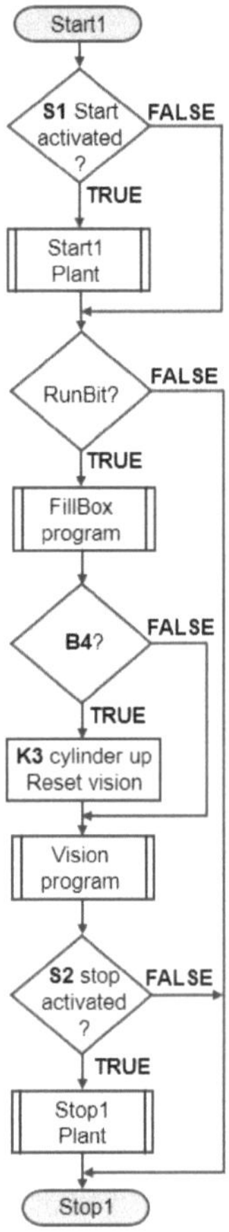

Det er vigtigt at rutediagrammet ligner PLC programkoden, så det er nemt at se sammenhængen mellem dokumentationen og koden.

Et **EXECUTE** symbol kan benyttes til at afvikle et underprogram. Når der er **TRUE** på **EN** indgangen afvikles underprogrammet. Navnet på underprogrammet skrives i symbolet. Programkode for underprogrammer findes på de efterfølgende sider.

 © 2021 Tom Mejer Antonsen

Her er underprogrammet **Start1Plant:**

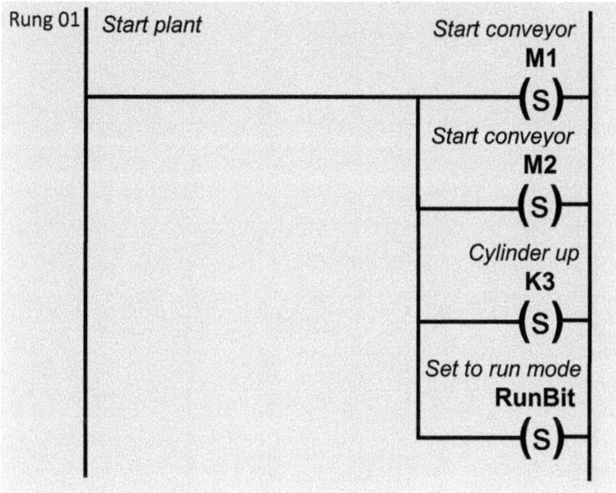

Programmet består af én rung, der starter transportbånd og kører cylinder **K3** op. Når cylinder er oppe vil en kasse stoppe og kassen kan derefter blive fyldt op af robotten. Programmet sætter desuden en intern variabel **RunBit** til **TRUE** og fastholder den til **TRUE.** **RunBit** bruges af programkoden til at kontrollere om anlægget er tændt (i drift) eller slukket.

Underprogrammet **Stop1Plant:**

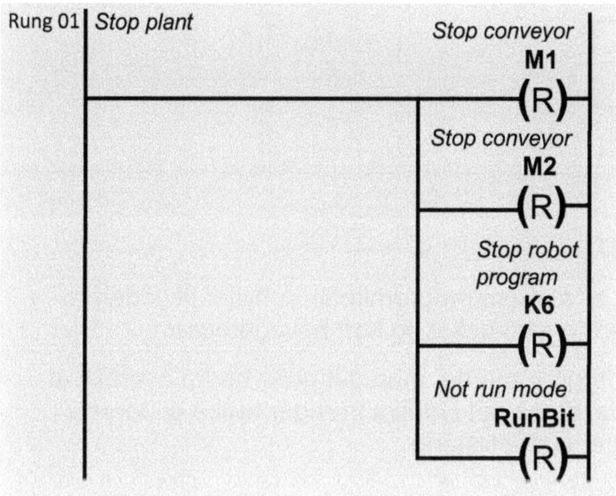

Dette underprogram stopper transportbåndet og robotprogrammet.
Da anlægget nu er stoppet sættes **RunBit** til **FALSE** og dette sikrer at andre underprogrammer ikke afvikles.

I et underprogram bør der kun være programkode, som er relevant for underprogrammet. Det betyder at **Start1Plant** kun skal indeholde programkode som er nødvendigt for at starte anlægget og i **Stop1Plant** skal der kun være programkode som er relevant for at stoppe anlægget.

© 2021 Tom Mejer Antonsen

Her er hovedprogrammet for **Start2** og det tilhørende rutediagram:

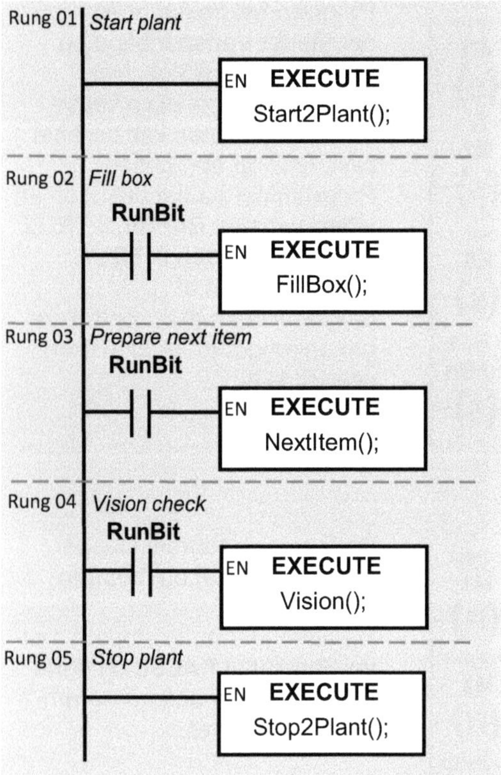

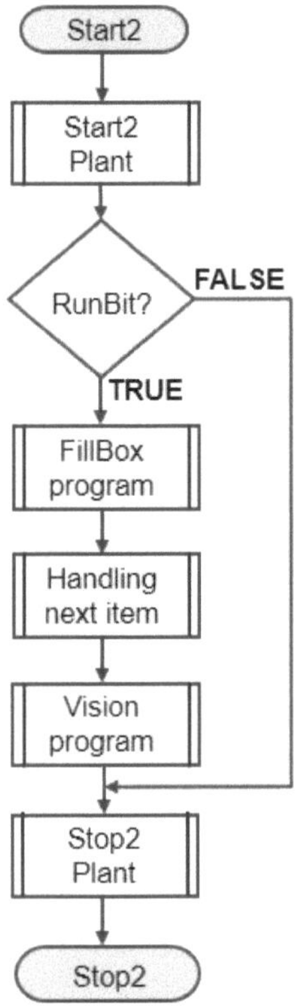

Forskellen mellem **Start1** og **Start2** er at mere programkode er flyttet til underprogrammer i **Start2** og det giver et mere overskueligt og kort hovedprogram.

RunBit kunne også flyttes til underprogrammerne, men det giver bedre overblik at have **RunBit** i hovedprogrammet **Start2**, så det tydeligt fremgår hvilke underprogrammer der afvikles, når anlægget er i driftstilstand.

Her er underprogrammet for **NextItem:**

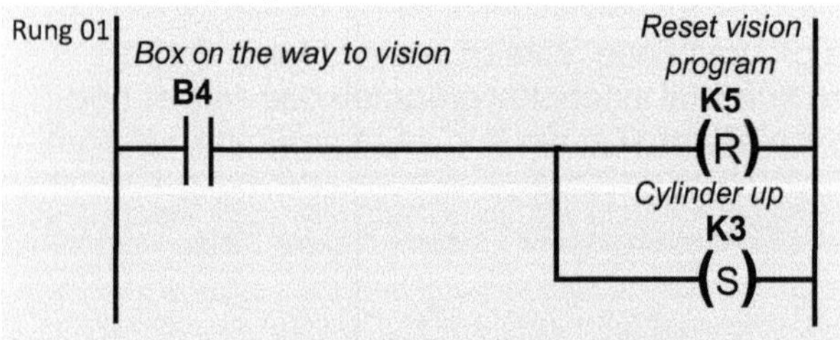

Dette underprogram sørger for at gøre klar til næste kasse som skal fyldes. Dette gøres ved at køre cylinder **K3** op, for at stoppe næste kasse der kommer kørende hen ad transportbånd.

 © 2021 Tom Mejer Antonsen

Her er underprogrammet for **Start2Plant:**

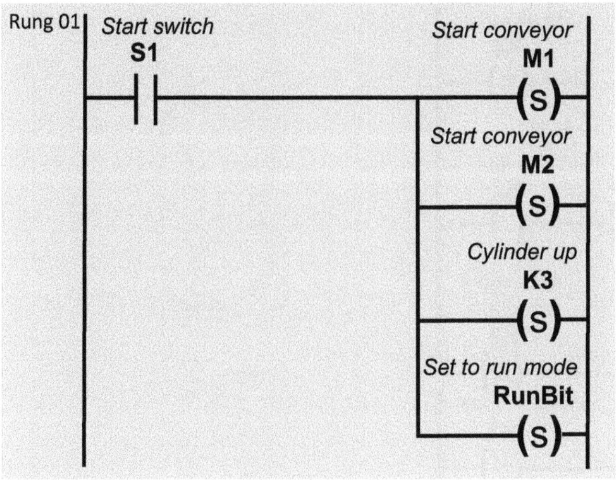

Dette underprogram virker på samme måde som **Start1Plant**. Forskellen mellem **Start1Plant** og **Start2Plant** er at startkontakten **S1** er medtaget i **Start2Plant.**

Her er underprogrammet for **Stop2Plant**

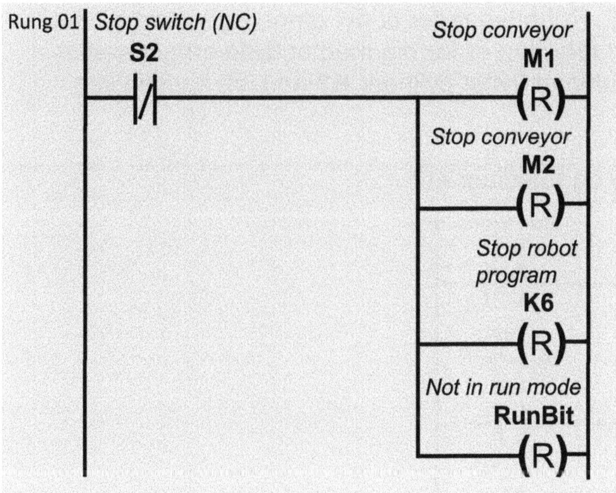

Dette underprogram virker på samme måde som **Stop1Plant**. Forskellen mellem **Stop1Plant** og **Stop2Plant** er at stopkontakten **S2** er medtaget i **Stop2Plant.**

© 2021 Tom Mejer Antonsen

Her er underprogrammet for **FillBox** og tilhørende rutediagram:

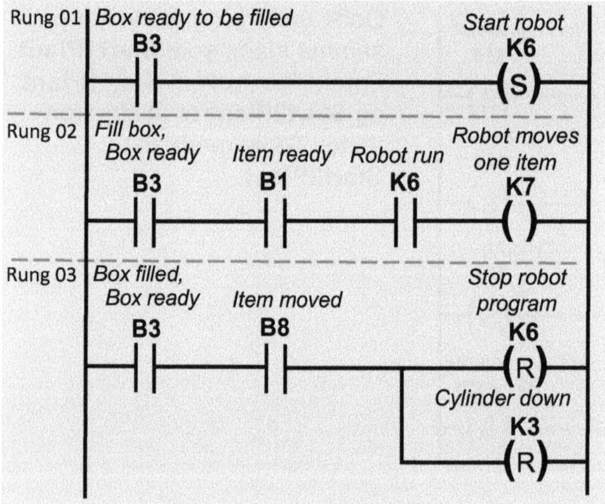

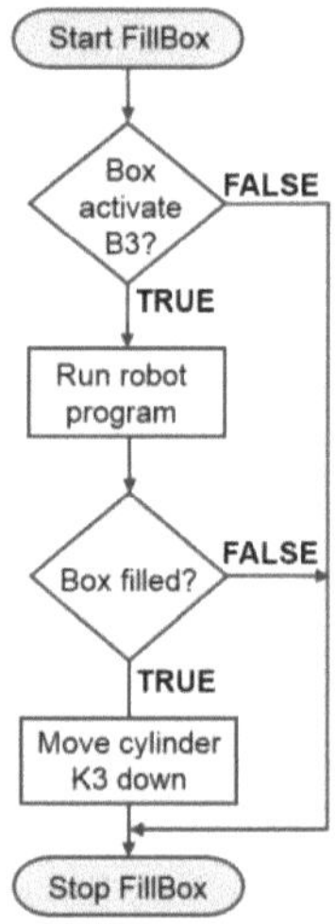

Når kassen aktiverer sensor **B3** er den klar til at blive fyldt med emner. Robot programmet starter når **K6** er **TRUE**. Robotten tager et nyt emne og sætter emnet i kassen hver gang **B1** aktiveres. Når robotten er færdig med at flytte emner sætter robotten **B8** til **TRUE** og PLC programmet flytter cylinder **K3** ned, så kassen kan forsætte hen ad transportbåndet.

Her er underprogrammet for **Vision** og rutediagram:

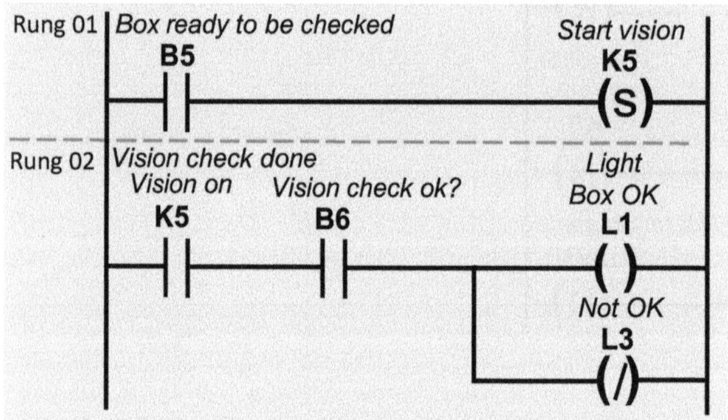

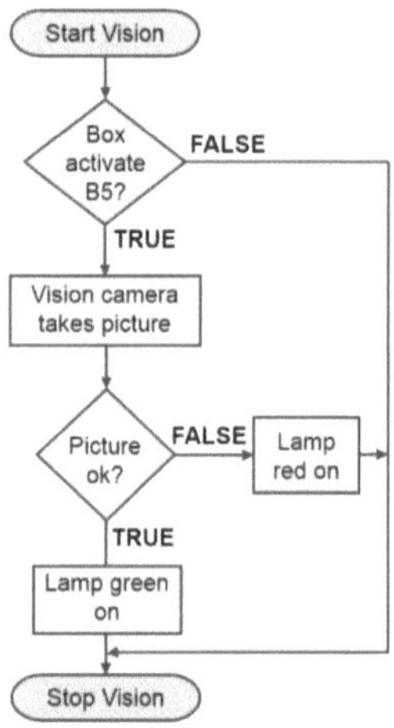

Kassen aktiverer sensor **B5** når den er lige under vision kameraet. Når **K5** sættes til **TRUE** tager vision kameraet et billede af kassen og sammenligner dette med billeder af kasser som er ok.
Vision kameraet sætter **B6** til **TRUE**, hvis billedet af kassen er ok og lampen **L1** tændes. Ved fejl i et billede tændes lampen **L3**, så operatøren kan se at kassen har fejl.

 © 2021 Tom Mejer Antonsen

Liste over variabler:

```
PROGRAM RobotItemPack
  VAR
     S1:        BOOL;  // Start switch (NO)
     S2:        BOOL;  // Stop switch (NC)
     M1:        BOOL;  // Run conveyor belt 1
     M2:        BOOL;  // Run conveyor belt 2
     K3:        BOOL;  // Cylinder to stop box to be filled
     K6:        BOOL;  // Start robot program
     B1:        BOOL;  // Item ready to be moved to the box by the robot
     K7:        BOOL;  // Signal to robot: Move one item
     B3:        BOOL;  // A box is ready to be filled
     B8:        BOOL;  // Signal from robot. Robot has moved all items
     B4:        BOOL;  // Box leaves the filling area and is on the way to vision check
     K5:        BOOL;  // Start vision check
     B5:        BOOL;  // Box ready for vision check
     B6:        BOOL;  // Signal from vision. TRUE if box is OK
     L1:        BOOL;  // Signal lamp: Box ok
     L3:        BOOL;  // Signal lamp: Box not ok
     RunBit:    BOOL;  // Internal control bit. Plant running if TRUE
  END_VAR
```

Det er vigtig at hver variabel har en sigende kommentar. Det hjælper dig og den som senere skal ændre eller udvide programmet.

Opdeling i programmoduler er det samme som rutediagrammerne:

Programmoduler for **Start1**

POU
- **Main**(PRG)
- **RobotItemPack**(PRG)
  - **Start1Plant**
  - **FillBox**
  - **NextItem**
  - **Vision**
  - **Stop1Plant**

Programmoduler for **Start2**

POU
- **Main**(PRG)
- **RobotItemPack**(PRG)
  - **Start2Plant**
  - **FillBox**
  - **Vision**
  - **Stop2Plant**

Hovedprogrammet **Main** bliver kaldt for hvert program-scan. F.eks. hvert 10 ms. **Main** fortager et programkald til **RobotItemPack** som derfor afvikles hvert 10 ms. **RobotItemPack** kalder hvert underprogram med **EXECUTE**, som tidligere vist.

Alle variabler er placeret i hovedprogrammodulet **RobotItemPack.** Underprogrammer er oprettet som **ACTION** og de er placeret direkte under **RobotItemPack**. Alle variabler deles derfor mellem **RobotItemPack** og underprogrammerne.

© 2021 Tom Mejer Antonsen

Der er 18 variabler i hovedprogrammet **RobotItemPack** og det er mange, og derfor vælges her en anden opdeling, som giver færre variabler i hvert programmodul.

I stedet for at benytte en **ACTION** til programkoden, her er en løsning hvor der benyttes **PROGRAM,** da dette giver mulighed for at opdele variablerne.

Dette giver følgende variabler til **FillBoxPRG**:

```
PROGRAM FillBoxPRG
VAR
    K3: BOOL;   // Cylinder stops box to be filled
    B1: BOOL;   // Item ready to be moved to the box by the robot
    K6: BOOL;   // Start robot program
    K7: BOOL;   // Signal to robot: Move one item
    B3: BOOL;   // A box is ready to be filled
    B8: BOOL;   // Signal from Robot. Robot has moved all items
END_VAR
```

Programmet **Vision** flyttes også til et PROGRAM og dette giver følgende variabler:

```
PROGRAM VisionPRG
VAR
    B4: BOOL;   // Box coming for vision check
    B5: BOOL;   // Box ready for vision check
    B6: BOOL;   // Signal from vision. TRUE if box is OK
    L1: BOOL;   // Signal lamp: Box ok
    L3: BOOL;   // Signal lamp: Box not ok
    K5: BOOL;   // Start vision check
END_VAR
```

Da programmet **NextItem** ikke indeholder meget kode, flyttes koden fra **NextItem** til **VisionPRG** for at reducere antallet af programmer og gøre det hele mere overskueligt. Derfor indgår sensor **B4** nu i **VisionPRG**.

Programmerne **Start2** og **Stop1** samles i et program og dette giver variablerne:

```
PROGRAM StartStopPRG
VAR
    S1: BOOL;   // Start switch (NO)
    S2: BOOL;   // Stop switch (NC)
    M1: BOOL;   // Run conveyor belt 1
    M2: BOOL;   // Run conveyor belt 2
END_VAR
```

Variablen **RunBit** er ikke medtaget i **StartStopPrg**, da denne variabel bruges af alle programmodulerne og programmodulerne har umiddelbart ikke har adgang til variablen, hvis den er placeret i **StartStopPrg.**

Der oprettes desuden en ny variabel **K3Flag**, da **K3** cylinder bruges af flere af programmodulerne. Ved at have en fælles global **K3Flag** variabel undgås at variablerne benyttes på tværs af programmodulerne, hvilket kan skabe spaghetti kode og en dårligt program struktur.

 © 2021 Tom Mejer Antonsen

De to globale variabler er oprettet i en liste med navnet **GVL**:

```
VAR_GLOBAL
    RunBit:     BOOL;            // Internal control bit. Plant running if TRUE
    K3Flag:     BOOL:= TRUE;     // Control the K5 cylinder. TRUE if cylinder is up
END_VAR
```

De globale variabler kan deles mellem alle programmoduler.

Variablen **Runbit** flyttes til de enkelte programmoduler for at give et mere simpelt hovedprogram. På den måde kan de enkelte programmoduler sætte variabler og udgange korrekt når programmet kører (**RunBit** = **TRUE**). **K3Flag** er sat til **TRUE** (default værdi) i for at sikre at cylinder **K3** er oppe første gang PLC starter op. Når cylinder **K3** er oppe vil en kasse blive stoppet, så den kan fyldes af robotten.

Opdelingen giver en bedre fordeling af variablerne, så alle variabler ikke optræder i en fælles liste, men optræder i det programmodul hvor de benyttes.

Hovedprogrammet bliver således, og der er ingen variabler i hovedprogrammet:

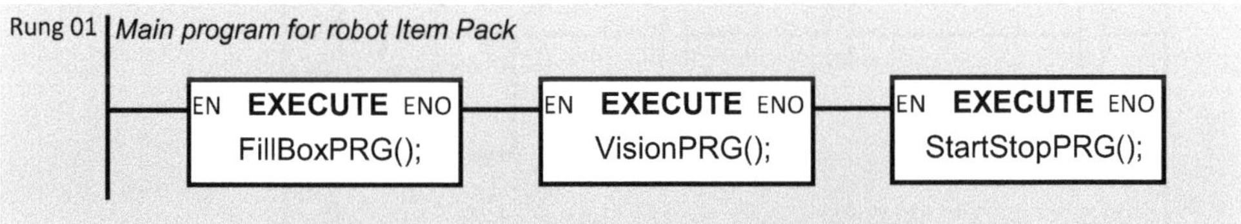

Det er vigtig at **StartStopPRG** er placeret sidst, da dette program sikrer at variabler og udgange sættes korrekt når anlægget stoppes.

Programmodulerne er oprettet således:

POU
- **Main**(PRG)
- **FillBoxPRG**(PRG)
- **VisionPRG**(PRG)
- **StartStopPRG**(PRG)

Listen i **POU** (**P**rogram **O**rganisation **U**nit) har ingen betydning for programafviklingen. Det er rækkefølgen I **Main** som afgør hvordan programmerne afvikles. **FillBoxPRG** afvikles derfor først og herefter afvikles **VisionPRG** og tilslut **StartStopPRG.**

Når de enkle delprogrammer er oprettet som PRG, er det muligt at ændre scantiden for de enkelte delprogrammer og teste delprogrammerne enkeltvis.

© 2021 Tom Mejer Antonsen

Programmet for **FillBoxPRG** bliver:

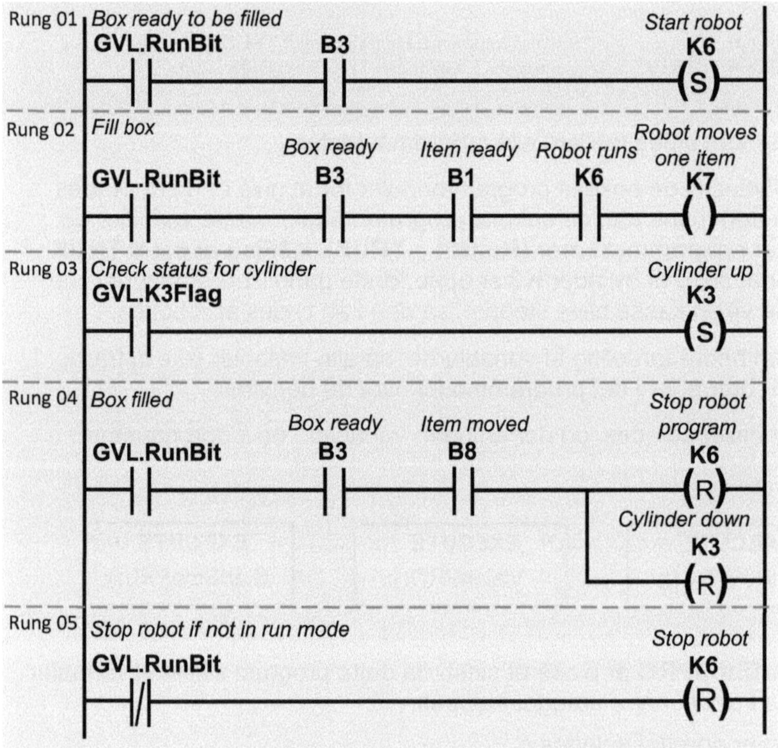

FillBoxPRG er en udvidelse af det tidligere **FillBox** program.

Rung 03 er tilføjet og indeholder noget af det programkode som tidligere var **NextItem** programmet. **Rung 03** overvåger den globale variabel **K3Flag**, og hvis variablen er **TRUE** skal cylinderen køre op så næste kasse stoppes på båndet.

Variablen **RunBit** er som tidligere beskrevet flyttet fra hovedprogrammet og derfor indgår den nu i **FillBoxPRG** programmet.

GVL.RunBit er ikke tilføjet i **Rung 03** for at sikre at cylinder er oppe når anlægget stopper. Det vil være en af de ting som skal afprøves i praksis, da cylinderen kun må køre op når sensor **B4** bliver aktiveret af en kasse, så ikke at cylinderen kører op midt i en kasse. Det er muligt at montere en ekstra sensor for at undgå at cylinderen kører op i en kasse, men det gør anlægget dyrere. Cylinderen skal være oppe når anlægget starter, så første kasse bliver stoppet.

Stop af robotprogrammet er flyttet fra **StartStopPRG**, da **StartStopPRG** ikke har adgang til **K6** variablen. For at undgå at oprette en global variabel mere, er det bedre at **FillBoxPRG** selv stopper robotprogrammet i **Rung 05.**

 © 2021 Tom Mejer Antonsen

VisionPRG programmet ser således ud:

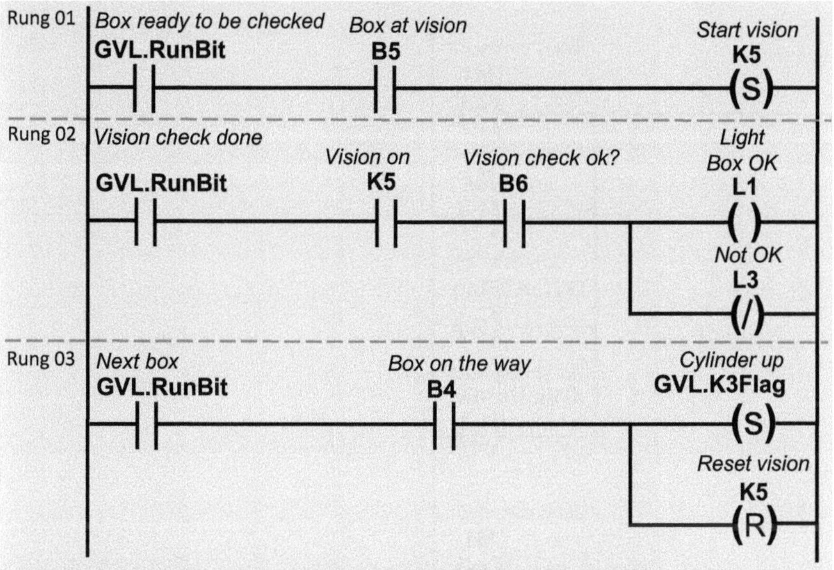

VisionPRG er en udvidelse af det tidligere **Vision** program.

Rung 03 er tilføjet og indeholder noget af det programkode som tidligere var **NextItem** programmet. **Rung 03** overvåger sensor **B4**. Hvis signal er **TRUE** er en kasse på vej hen til vision check. Derfor skal vision kameraet resettes på **K5**, så der kan tages et nyt billede. **K3Flag** sættes til **TRUE** for at fortælle at en kasse har forladt fyldeområdet og fyldeområdet er klar til at modtage en ny kasse.

Variablen **RunBit** er som tidligere beskrevet flyttet fra hovedprogrammet og derfor indgår den nu i **VisionPRG** programmet. Det betyder at **GVL.RunBit** nu skal være i **Rung 01** til **Rung 03.**

© 2021 Tom Mejer Antonsen

StartStopPRG programmet ser således ud:

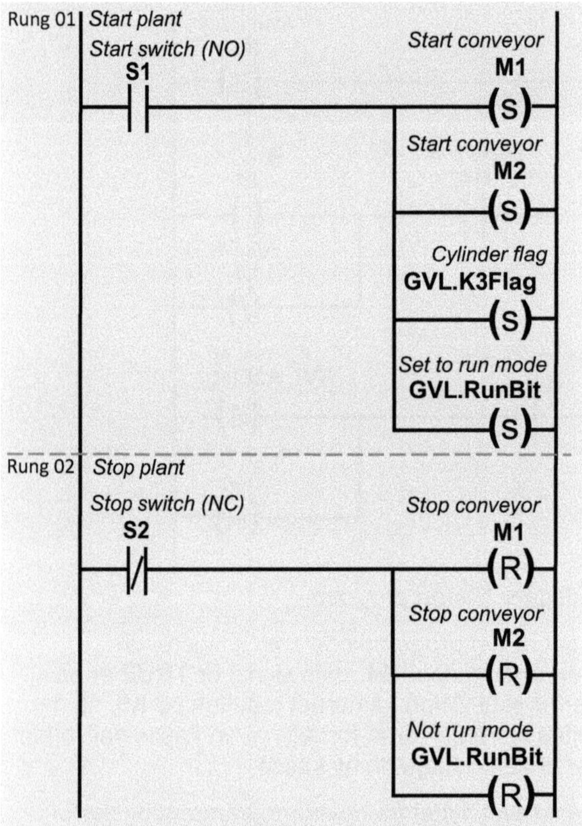

Programmet er sammensat af de tidligere beskrevne programmer: **Start2** og **Stop3**.

Forskellen er dog at **K6** er flyttet til **FillBoxPRG**, så **FillBoxPRG** selv stopper robotprogrammet, når anlægget ikke er i drift mere.

Det tager tid at designe og opbygge en god programstruktur. Men det er nødvendigt for at holde programmet overskueligt og en god programstruktur gør at programmet er nemmere at fejfinde i og senere udvide.

Der er mange måder et program kan opdeles på. Det viste eksempel er blot et forslag til en programstruktur som du kan bruge eller lade dig inspirere af.

 © 2021 Tom Mejer Antonsen

18.2.2 Eksempel: Simulering af robotprogram

Det forrige programeksempel indeholder en robot, der har et robotprogram i en robot controller. Robot controlleren er en selvstændig computer, der styrer robottens bevægelser og robot controlleren er styret fra PLC med digitale signaler:

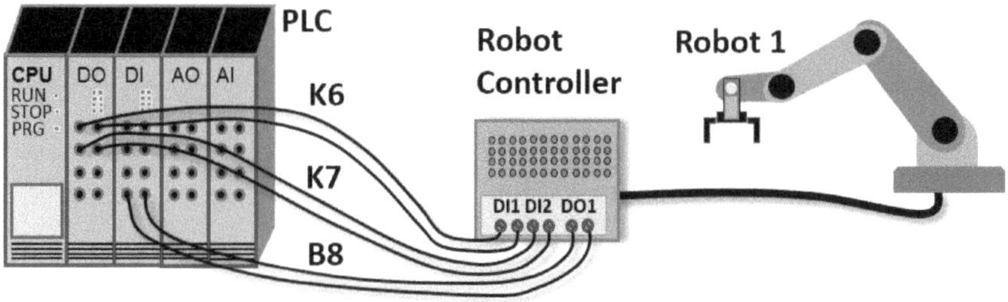

Robot controlleren har en digital indgang **DI1** der starter robotprogrammet. Når robotprogrammet (alle 3 emner flyttet) er afviklet, giver robot controlleren et signal på **DO1.** Robotten skal have et signal på **DI2**, hver gang robotten skal flytte et emne til kassen.

Det er ikke altid at robot controlleren er til rådighed, når PLC programmet skal udvikles og testes. Derfor er en mulighed at simulere robot programmet i PLC, så PLC programmet kan blive testet.

Dette stykke PLC kode kan simulere koden i robot controlleren:

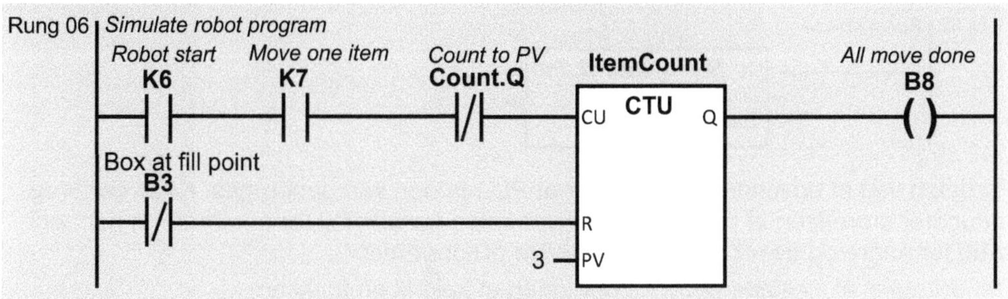

Programkoden kan indsættes i **Rung 06** i **FillBoxPRG** programmet.

Der er benyttet en tællerfunktion **CTU** der tæller op til 3. Der skal pakkes 3 emner i en kasse for at den er fyldt. Når en kasse er fyldt bliver **B8** sat til **TRUE**.

Der tælles kun når robotprogrammet er startet på **K6**. Når der skal flyttes et emne bliver **K7** sat til **TRUE** og der tælles 1 op. Der tælles ikke mere, når maksimum antal emner er nået. Maximum er nået når **Count.Q** er **TRUE.**

© 2021 Tom Mejer Antonsen

19 Funktioner

Funktioner er en vigtig byggesten i et PLC-program. En funktion indeholder et lille stykke PLC programkode, der kan bruges igen og igen. Funktioner kaldes ofte for paramenterbare blokke, procedurer, add-ons eller subrutiner. Funktioner skal have et navn som passer til den opgave de udfører (se evt. navngivning, kapitel 7, side 43).

Et funktionskald til **MyFunction** gøres på denne måde:

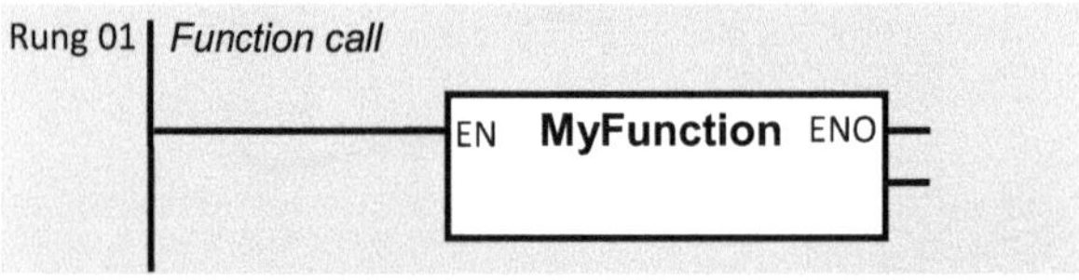

Ovenstående funktionskald er uden parametre. Det er muligt at kalde en funktion med en eller flere inputværdier (parametre), som funktionen skal arbejde med. Når funktionskaldet afsluttes afleveres en eller flere værdier (parametre), som det overlæggende program kan arbejde videre med.

Programkoden i funktionen bliver udført når indgangen **EN** er **TRUE**. Hvis koden i funktionen blev afviklet uden fejl vil udgangen **ENO** blive **TRUE.**

Her er vist et funktionskald med to parametre (to input værdier), 12 og 3:

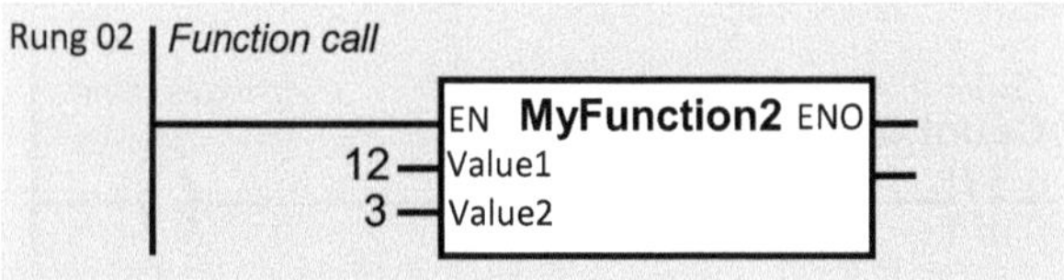

Fordelen ved at anvende funktioner er at PLC-koden kan genbruges. Kode genbrug reducerer størrelsen af programmet, giver færre syntaksfejl, er nemmere at gennemskue for andre og det er hurtigere at skrive programmet.

Det er muligt at foretage beregninger inden et kald til en funktion.

Her er vist to tal 3 og 7 der lægges sammen, lige inden funktionen kaldes:

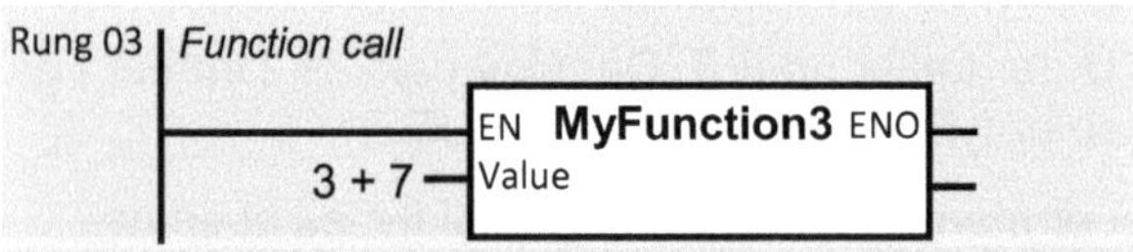

Beregningen bliver foretaget ***inden kald til funktionen*** og værdien som funktionen vil arbejde videre med er derfor 10.

 © 2021 Tom Mejer Antonsen

Skal funktionen aflevere værdier når funktionen afsluttes (resultatet af en eller flere beregninger), kan dette kun gøres med variabler, da funktionen skal have en ”skuffe” i hukommelsen til at aflevere værdierne i.
Når en funktion kaldes med en input variabel, vil funktionen hente værdien af variablen fra ”skuffe” i hukommelsen og aflevere *en kopi* til funktionen.

Dette beskrives i følgende eksempel, hvor der benyttes følgende variabler:

PROGRAM Main

Scope	Name	Data type	Initialization	Comment
VAR	**ValueIn**	**INT**	10	Value input to the function
VAR	**ValueOut**	**INT**		Value output from the function

Programkoden i funktionen **FunAdd10** lægger 10 til indgangsværdien og afleverer resultatet på udgangen:

Indholdet af variablen **ValueIn** er 10, da den værdi er indsat i feltet **Initalization** feltet i variabellisten. PLC programmet indsætter værdien 10 i variablen **ValueIn**, når PLC starter op.

Når **EN** er **TRUE** vil programkoden i **FunAdd10** blive afviklet. Dette betyder at funktionen tager en kopi af indholdet af variablen **ValueIn** og arbejder med den. Funktionen vil ikke ændre værdien i **ValueIn**, da den jo har taget en kopi.

Programkoden i funktionen lægger 10 til værdien og afleverer værdien i variablen på udgangen. Værdien på udgangen, som nu er 20, bliver kopieret til variablen **ValueOut**. Indholdet af **ValueOut** er derfor 20.

Hvis programmet afvikles i simuleringstilstand vil det se således ud:

© 2021 Tom Mejer Antonsen

19.1 Funktioner (FC) og funktionsblokke (FB)

Der findes to typer funktioner i en PLC:

Funktion (FC)
Funktionsblok (FB)

Funktion (FC) indeholder et stykke PLC-kode *uden* statiske data. Det betyder, at alle lokale variabler mister deres værdi, når funktionen afsluttes. Variablerne initialiseres (sættes til en værdi) igen, næste gang funktionen kaldes. Typisk foretager en funktion en matematisk beregning og returnerer resultatet.

Syntaks for en funktion:

FUNCTION <Name> : <RetDataType>

Scope	Name	Data type	Initialization	Comment
VAR_INPUT	**<Variables>**			Input variable
VAR_OUTPUT	**<Variables>**			Output variable
VAR_IN_OUT	**<Variables>**			In and out variable
VAR	**<Variables>**			Local variable

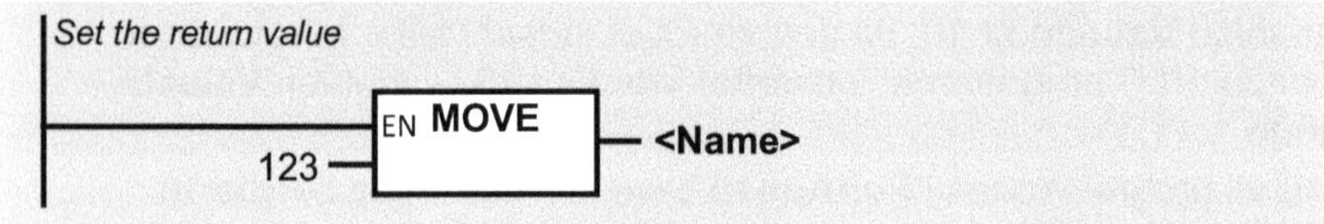

Funktionsblok (FB) indeholder et stykke PLC-kode *med* statiske data. De lokale variabler beholder deres værdier mellem hvert kald til funktionen. Det kunne f.eks. være en funktion som bruges som time tæller (antal driftstimer, også kaldet TACHO HOURS) på en motor, og derfor skal de lokale variabler bibeholde deres værdi, efter at funktionen er afsluttet. Funktionen kunne også tælle antal start pr. time, tid til næste service eller antal emner, der kommer gennem en maskine.

Syntaks for en funktionsblok:

FUNCTION_BLOCK <Name>

Scope	Name	Data type	Initialization	Comment
VAR_INPUT	**<Variables>**			Input variable
VAR_OUTPUT	**<Variables>**			Output variable
VAR_IN_OUT	**<Variables>**			In and out variable
VAR	**<Variables>**			Local variable

 © 2021 Tom Mejer Antonsen

Syntaks for en funktion begynder med nøgleordet (keyword) **FUNCTION**, og en funktionsblok begynder med **FUNCTION_BLOCK**. Herefter skrives der i **<Name>** det navn som funktionen skal hedde. Det skal være et sigende navn (se side 43 for navngivning) i forhold til det, som funktionen skal udføre. Den datatype som en funktion skal returnere skrives i **<RetDataType>** feltet, idet funktionsnavnet fungerer som returværdi.

Bemærk at **<RetDataType>** ikke kan benyttes i **FUNCTION_BLOCK**.

Sektionerne med **VAR_INPUT, VAR_OUT** og **VAR_IN_OUT** skal indeholde variablerne som skal ind og ud af funktionen. Når **VAR_INPUT** benyttes, tager funktionen en kopi af variablen og arbejder videre med den inde i funktionen – uden at ødelægge den oprindelige variabel. Hvis **VAR_IN_OUT** benyttes afleveres adressen til variablen og der arbejdes videre direkte på variablen inde i funktionen. Derfor skal sektionen **VAR_IN_OUT** benyttes med forsigtighed.

Rækkefølgen af variablerne der er oprettet i funktionen, angiver den rækkefølge variablerne bliver vist med når funktionen bruges:

FUNCTION_BLOCK FB_Demo

Scope	Name	Data type
VAR_INPUT	**Var1**	
VAR_INPUT	**Var2**	
VAR_IN_OUT	**Var3**	
VAR_OUTPUT	**Var4**	
VAR	**VarLocal**	

Sektionen **VAR** indeholder de lokale variabler, som kun bruges internt i funktionen. De lokale variabler bliver oprettet hver gang funktionen kaldes, og nedlagt igen (fjernet fra hukommelsen) når funktionen afsluttes.
Husk at variabler skal initialiseres (sættes til en start værdi, f.eks. nul (0)), så der er sikkerhed for hvilken værdi variablerne har, når funktionen kaldes.
Skal funktionen gemme lokale variabler fra gang til gang, skal det være en **FUNCTION_BLOCK** eller der skal benyttes **VAR_IN_OUT**, så funktionen arbejder på variabler, der er oprettet uden for funktionen.

Når der benyttes en **FUNCTION** skal retur parameter sættes *INDEN* funktionen forlades. Den sættes ved at bruge navnet for funktionen, der tildeles retur parameteren. I ovenstående syntaks er retur parameteren sat til 123. Der kan kun sættes én retur parameter på den måde. Hvis der er behov for flere retur parametre skal variablerne benytte enten **VAR_OUT** eller **VAR_IN_OUT**.

© 2021 Tom Mejer Antonsen

19.2 Design guide til opbygning af funktioner

Dette afsnit indeholder anbefalinger og en guideline for opbygningen af funktioner.

Formålet med at udvikle funktioner er genbrug af programkode, da genbrug giver færre fejl. Funktioner sikrer også bedre struktur på hele programmet. For at sikre at funktionerne kan genbruges, skal de opbygges på en måde så de kan genbruges.

Dette betyder at en funktion:

1	Må ikke bruge variabler direkte fra et programmodul eller globale variabler. Den må ikke have direkte adgang til specifikke IO moduler på styringen. Adgang til variabler skal foregå med **VAR_INPUT**, **VAR_OUTPUT** og **VAR_IN_OUT**.
2	Skal have et generelt og sigende navn, som passer til hvad funktionen gør. Det skal helst ikke være et navn som passer til den konkrete styring, firma navn, dit navn eller specifikke sensor numre og navne.
3	Bør kunne benyttes i andre PLC styringer og andre PLC programmeringssprog.
4	Bør kunne bruges både fra et andet programmodul og en anden funktion.
5	Bør have maksimum 8 parametre (variabler), da det kan være svært at overskue flere. Er der alligevel behov for flere variabler, kan der oprettes en **STRUCT**, hvor de mange variabler samles, og samlet sendes til funktionen. Hvis der benyttes **STRUCT**, skal variablen stå i **VAR_IN_OUT** sektionen. Typisk har en funktion 1 til 4 input parametre og 1 output parameter. *BEMÆRK: **STRUCT** er ikke medtaget i denne bog.*
6	Skal kontrollere om alle variabler der kommer ind i funktionen er gyldige. En funktion kan blive ustabil eller få **R**un **T**ime **E**rror (RTE), hvis den som bruger funktionen, benytter ugyldige variabler. Funktionen kan have en retur variabel f.eks. **ENO** (Enable Out) eller error, som giver besked om, at funktionen ikke kunne udføre opgaven pga. fejl i parametrene. Funktionen skal sikre at der ikke afleveres ugyldige værdier.

Det anbefales at en funktion kun indeholder 15 til 20 netværk, så funktionen ikke bliver uoverskuelig. Hvis der er mange netværk, kan der måske oprettes endnu en funktion eller antallet af netværk kan reduceres.

En funktion kan bruge andre funktioner samt benytte timere og tællere. Hvis en funktion benytter timere og tællere, skal den oprettes som en funktionsblok. Hvis funktionsblokken bruger en timer, skal funktionsblokken kaldes i hvert programscan.

Til enhver egen udviklet funktion skal der medfølge en beskrivelse af virkemåde og input parametre. Desuden er funktionen først færdig, når den er testet!

VIGTIGT: En funktion må aldrig foretage et funktionskald til sig selv!

 © 2021 Tom Mejer Antonsen

Ved opbygning af en funktion er der to metoder der kan anvendes:

A) Top-down designmetode
Først findes et passende navn til funktionen. Dernæst opbygges en liste med de variabler som funktionen skal bruge for at løse opgaven, samt den eller de variabler som funktionen afleverer bagefter. Listen bør indeholde krav til variablerne. Det kan være datatype eller det område (værdi) som variablerne skal ligge inden for.
Der kan med fordel bruges en variabel med en datatype, som gør det nemt for dem som bruger funktionen. Dvs. at konverteringen mellem datatyper foregår inde i funktionen. Det er typisk relevant, hvis funktionen skal bruge en **TIME** datatype, hvor det kan være bedre at bruge en **WORD** datatype, da en **TIME** datatype er sammensat af tal og bogtaver.
Det kan give et godt overblik at tegne et blokdiagram med variablerne:

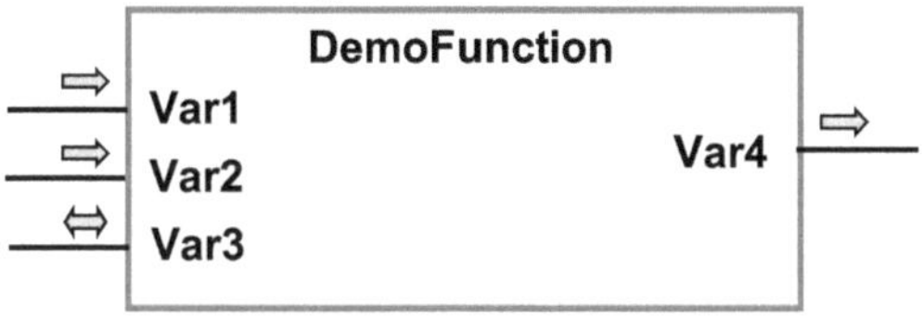

Skriv ned hvad funktionen skal udføre. Denne beskrivelse kan senere bruges som kommentar i programkoden, så beskrivelsen ikke bliver væk.

Eksempel:
Denne funktionsblok er en demo og består af disse variabler:

FUNCTION_BLOCK DemoFunction

Scope	Name	Data type	Initialization	Comment
VAR_INPUT	**Var1**	**BOOL**		Input variable
VAR_INPUT	**Var2**	**REAL**		Input variable
VAR_IN_OUT	**Var3**	**BOOL**		In- and output variable
VAR_OUTPUT	**Var4**	**REAL**		Output variable

B) Bottom-up designmetode
Med denne metode skrives først programkoden. Når programkoden virker, flyttes programkoden til en funktion eller funktionsblok ved at bruge metode A).
Bottom-up designmetoden er god at bruge, hvis man ikke har så meget erfaring med at opbygge programkode i funktioner og funktionsblokke.
TIP: Er en del af dine Ladder netværk copy-paste og tilrettet, så er der ofte behov for at flytte de netværk til en funktion!

HUSK: En funktion kan ses som en black-box. Når funktionen først virker, så skal man ikke tænke så meget over, hvad der foregår inde i boksen.

© 2021 Tom Mejer Antonsen

Programstruktur for en funktion

For at have en god struktur anbefales det, at følge denne struktur ved opbygningen:

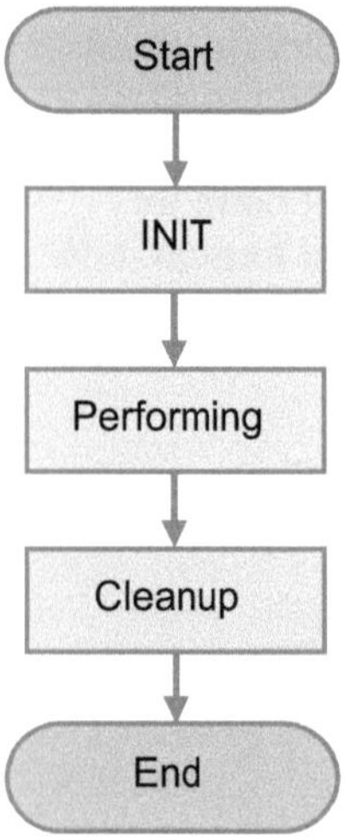

Programafviklingen starter inde i funktionen.
De lokale variabler oprettes i hukommelsen.

Den første opgave for funktionen er at sikre, at de variabler der var med i programkaldet er ok og gyldige.
Desuden skal lokale variabler have tildelt en start værdi.

Her udfører funktionen den konkrete opgave. Det kan være beregninger eller data (værdier) som skal flyttes eller behandles.

Som afslutning på funktionen tildeles retur variabler deres værdi.
Hvis det er en funktionsblok, skal de lokale variabler opdateres, så de er klar til næste gang funktionen bruges.
En funktion vil miste alle lokale variabler, når funktionen forlades.

De lokale variabler fjernes i hukommelsen.
Funktionen forlades.

Ved at bruge funktioner og funktionsblokke opnås følgende:

- Bedre og overskuelig programstruktur.
- Kode genbrug og færre programfejl.
- Hurtigere at udvide programmet.
- Nem og mere enkelt test.
- Funktioner kan nemt gøres inaktive ved fejlfinding.

Der er mange muligheder for at udvikle funktioner. Her er en inspirationsliste:

- Omregning mellem måleenheder fra sensorer.
- Beregning af forventet tid til service på motorer og pumper.
- Beregning af hastighed på transportbånd.
- Beregning af OEE værdier (**O**verall **E**quipment **E**ffectiveness).
- Alarm overvågning af maskinkomponenter.
- Kode som kan genbruges i andre programmer.
- Estimering af forventet produktionstid.

De næste sider indeholder eksempler på funktioner.

 © 2021 Tom Mejer Antonsen

19.3 Indgangssignal EN og udgangssignal ENO

En funktion eller funktionsblok der benyttes til Ladder Diagram kan have **EN** som indgangsvariabel og **ENO** som udgangsvariabel:

EN betyder Enable (muliggør) og **ENO** betyder Enable Output.

EN og **ENO** skal oprettes i variabellisten inde i funktionen, hvor **EN** skal have scope **VAR_INPUT** og scope for **ENO** skal være **VAR_OUTPUT**:

Scope	Name	Data type	Initialization	Comment
VAR_INPUT	**EN**	**BOOL**		Enable
VAR_OUTPUT	**ENO**	**BOOL**		Enable Out

Det er valgfrit om **EN** og **ENO** oprettes. Bemærk dog:

> Hvis funktionen eller funktionsblokken skal bruges fra PLC programmeringssproget **F**unction **B**lock **D**iagram (FBD) skal **EN** og **ENO** ikke oprettes, da de normalt ikke bruges i **FBD** programmering.
>
> Hvis funktionen skal bruges i programmeringssproget **S**tructured **T**ext (ST), er det besværligt, hvis **EN** er medtaget, da en funktion kræver at alle indgangsvariabler har en værdi eller en variabel.

Hvis funktionen skal kopiere **EN** direkte til **ENO** kan det gøres på denne måde:

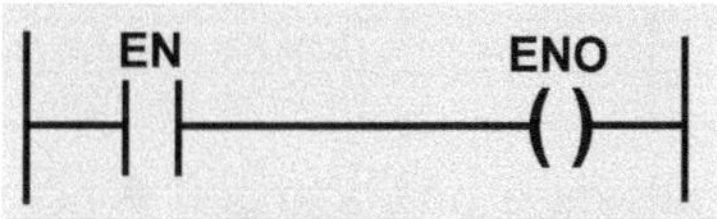

Dog bør **ENO** kun sættes til **TRUE,** hvis koden i funktionen er udført korrekt.

Når der bruges en funktion, skal alle input parametre have en værdi. Hvis der bruges en funktionsblok, er det ikke nødvendigt, at alle input parametre tildeles en værdi. Dog er det godt at give alle input parametre en værdi, for det viser at programmøren har taget stilling til parametrene og husket dem.

PLC-koden i en funktion og funktionsblok SKAL tage højde for, at der kan mangle input parametre, parametre kan være uden for tilladt område eller er ugyldige. PLC-koden skal være stabil og kunne afvikles, selvom input parametre mangler eller er ugyldige.
Omvendt har den som benytter funktionen, også pligt til at sikre at funktionen eller funktionsblokken bliver kaldt med gyldige og lovlige input parametre.

19.3.1 Eksempel FC: Omregning af temperatur

Dette eksempel viser implementering af en funktion, der omregner fra en Celsius temperatur til en Fahrenheit temperatur. Det implementeres i en funktion, da det er en matematisk beregning, der kan genbruges mange gange i programmet.

Der oprettes en funktion kaldet **fcTemperatureCalculateCtoF** som returnerer en **REAL** variabel, da beregninger med en temperatur ofte er et decimal tal. Navnet på funktionen starter med **fc** for at vise, at det er en funktion. Resten af navnet er valgt, da det passer godt med hvad funktionen skal udføre. Navngivningen starter med et navneord; **Temperature** og et udsagnsord; **Calculate** (beregn) og bogstaverne **C to F** viser at der omregnes fra en Celsius temperatur til en Fahrenheit temperatur.

Blokdiagram for funktionen bliver således:

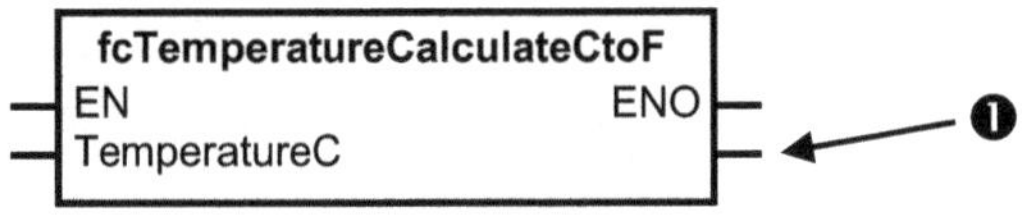

Funktionen har én input parameter, der hedder **TemperatureC** og den er oprettet i variabellisten, hvor **VAR_INPUT** er valgt som scope og datatypen er **REAL**, da input parameteren (Celsius temperatur) er et decimal tal.

Variablerne bliver således:

FUNCTION fcTemperatureCalculateCtoF : REAL ❷

Scope	Name	Data type	Initialization	Comment
VAR_INPUT	**EN**	**BOOL**		Enable function
VAR_INPUT	**TemperatureC**	**REAL**		Value input to function. Celsius temperature
VAR_OUTPUT	**ENO**	**BOOL**		The function works
VAR	**Div5_9**	**REAL**		Internal calculation
VAR	**Ttemp**	**REAL**		Internal calculation

Den værdi som funktionen beregner afleveres på udgangen ❶ når funktionen afslutter. Denne retur parameter har datatypen **REAL** og dette er skrevet ❷ efter funktionsnavnet over variabellisten.

En funktion der benyttes til Ladder Diagram kan have en indgangsparameter **EN**, som oprettes i variabellisten med scope **VAR_INPUT**. Samt en udgangsparameter **ENO**, som oprettes med scope **VAR_OUTPUT.** Både **EN** og **ENO** har datatypen **BOOL.**

Variablerne **Div5_9** og **Ttemp** er oprettet i variabellisten, da de bruges som mellem regningen i programmet. Disse variabler kan kun benyttes af denne funktion og deres indhold slettes fra hukommelsen, når funktionen afsluttes.
Formelen der er brugt til omregning mellem de to temperaturer er fundet på internettet. Formelen er som vist:

$$\text{Fahrenheit} = ((9/5) * \text{Celsius}) + 32$$

 © 2021 Tom Mejer Antonsen

Omregningen ser således ud i programkoden:

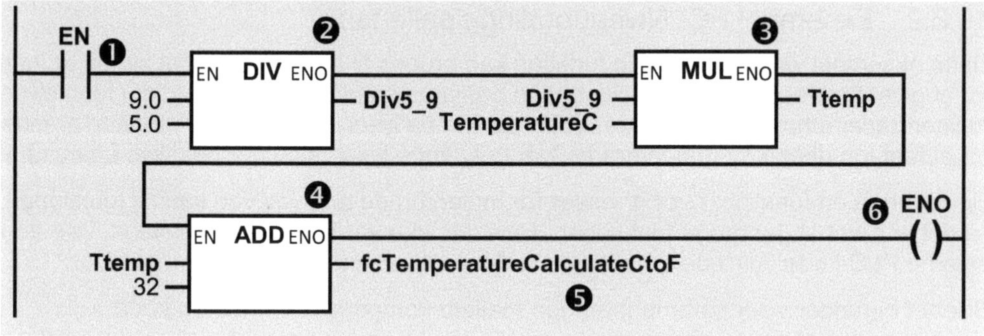

Indgangsvariablen ❶ **EN** er forbundet til den første beregning **DIV** og videre til de andre beregninger. På den måde udføres beregninger kun når **EN** er **TRUE**. Hvis alle beregninger gik godt, sættes udgangen på funktionen ❻ **ENO** til **TRUE.**
Som det første foretages en division❷. Værdierne 9 og 5 er skrevet som decimal tal med punktum, for at sikre at divisionen udføres mellem to decimaltal. Resultatet af divisionen gemmes i en variabel **Div5_9,** så værdien kan bruges af ❸.
Gange operationen **MUL** ❸ gemmer resultatet i en variabel **Ttemp**, så værdien kan lægges sammen med 32 ❹.
Resultatet gemmes i ❺ **fcTemeratureCalculateCtoF**, som er den værdi funktionen returnerer. Det er funktionens navn, der indeholder retur værdien.
Til slut ❻ sættes udgangen **ENO** til **TRUE**, hvis alle beregninger gik godt.

Herunder ses en simulering af programafviklingen, hvor funktionen kaldes med en værdi på 23.6 (Celsius temperatur på 23.6 grader). Funktionen returnerer den beregnede Fahrenheit værdi i variablen **TempF**:

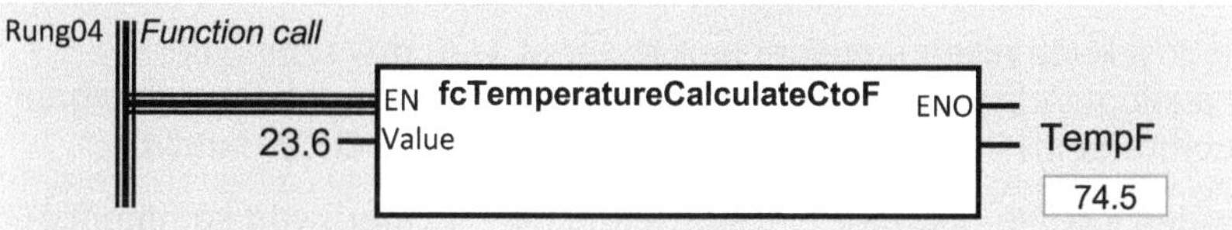

For at teste funktionen findes en tilsvarende beregningsside på internettet, og der skal testes med både store og små tal, for at teste om funktionen virker som forventet. Det er altid vigtigt, at teste funktionen grundigt, da det er svært at finde fejl, når programmet bliver større og sammensat af mange funktioner og programmoduler.

19.3.2 Eksempel FC: Niveaumåling i palle tank

Dette eksempel viser hvordan en funktion kan bruges til at angive, om et signal er inden for et givent måleområde. Som illustration benyttes en tank, som er inddelt i forskellige måleområder afhængig af væskehøjden. En lampe lyser, når niveauet i tanken er inden for et fast forudbestemt måleområde. Når gul lampe lyser, skal der bestilles en ny tank.

Der er brugt en funktion, hvor grænser for måleområde angives ved kald til funktionen, så det er nemt at genbruge funktionen. Hvis der ikke var benyttet en funktion, ville den samme PLC-kode optræde tre gange, og det er ikke særlig god programstruktur.

Billedet herunder viser sammenhængen mellem komponenter, PLC og kode:

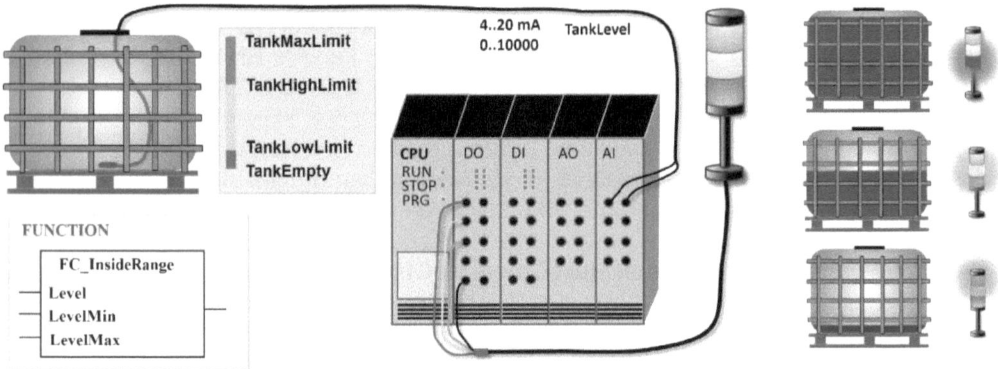

I PLC-koden der er vist på næste side, benyttes **CONSTANT** til at definere de forskellige grænser for måleområderne, så det kun er nødvendigt at rette et sted, hvis grænserne senere skal ændres.

Signalet fra den neddykkede niveausensor i tanken, er et 4-20 mA signal, der kommer ind på et analogt indgangsmodul (AI). I dette eksempel er det analoge signal skaleret til et måleområde fra 0 til 10000, og derfor benyttes en **WORD** datatype.

Funktionen bruger den logiske operator >= (større end eller lig med) ved sammenligning med variablen **LevelMin** og derfor skal der skrives +1 efter **TankLowLimit** og **TankhighLimit** inden kald til funktionen, idet der ellers vil være to lys tændt, når signalet ligger på præcist 1000 eller 7000.
Bemærk: Hvis det ikke er muligt at skrive +1 i den PLC type du bruger, så brug en **ADD** funktion eller opret en konstant mere.

Næste side viser variabler og programkode for funktionen **FC_InsideRange**, og et hovedprogram **MAIN** der benytter funktionen.

 © 2021 Tom Mejer Antonsen

FUNCTION FC_InsideRange : BOOL

Scope	Name	Data type	Initialization	Comment
VAR_INPUT	**EN**	**BOOL**		Enable function
VAR_INPUT	**Level**	**WORD**		Level
VAR_INPUT	**LevelMin**	**WORD**		Level minimum
VAR_INPUT	**LevelMax**	**WORD**		Level maximum
VAR_OUTPUT	**ENO**	**BOOL**		Enable output

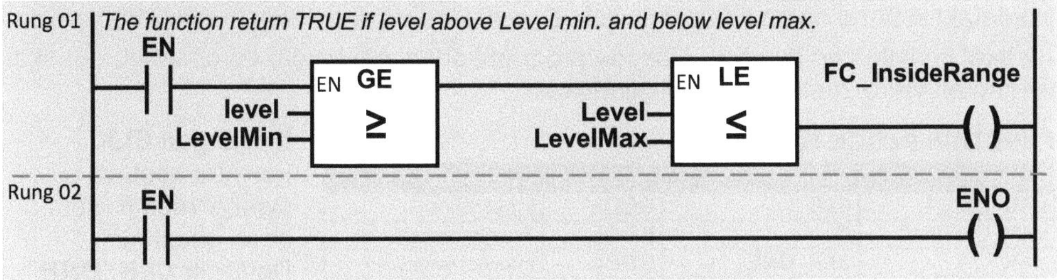

PROGRAM MAIN

Scope	Name	Address	Data type	Initialization	Comment
VAR	**L1_Red**	%QX0.0	**BOOL**	**FALSE**	Output lamp red
VAR	**L2_Yellow**	%QX0.1	**BOOL**	**FALSE**	Output lamp yellow
VAR	**L3_Green**	%QX0.2	**BOOL**	**FALSE**	Output lamp green
VAR CONSTANT	**TankMaxLimit**		**WORD**	10000	
VAR CONSTANT	**TankHighLimit**		**WORD**	7000	
VAR CONSTANT	**TankLowLimit**		**WORD**	1000	
VAR CONSTANT	**TankEmpty**		**WORD**	0	
VAR	**TankLevel**	%IW3.0	**WORD**		Analog sensor

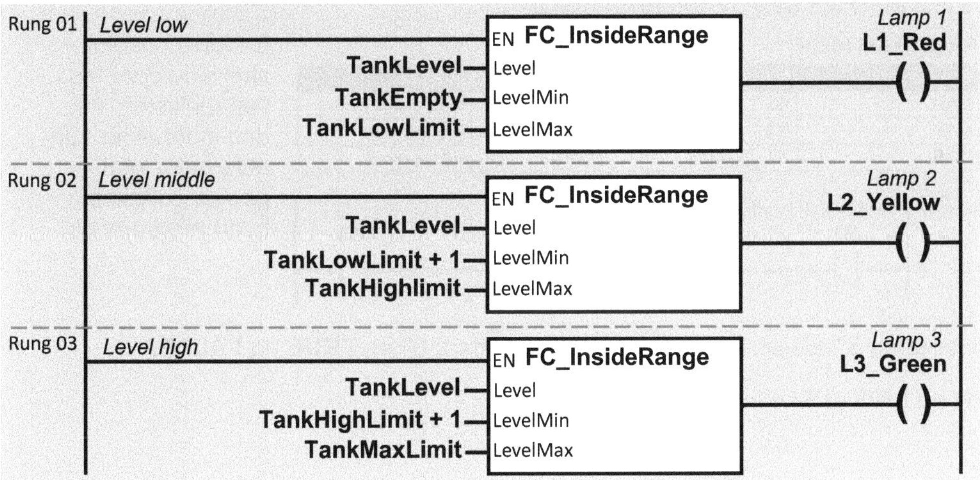

© 2021 Tom Mejer Antonsen

19.3.3 Eksempel FB: 2-vejs skiftekontakt (Toggle Switch)

Dette eksempel viser en funktionsblok, der kan bruges som en Toggle Switch.

En Toggle Switch ændrer status, hver gang kontakten aktiveres, og den kan bruges som start og stop kontakt for en elektrisk komponent (f.eks. motor, blæser eller lys).

Fordelen ved en Toggle Switch er, at der kun skal benyttes én kontakt, frem for både en kontakt til tænd og en kontakt til sluk. Den kaldes på dansk en 2-vejs skiftekontakt.

Der skal benyttes en funktionsblok, da programkoden indeholder en oneshot, der skal gemme en værdi mellem hvert programkald:

FUNCTION BLOCK Toggle

Scope	Name	Data type	Comment
VAR_INPUT	**CLK**	**BOOL**	Input value
VAR_OUTPUT	**Q**	**BOOL**	Toggle output
VAR	**CLK_ONE**	**BOOL**	Internal variable

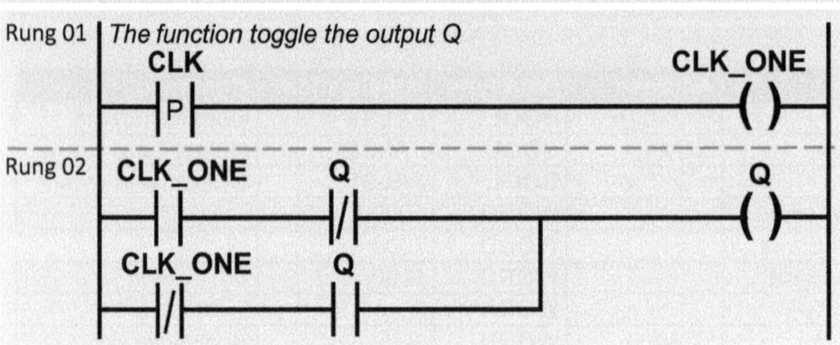

Indgangen **CLK** benytter kontakt symbol med P, som er en oneshot. Derfor er **CLK_ONE** variablen **TRUE** i et programscan.

Udgangen **Q** bliver **TRUE** hvis **Q** tidligere var **FALSE** og **Q** bliver **FALSE** hvis den tidligere var **TRUE.**

Til test benyttes dette program:

PROGRAM Main

Scope	Name	Data type	Comment
VAR	**S1**	**BOOL**	Manuel push switch
VAR	**K1**	**BOOL**	Toggle output
VAR	**S1_Toggle**	**Toggle**	Function block

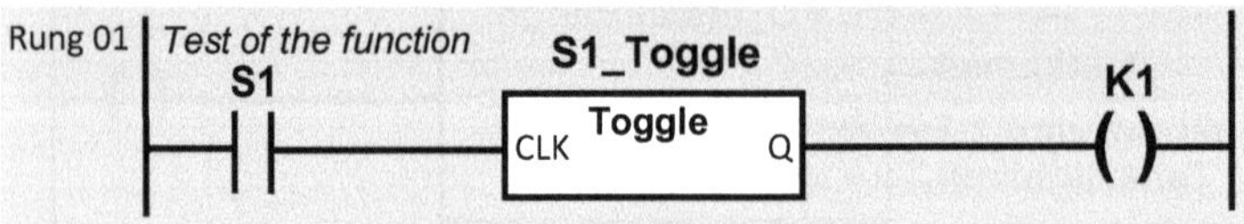

En funktionsblok skal altid oprettes i variabellisten, da den indeholder variabler som skal gemmes mellem hvert programkald.

Hver gang **S1** aktiveres vil udgangen **K1** skifte mellem **TRUE** og **FALSE.**

EN og **ENO** er ikke medtaget i eksemplet.

 © 2021 Tom Mejer Antonsen

19.3.4 Eksempel FC: Lineær skalering af analog sensor signal

Dette afsnit beskriver opbygningen af en funktion, der kan benyttes til lineær skalering af et analog sensor signal. Ofte har de fleste PLC denne funktion i et bibliotek, eller funktionen findes i forbindelse med input eller output modulerne. For at få en forståelse af matematikken bag lineær skalering og opbygningen af en velfungerende funktion, er lineær skalering medtaget her i bogen.

Der er behov for at skalere værdier, når en værdi skal følge en anden skala. Skaleringen kan være en sensorværdi fra måleområdet 4-20 mA, der skal skaleres til et måleområde på 0 til 100 %.

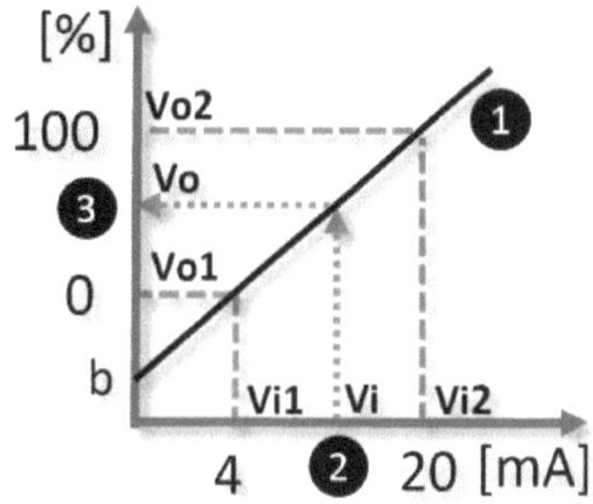

Metoden til lineær skalering, består af en ret linje ❶ i et koordinatsystem som vist på billedet.
En værdi ❷ fra måleområdet [mA] på x-aksen svarer til en bestemt værdi ❸i procent på y-aksen.

En lineær skalering benytter formelen for en ret linje: **y = ax + b**
Hvor hældningen **a** beregnes ud fra formlen: **a = (Vo2 – Vo1) / (Vi2 – Vi1)**
Skæring med y-akse ved punktet **b** beregnes: **b = y – ax** => **b = Vo2 – a * Vi2**

Funktionen skal have **Vi1**, **Vi2**, **Vo1** og **Vo2** som inputparametre, da de værdier skal bruges i beregningen, og det gør funktionen generel. Den værdi som skal skaleres er **x** (vist som **Vi**). Den værdi som ønskes beregnet er **y** (vist som **Vo**).

Ved design og opbygning af funktionen vælges bedre og mere sigende navne end: **x**, **y**, **Vi1**, **Vi1**, **Vo1** og **Vo2**. Til interne beregninger benyttes **a** og **b**, da de benyttes i formlerne, og det vil derfor være lettere for andre at forstå beregningerne.

Det er meget vigtigt at funktionen kontrollerer, om inputparametre er inden for det gyldige område, så en forkert brug af funktionen ikke giver et ustabilt program. **Rung 01** til **rung 04** kontrollerer derfor om inputværdier er gyldige. Hvis inputværdier ikke er ok, sikrer variablen **error** at output værdien sættes til nul (0) og at udgangsværdien **ENO** sættes til **FALSE.**

Som det sidste, testes funktionen med forskellige værdier, for at sikre at funktionen virker som forventet. Dette kaldes modultest. Der benyttes forskellige indgangsværdier, for at sikre at fuktionen virker med forskellige indgangsværdier. I praksis skal der testes med flere forskellige værdier, da kombinationsmulighederne er mange, og det er vigtigt at funktionen virker, når den indgår i det større program, da det senere kan være svært at finde fejlen.

© 2021 Tom Mejer Antonsen

Hovedprogram til at teste funktionen består af to variaber:

PROGRAM MAIN

Scope	Name	Address	Data type	Initialization	Comment
VAR	**Ok**		**BOOL**		TRUE if Ok
VAR	**ScaledValue**		**REAL**	**FALSE**	Value

Her er vist fire forskellige test af funktionen:

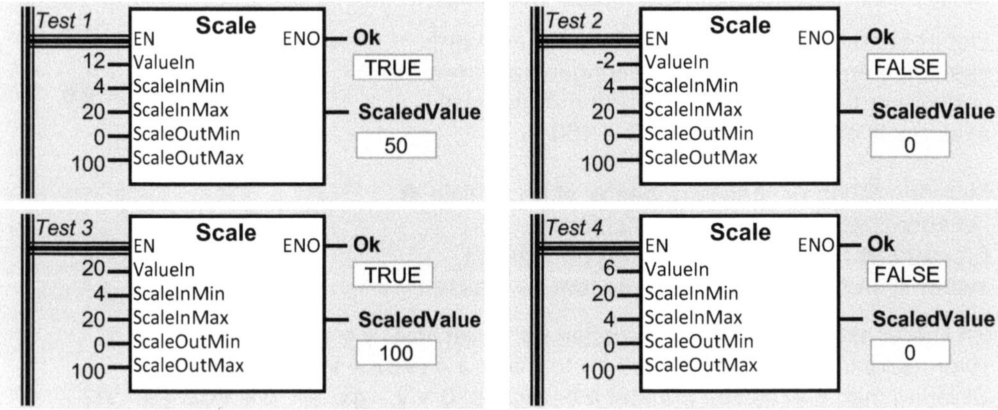

Liste over de variabler som funktionen bruger:

FUNCTION Scale : REAL

Scope	Name	Data type	Initialization	Comment
VAR_INPUT	**EN**	**BOOL**		Enable function
VAR_INPUT	**ValueIn**	**REAL**		(Vi) Value to be scaled
VAR_INPUT	**ScaleInMin**	**REAL**		(Vi1) Scale in Min value Must be lower than ScaleinMax
VAR_INPUT	**ScaleInMax**	**REAL**		(Vi2) Scale in Max value Must be higher than ScaleinMin
VAR_INPUT	**ScaleOutMin**	**REAL**		(Vo1) Scale out Min. Must be lower than ScaleOutMax
VAR_INPUT	**ScaleOutMax**	**REAL**		(Vo2) Scale out Max. Must be higher than ScaleOutMin
VAR_OUTPUT	**ENO**	**BOOL**		Enable output
VAR	**a**	**BOOL**		Slope for the curve
VAR	**b**	**BOOL**		Curve cross Y-axis
VAR	**Error**	**BOOL**	FALSE	Error in the input values
VAR	**Yd**	**REAL**		Delta Y
VAR	**Xd**	**REAL**		Delta X
VAR	**axis**	**REAL**		Internal calculation
VAR	**ax**	**REAL**		Internal calculation

 © 2021 Tom Mejer Antonsen

Programkode til funktionen **Scale**:

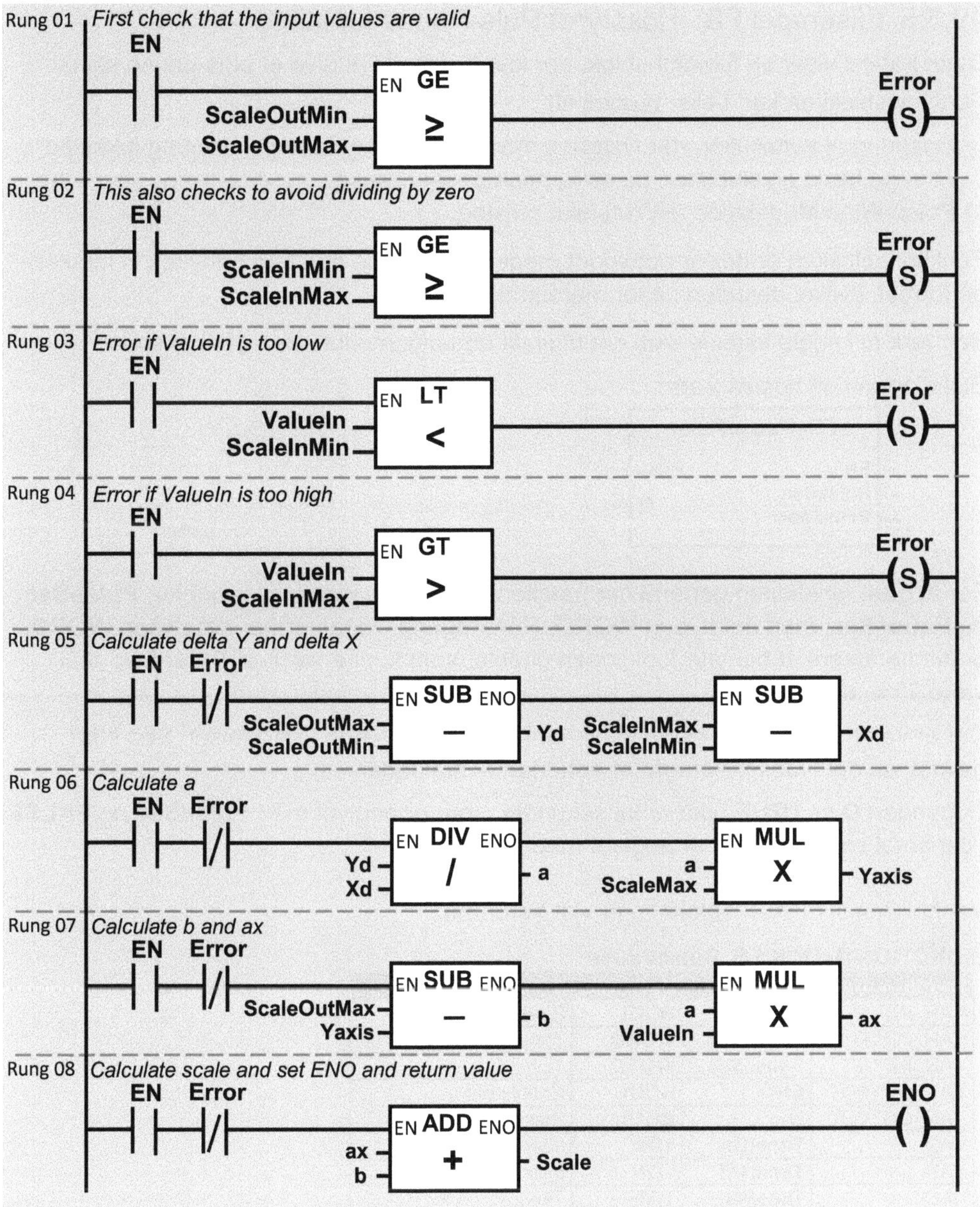

19.3.5 Eksempel FB: Tidsstyret Puls-Pause funktion

Dette kapitel viser en funktionsblok, der kan bruges til at give et puls-pause signal.

Funktionsblokken kan f.eks. bruges til:

- Dosering af kemikalier, der tilsættes med en ventil styret af en åben og lukke tid.
- At styre tænd og sluktiden på en lampe der skal blinke.
- **P**ulse **W**ide **M**odulation (PWM) eller pulstog.

Funktionsblokken er derfor opbygget meget general, så den kan benyttes til forskellige formål, hvilket desuden sikrer mere kode genbrug.

Bemærk at i nogle tilfælde skal det digitale udgangsmodul være af high speed typen.

Blokdiagram og tidsdiagram:

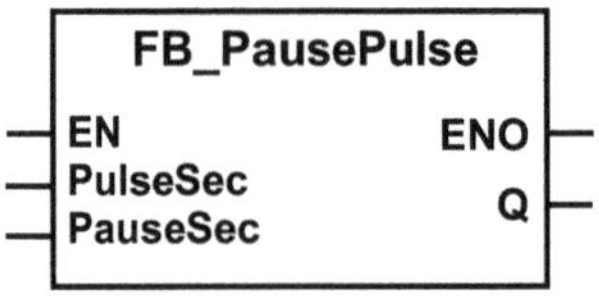

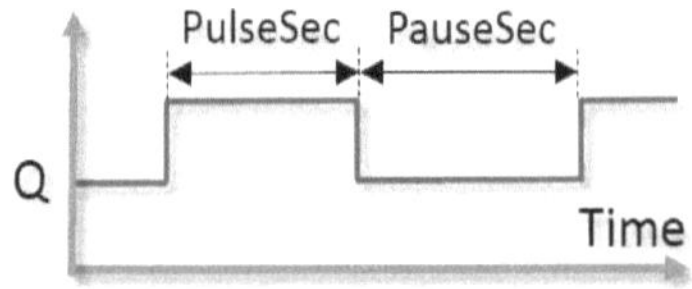

For at gøre funktionen general har funktionsblokken to indgangsvariabler: **PulseSec** og **PauseSec**, med datatypen **WORD.** Når indgangsvariabler har datatypen **WORD**, er det nemmere at benytte funktionen direkte, som kunne være at **PulseSec** skal være 25% af **PauseSec.**

Der er valgt at navngive indgangsvariablerne ved at sætte forkortelsen **Sec** efter navnet, så det tydeligt fremgår at enheden er sekunder.

Udgangen **Q** er **TRUE** i det antal sekunder, som er angivet med **PulseSec** og **FALSE** i det antal sekunder, der er angivet med **PauseSec.**

Variablerne til funktionsblokken er vist herunder:

FUNCTION BLOCK FB_PulsePause

Scope	Name	Data type	Comment
VAR_INPUT	**EN**	**BOOL**	Enable
VAR_INPUT	**PulseSec**	**WORD**	Time on period
VAR_INPUT	**PauseSec**	**WORD**	Time off period
VAR_OUTPUT	**ENO**	**BOOL**	Enable out
VAR_OUTPUT	**Q**	**BOOL**	Pulse pause signal
VAR	**TimerOn**	**TON**	Internal timer
VAR	**TimerOff**	**TON**	Internal timer
VAR	**TimeSet**	**TIME**	Timer value for PT
VAR	**mSec**	**WORD**	Milliseconds

 © 2021 Tom Mejer Antonsen

Programkoden for funktionsblokken **FB_PulsePause**:

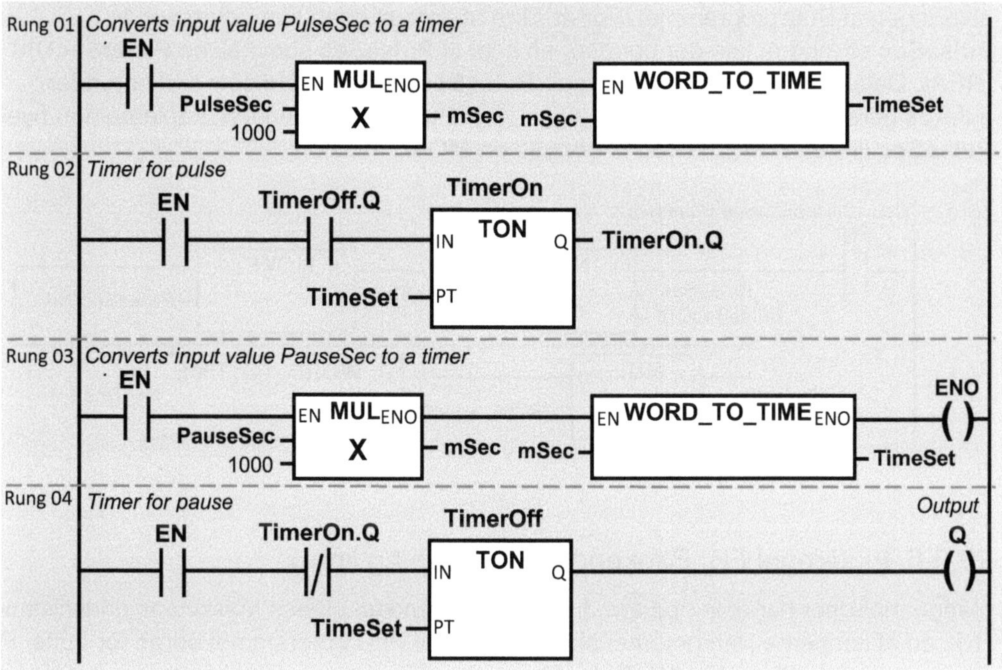

Rung 01 og **Rung 03**

En **TON** funktionsblok skal have tiden i milisekunder [ms] og derfor skal indgangsværdierne **PulseSec** og **PauseSec** ganges med 1000.

Når indgangsværdien er en **WORD** datatype, skal standard funktionen **WORD_TO_TIME** benyttes, for at konvertere indgangsværdien til en **TIME** datatype så en **TON** funktionsblok bruge værdien.

For at holde antallet af variabler på et minimum, genbruges variablerne **TimeSet** og **mSec** til både **TimerOn** og **TimerOff**.

Rung 02 og Rung 04

TimerOn bruges til at bestemme den tid, der skal være tændt signal, og **TimerOff** bestemmer den tid, der skal være slukket signal. **Q** er **TRUE** når der er tændt signal.

Når en timer er løbet ud, bruges **Q** signalet til at genstarte den anden timer.

© 2021 Tom Mejer Antonsen

Beregningen i **Rung 01** udføres ved hvert programscan og dette kan belaste afviklingen af PLC programmet. For at sikre at beregningen kun udføres, når **PulseSec** er ændret kan der oprettes en kopi af **PulseSec** som kaldes **PulseSecOld** (**REAL** Datatype). Ved at sammenligne **PulseSec** og **PulseOld** som vist herunder, udføres beregningen kun ved ændringer. Hvis **PulseSec** er ændret, kopieres den nye **PulseSec** til **PulseSecOld** ved at benytte en **MOVE** funktion:

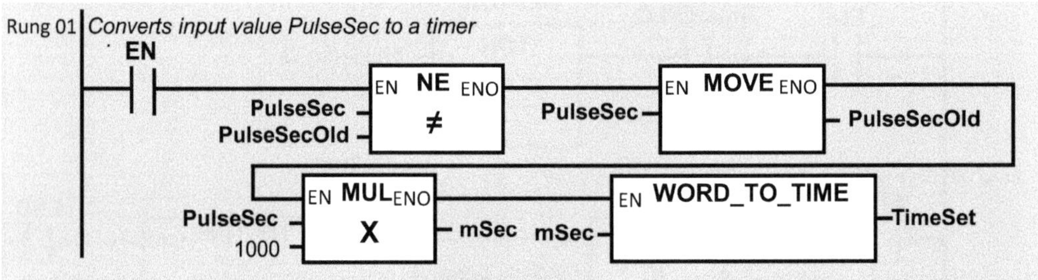

19.3.6 Eksempel FB: Blinkende lys (Flashing light)

Mange maskiner har et lampetårn, hvor operatøren kan aflæse maskinens driftstilstand. Hvis en af lamperne i lampetårnet skal blinke, skal PLC programmet sørge for dette. På næste side er vist hvordan **FB_PulsePause** kan få en lampe til at blinke.

Når **B1** kontakten aktiveres, blinker rød lampe. Lampen er tændt i 2 sekunder og slukket i 4 sekunder. **B2** kontakten får gul lampe til at blinke med to sekunders interval. Aktiveres **B3** kontakten lyser grøn lampe konstant.

På drejekontaken er det muligt for operatøren at indstille den tid rød lampe skal være tændt. Operatøren kan indstille tiden til mellem 0 og 4 sekunder. Variablen **B1_AI** er en **WORD** datatype, og er derfor en variabel som har en værdi mellem 0 og 65535. **Scale** funktionen benyttes til at skallere **B1_AI** til en værdi mellem 0 og 4. Den skallerede værdi **B1_time**, bruges som inputparameter til **B1_Flash.** Skallering foretages kun hvis **B1** er **TRUE,** da **B1** er forbundet til **EN** på **Scale** funktionen.

Programkoden for **Scale** kan findes i afsnit 19.3.4, side 153.

Scale er en funktion og kan derfor bruges direkte. Mens **FB_PulsePause** er en funktionsblok, og den skal derfor oprettes i variabellisten for at den kan bruges.

 © 2021 Tom Mejer Antonsen

Her er komponenter, ledningsforbindelser og PLC program:

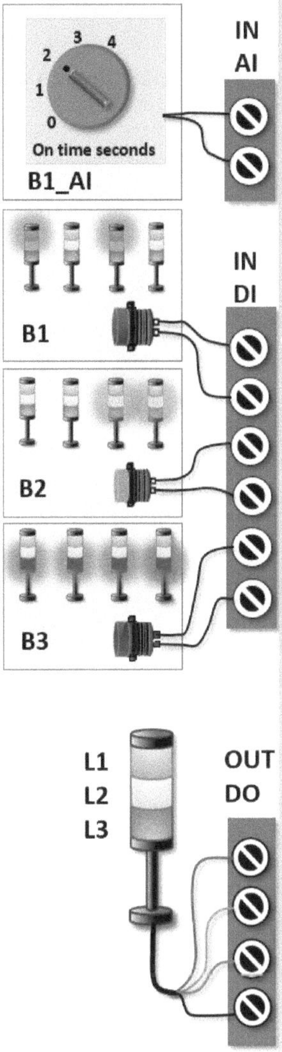

MAIN FlashDemo

Scope	Name	Data type	Comment
VAR	**B1_Flash**	**FB_PulsePause**	Red
VAR	**B2_Flash**	**FB_PulsePause**	Yellow
VAR	**L1**	**BOOL**	Red light
VAR	**L2**	**BOOL**	Yellow light
VAR	**L3**	**BOOL**	Green light
VAR	**B1**	**BOOL**	Red button
VAR	**B2**	**BOOL**	Yellow button
VAR	**B3**	**BOOL**	Green button
VAR	**B1_AI**	**WORD**	Analog in
VAR	**B1_Time**	**WORD**	Time for B1

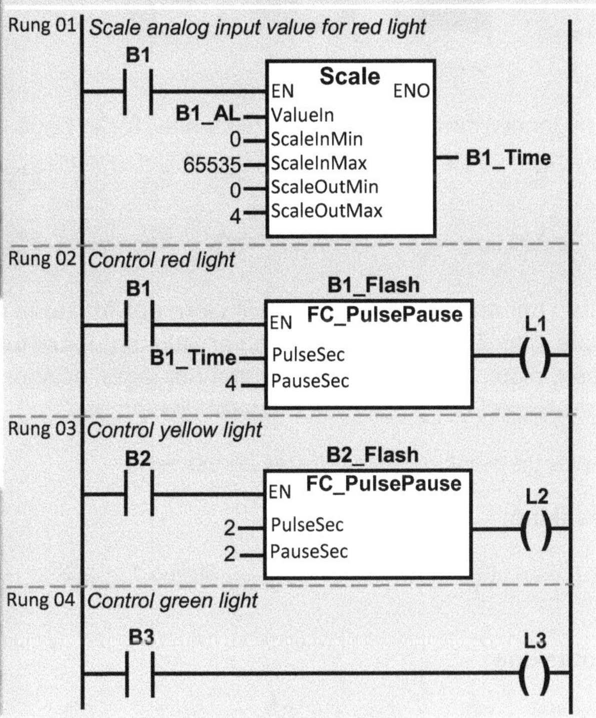

© 2021 Tom Mejer Antonsen

20 Sekvensdiagram

Mange af de opgaver en maskine eller et anlæg skal udføre, kan opdeles i små del-opgaver, der bliver afviklet i den samme rækkefølge (sekvens).

De fastlagte delopgaver bliver også kaldt tilstande, trin, step, task eller faser.

På engelsk benyttes ofte betegnelsen: Statemachine eller Sequencer.

Et eksempel på en sekvens er bagning af en pizza:

Der skal gennemføres disse 8 step (tilstande) for at bage en pizza:

Start → Åben ovn → Sæt i ovn → Luk ovn →
Indstil tid → Ur ringer → Åben ovn → Pizza klar

Hvert step har en betingelse som skal være opfyldt inden der forsættes til næste step. Det første step ”Start” er når opgaven er valgt og der er fundet en pizza fra fryseren. Det næste step: ”Åben oven” er afsluttet når lågen er åben og step nummer tre: ”Sæt i ovn” er afsluttet når pizzaen er placeret i ovnen osv.

Eksempler på maskiner der udfører en sekvens:

Malemaskine:

Rens emne → Grundmaling → Maling 1 → Tørring → Maling 2

Vaskemaskine:

Forvask → Vask 1 → Vask 2 → Skyl

Maskinerne udfører således en række delopgaver en efter en. Når alle delopgaverne er udført har maskinen løst hele opgaven. Hver gang maskinen løser en delopgave befinder den sig i en bestemt tilstand. Opdeling af programmet i tilstande (step) giver en rigtig god programstruktur, da det er nemmere at overskue mange små program-dele frem for et stort program. Metoden kaldes også for sekvensprogrammering.

 © 2021 Tom Mejer Antonsen

En sekvens tegnes i et sekvensdiagram der er beskrevet i standarden:

IEC 60848 GRAFCET specification language for sequential function charts.

Navnet GRAFCET er et fransk navn, som betyder **Gra**phe **F**onctionnel de **C**ommande **E**tape **T**ransition. Denne standard beskriver en sekvens set udefra, det betyder at der ikke tages hensyn til, om det er et relæ-, hydraulik-, pneumatik- eller en PLC styring. Den første udgave af standarden udkom i 1988.

Standarden IEC 60848 indeholder mange detaljer og kan være svær at forstå for nybegyndere inden for PLC programmering. Derfor er kun den allervigtigste teori fra standarden medtaget her i bogen.

Standarden IEC 61131-3 indeholder også sekvensprogrammering i form af programmeringssproget **S**equential **F**unction **C**hart (**SFC**), der er udviklet ved at tage udgangspunkt i IEC 60848. Der er en del ligheder mellem de to standarder, dog er IEC 60848 uafhængig af PLC programmeringssprog, og et sekvensdiagram tegnet efter IEC 60848 standarden kan programmeres i disse PLC programmeringssprog:

Ladder **D**iagram (LD)
Function **B**lock **D**iagram (FBD)
Struktureret **T**ekst (ST)

TIPS: Det kan være en fordel at benytte **S**equential **F**unction **C**hart (**SFC**) til at afprøve sekvensdiagrammet inden det skal programmers i Ladder Diagram, da **SFC** er hurtigt at arbejde med og fejl kan derfor blive rettet tidligt i program designfasen.

Rutediagram eller sekvensdiagram

Et rutediagram kan benyttes til alle styringer, og mange ikke teknikere kan forstå et rutediagram. Et sekvensdiagram er for mange sværere at forstå og benyttes normalt til styringer, hvor maskinen behandler et emne ad gangen eller har en mekanisk del som der flyttes rundt med (f.eks. en elevator). Hvis en styringsløsning er svær at tegne i et rutediagram skal der måske benyttes et sekvensdiagram eller omvendt.

© 2021 Tom Mejer Antonsen

20.1 Grundlæggende symboler til et sekvensdiagram

Initaliseringstep. Dette er start symbol.

Hvert sekvensdiagram skal starte med dette symbol, og det vil være det step PLC programmet befinder sig i, når PLC starter op efter en strømafbrydelse.

Hvert step skal have et unikt nummer. Her nummer 1.

Dette symbol er et step (sekvenstrin, state, eller tilstand).

Et step kan indeholde en eller flere handlinger. En handling kan f.eks. være start motor eller tænd lampe. Det kan også være en beregning eller måske en signaludgang der skal sættes til en værdi. Der må gerne være flere handlinger i samme step, så der ikke kommer for mange step i det færdige sekvensdiagram.

Hvert step skal have et unikt nummer. Her nummer 10.

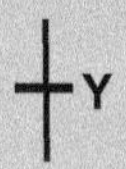

Overgangsbetingelse eller transaktionsbetingelse.

En vandret linje markerer overgangen mellem to step. Ved hver overgang skal der være en betingelse. Denne betingelse kan bestå af en eller flere variabler, her markeret med **Y.** Betingelsen er et boolesk udtryk (**TRUE** eller **FALSE**).

Når betingelsen er **TRUE** skiftes til næste step.

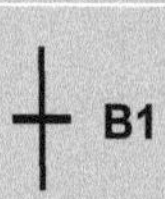

Det er typisk signaler fra sensorer, tænd/sluk (on/off) kontakter og timere der bliver benyttet, som overgangsbetingelse.

Eksempel: Her er sensor **B1** overgangsbetingelse, og når signal fra **B1** er **TRUE**, skiftes der til næste step.

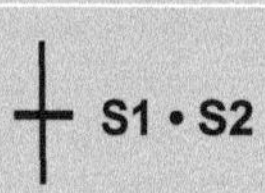

Hvis der er flere betingelser, der skal være opfyldt på samme tid benyttes "•" tegnet. Dette tegn betyder "og" (**AND**).

Eksempel: Her skal både **S1** og **S2** være **TRUE** for at der fortsættes til næste step.

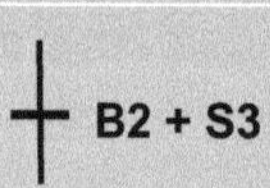

Hvis bare én betingelse skal være opfyldt benyttes "+" tegnet. Tegnet betyder "eller" (**OR**).

Eksempel: Her skal enten **B2** eller **S3** være **TRUE** for at der fortsættes til næste step.

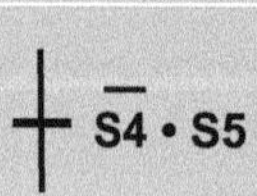

Her er to betingelser og en af betingelserne er inverteret.
En lille streg øverst markerer at betingelsen er inverteret.
Eksempel: Skift til næste step når **S4** er **FALSE** og **S5** er **TRUE.**

 © 2021 Tom Mejer Antonsen

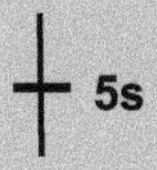

Der kan benyttes tidsforsinkelse (delay) til at skifte mellem hvert step. Ved overgangsbetingelsen skrives tid efterfuldt af tidsenheden. For eksempel: **5s** for 5 sekunders pause.

Tidsenhed: **ms** = millisekunder, **s** = sekunder, **h** = timer

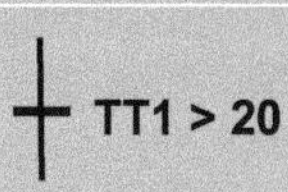

Der kan benyttes logik operatorer i overgangsbetingelsen. Eksempel: Hvis temperaturen angivet med variablen **TT1** er større end 20 er logik betingelsen **TRUE** og vil der blive skiftet til næste step.

Dette symbol anvendes til at beskrive en handling eller aktivitet. Det kan være en lampe som skal være tændt eller en motor som skal køre. Handlingen kan beskrives med tekst eller ved direkte at skrive variabelnavnet: **YY**

Variablen er i mange tilfælde en **BOOL** datatype, som kan være forbundet direkte til en digital udgang. Variablen er kun **TRUE** i det aktuelle step og vil automatisk blive sat til **FALSE** når step forlades.

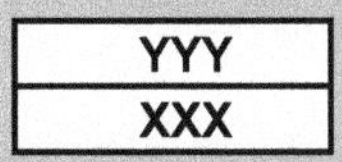

Flere handlinger kan placeres under hinanden i samme sekvenstrin (step), som vist med **YYY** og **XXX**.

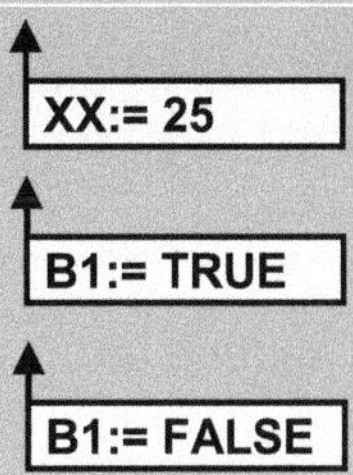

Hvis **XX** er en variabel der skal sættes til en værdi (f.eks. 25) og værdien skal bruges i flere step, skal værdien tildeles med tegnet "**:=**". På den måde gemmes variablen og værdien i hukommelsen selvom step forlades.

Eksempel: Det kan være en lampe som viser at maskinen er i drift og der skal være lys i lampen indtil maskinen stoppes i et andet step. Lampen **B1** tændes når **B1**:=**TRUE**, og slukkes når **B1** sættes til **FALSE** i et andet step.

Hvis variablen **B1** skal sættes til en værdi straks efter step bliver aktivt, skal det markeres med en pil op.

Pil er obligatorisk når der benyttes ":=", da tildeling af en variabel kun er nødvendigt én gang i hvert step.

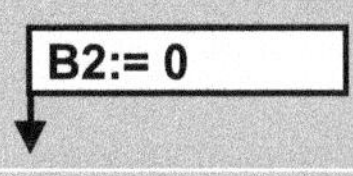

Hvis variablen **B2** skal sættes til en værdi lige inden step forlades, skal det markeres med en pil ned. Det kan være en lampe som skal slukke, når step forlades.

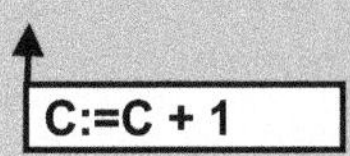

Det er muligt at benytte en tæller som handling, der tæller hvor mange gange et step har været aktiveret.

Eksempel: Variablen der bruges som tæller er her **C**. Handlingen er markeret med en pil, så der kun tælles en gang for hver aktivering (oneshot) af step.

© 2021 Tom Mejer Antonsen

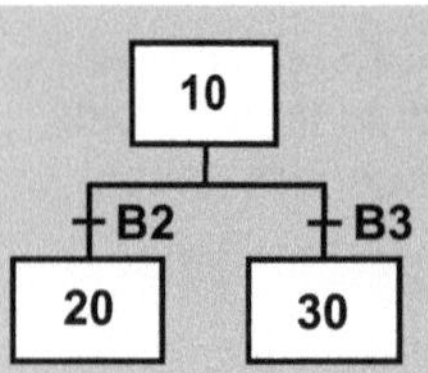

Skift af sekvenskæde

Fra step 10 er der to muligheder:

Hvis **B2** bliver **TRUE** forsættes til step 20.

Hvis **B3** bliver **TRUE** forsættes til step 30.

Eksempel: Skift af sekvenskæde kan benyttes, hvis et emne skal males rødt i step 20 eller blåt i step 30.

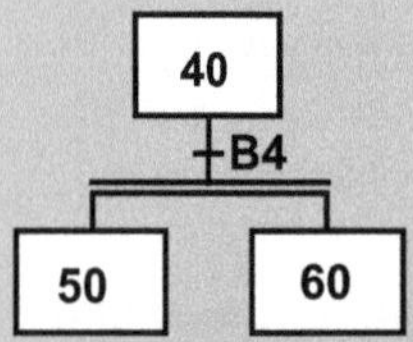

Start af parallel sekvenskæde

Hvis **B4** bliver **TRUE** forsættes til både step 50 og step 60. Begge step er derfor aktive på samme tid.

Bemærk at der er en dobbelt linje, når begge efterfølgende step skal være aktive på samme tid.

Eksempel: Det kan være to transportbånd, der skal køre på samme tid.

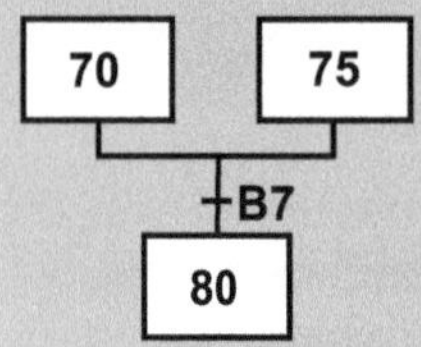

Samling af sekvenskæder

Det aktive step er enten step 70 eller step 75. Der skiftes til step 80 når **B7** bliver **TRUE**.

Eksempel: Dette kan være et emne som er malet blåt i step 70 eller malet rødt i step 75. Emnet skal bagefter have en klar lak (gennemsigtig maling) i step 80.

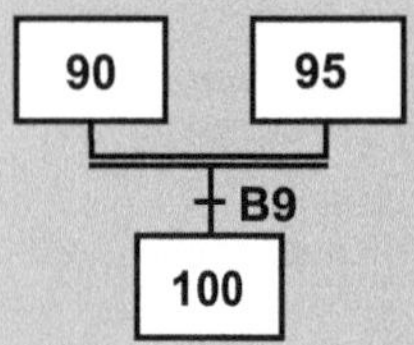

Samling af parallelle sekvenskæder

Både step 90 og step 95 skal være aktive på samme tid. Der skiftes til step 100 når **B9** er **TRUE**.

Eksempel: Dette kan være at step 100 først må blive aktivt, når step 90 og 95 har startet hver sin motor. Overgangsbetingelsen **B9** kan bestå af en betingelse fra step 90 og 95.

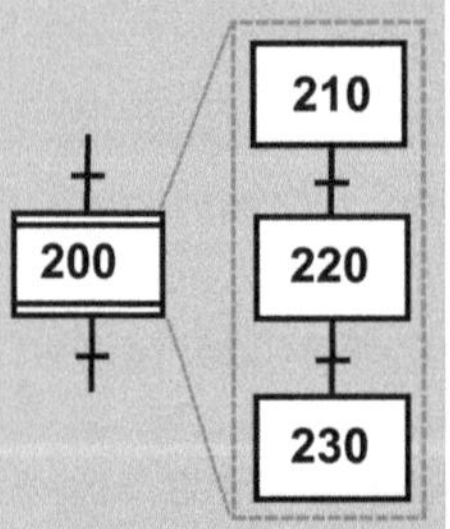

Makro

Det er muligt at samle flere steps i en makro. Dette gør det samlede sekvensdiagram er mere overskueligt.

Step 200 er oprettet som en makro.

Når step 200 bliver aktivt, skal programmet straks forsætte til step 210. Når step 230 afsluttes returneres til step 200.

Det er passende at der er 10-12 steps i hver makro.

Der opnås en god programstruktur, når programkoden i et programmodul svarer til sekvensdiagrammet i en makro.

 © 2021 Tom Mejer Antonsen

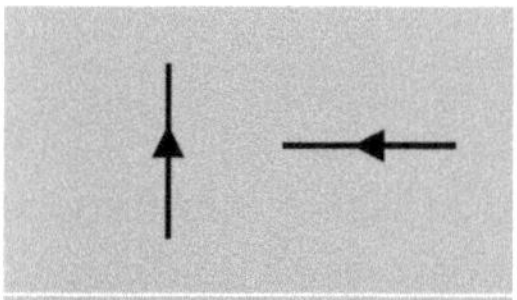

Forbindelser mellem step

Der benyttes linjer til at forbinde et step med det næste step. Brug pil, så der ikke er tvivl om retningen.

Alle linjer skal forbindes til en linje eller et step.

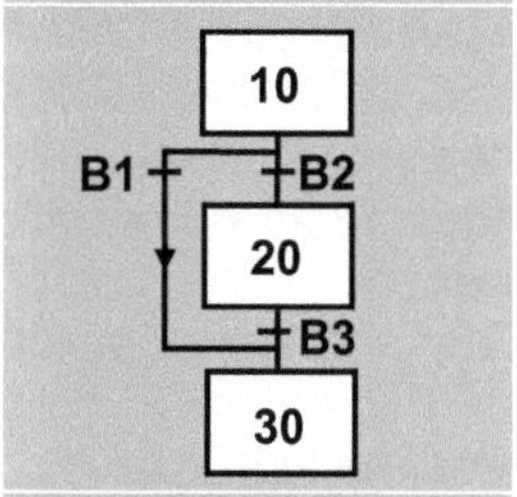

Spring over step

Det er muligt at springe et step over.

Når programmet er i step 10 er der 2 muligheder:

1) Hvis **B1** bliver **TRUE** springes step 20 over og der forsættes direkte til step 30.

2) Hvis **B2** bliver **TRUE** forsættes til step 20.

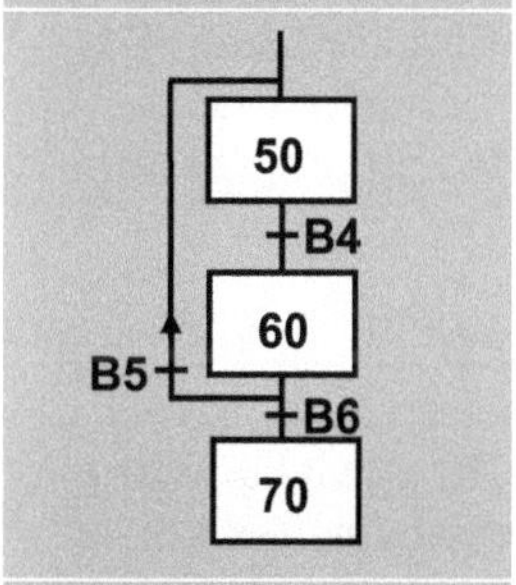

Gentag en eller flere step

Når programmet er i step 60 er der 2 muligheder:

1) Hvis **B5** bliver **TRUE** springes tilbage til step 50.

2) Hvis **B4** bliver **TRUE** forsættes til step 70.

En retningspil angiver retningen, så der ikke er tvivl om retningen.

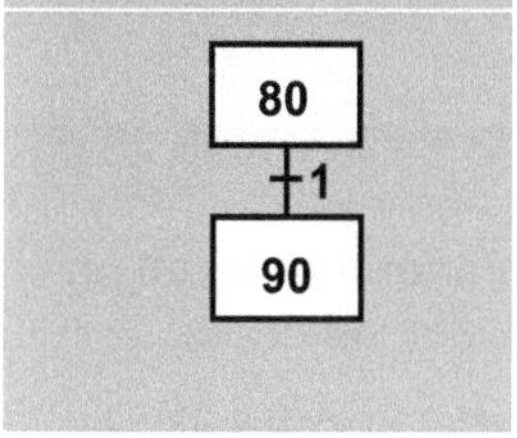

Altid opfyldt overgangsbetingelse

Der kan skrives 1 eller **TRUE** ved en overgangsbetingelse hvis betingelsen altid skal være opfyldt.

Dette bevirker at der straks skiftes fra step 80 til step 90.

Det kan være nødvendigt at benytte dette, for at have en pæn struktur på sekvensdiagrammet.

Størrelse af sekvensdiagram

Det anbefales at tegne sekvensdiagrammet pænt og overskueligt samt opdele sekvensdiagrammerne, så de hver især fylder maksimum en A4 side eller hvad der kan være på din PC skærm. Hvis et sekvensdiagram er meget stort, giver det ofte et stort uoverskueligt PLC program. Det anbefales derfor, at et sekvensdiagram indeholder maksimum 10 til 12 step. Hvis der er mange step, kan sekvensdiagrammet med fordel opdeles i en eller flere makroer.

© 2021 Tom Mejer Antonsen

20.1.1 Eksempel: Sekvensdiagram til lampeblink

Dette eksempel viser et sekvensdiagram med en lampe **L1** der skal blinke, når den manuelle drejekontakt **S1** er i position 1. Når lampen blinker skal den lyse i 2 sekunder og være slukket i 2 sekunder. **L1** er slukket når **S1** er i position 0.

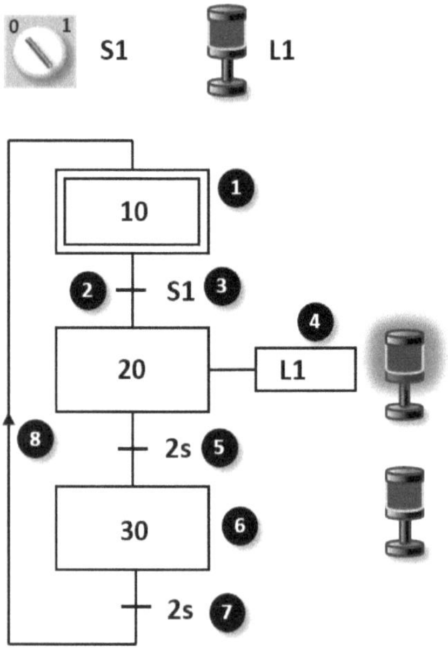

Opstartsstep ❶ er det step som PLC vil starte med når PLC tændes. Programmet vil blive i dette step, da der er en overgangsbetingelse ❷ der skal være opfyldt før step 10 forlades.
Overgangsbetingelsen ❸ er en logisk betingelse og er signalet fra kontakten **S1**. Når **S1** er **TRUE** er overgangsbetingelsen opfyldt og step 10 forlades og programmet går til step 20.

Step 20 har en handling ❹, hvor **L1** er angivet. **L1** er **FALSE** inden step 20 og **L1** vil blive sat til **TRUE** i step 20 og vil kun være **TRUE** i step 20. Lampen vil således kun være tændt i step 20.

Overgangsbetingelsen ❺ mellem step 20 og step 30 er en timer. Det kan ses, da overgangsbetingelsen starter med et tal og afsluttes med **s**, der betyder sekunder.

Timeren ved overgangsbetingelsen ❺ starter tiden, når programmet kommer ind i step 20. Step 20 forlades derfor, når der er gået 2 sekunder og forsætter til step 30.

I step 30 er der ikke angivet en handling ❻ og derfor sker der ingenting. Lampen **L1** blev automatisk slukket, da programmet forlod step 20.

Step 30 har en overgangsbetingelsen ❼ der også er en timer. Tiden starter når programmet kommer ind i step 30. Step 30 forlades derfor, når der er gået 2 sekunder og programmet kommer tilbage til det første step ❽, som var step 10. Hvis den manuelle kontakt **S1** stadig er i position 1, vil programmet forsætte igennem alle steps igen og lampen vil blinke.

Når den manuelle drejekontakt **S1** sættes i position 0, vil programmet stoppe når det igen kommer til step 10. Programmet vil ikke stoppe med det samme, når **S1** sættes til position 0, men først når programmet igen kommer til step 10.

 © 2021 Tom Mejer Antonsen

20.1.2 Eksempel: Sekvensdiagram til styring af cylinder

Dette eksempel viser et sekvensdiagram til styring af en elektrisk cylinder:

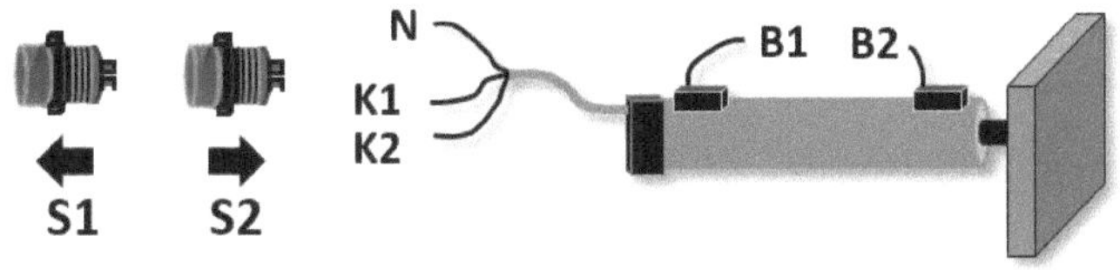

Ved aktivering af den manuelle kontakt **S1** skal cylinderen køre til inderste position, og ved aktivering af **S2** skal cylinderen køre til yderste position. Hvis endestop sensor **B1** er **TRUE**, skal cylinderen stoppe med at køre til inderste position. Hvis endestop sensor **B2** er **TRUE** skal cylinderen stoppe med at køre til yderste position.

Sekvensdiagram:

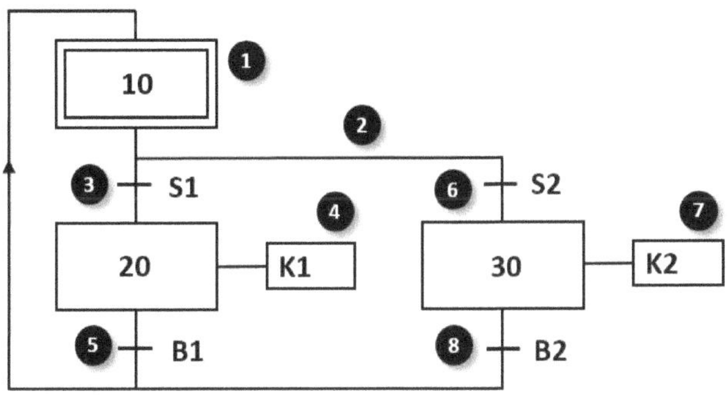

Programmet starter i step 10, der er opstartstep ❶ og der vil programmet i vente indtil enten **S1** eller **S2** aktiveres.

Hvis **S1** aktiveres sikrer overgangstrin ❸ at programmet kommer i step 20.

Hvis **S2** aktiveres sikrer overgangstrin ❻ at programmet kommer i step 30. Der er en delingslinje ❷ og derfor kan programmet kun komme i enten step 20 eller step 30.

Step 20 har en handling ❹, som sætter udgangen **K1** til **TRUE**. **K1** bliver automatisk sat til **FALSE** når step 20 forlades. Når **K1** er **TRUE** vil cylinderen køre ind. Step 20 afsluttes ❺, når **B1** bliver **TRUE**. **B1** bliver **TRUE** når cylinderen er i inderste position.

Step 30 har en handling❼, som sætter udgangen **K2** til **TRUE**. **K2** bliver automatisk sat til **FALSE** når step 30 forlades. Når **K2** er **TRUE** vil cylinderen køre ud. Step 30 afsluttes ❽, når **B2** bliver **TRUE**. **B2** bliver **TRUE** når cylinderen er i yderste position.

Cylinderen skal være kørt helt ud eller helt ind, før **S1** eller **S2** kan aktiveres igen.

© 2021 Tom Mejer Antonsen

20.1.3 Eksempel: Styring til ventilation

Dette eksempel viser et sekvensdiagram med to forskellige ventilatorer, der skal være i drift afhængig af temperaturen. Der skal kun være en ventilator i drift ad gangen. Hvis temperaturen er højere end 40 grader men lavere end 60 grader skal ventilatoren **BlowerLow** være i drift. Er temperaturen højere end 60 skal **BlowerHigh** være i drift.

Temperaturmåling er angivet med variablen **Temp**.

Sekvensdiagrammet består af tre step:

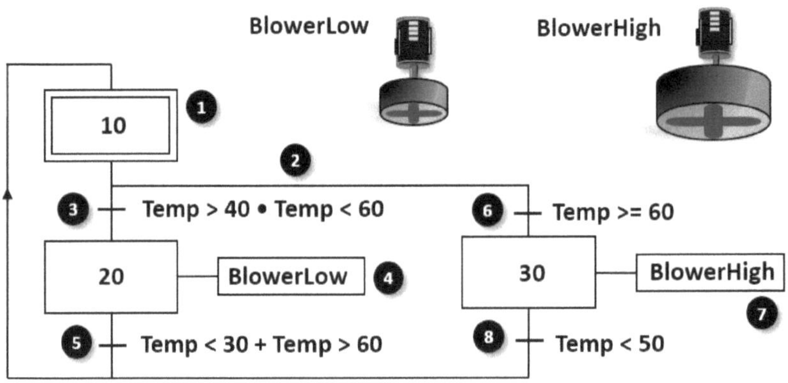

Det første step i sekvensdiagrammet ❶ er opstart (initalisering), og programmet vil befinde sig i dette step, så længe temperaturen er under 40 grader, da det er betingelsen for at komme i step 20 som anført ved ❸. Da programmet enten skal komme i step 20 eller step 30, skal der benyttes en enkelt linje ❷.

Det er overgangsbetingelsen ❸ der sikrer, at der skiftes til step 20.

I step 20 sikrer en handling ❹ at **BlowerLow** er tændt. **BlowerLow** (**BOOL** datatype) er forbundet til en digital udgang på PLC. Den vil være tændt (**TRUE**) i step 20.

Betingelsen for at step 20 forlades er anført ved ❺. Step 20 forlades hvis temperaturen falder til under 30 grader eller stiger til over 60 grader. Programmet vil herefter igen befinde sig i step 10.

Det er betingelsen ved ❻ der sikrer at programmet kommer til step 30, hvor en handling ❼ sikrer at **BlowerHigh** bliver tændt. Programmet bliver i step 30 indtil temperaturen falder til under 50 grader, som anført ved ❽. Når temperaturen kommer under 50 grader går programmet tilbage til step 10.

 © 2021 Tom Mejer Antonsen

20.1.4 Eksempel: Styring til to ventilatorer med parallel drift

Dette eksempel viser et sekvensdiagram med to ens ventilatorer, der skal være i drift afhængig af temperaturen. Der skal være en eller to ventilatorer i drift ad gangen. Hvis temperaturen er større end 40 grader og mindre end 60 grader skal ventilatoren **Blower1** være i drift.
Er temperaturen større end 60 skal både **Blower1 og Blower2** være i drift.

Sekvensdiagrammet består af fem step:

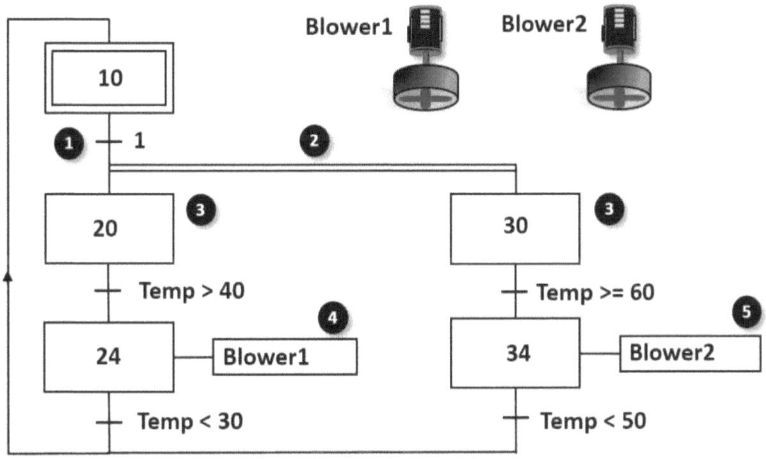

Det første step er opstartstep og programmet forlader dette step med det samme, da overgangsbetingelsen ❶ er sat til 1. Da der er deling af sekvens, og der er benyttet en dobbelt linje ❷ vil programmet befinde sig (være aktiv) i både step 20 og step 30. En dobbelt linje skal have en overgangsbetingelse inden dobbeltlinjen og derfor er der indført en betingelse ❶, der er opfyldt hele tiden. 1 er det samme som **TRUE**.

I step 20, ❸ vil programmet vente på at temperaturen bliver over 40 grader. Når temperaturen bliver over 40 grader, går programmet til step 24 hvor **Blower1** tændes ❹. Hvis temperaturen falder til under 30 grader skiftes til step 10.

Hvis temperaturen stiger til mere end 60 grader, vil programmet også gå fra step 30 til step 34. I step 34 er der en handling ❺ som sikrer at **Blower2** tænder, så begge ventilatorer kører på samme tid. **Blower2** vil kun køre så længe programmet er i step 34. Step 34 afsluttes hvis temperaturen kommer under 50 grader.

© 2021 Tom Mejer Antonsen

20.1.5 Eksempel: Sekvensdiagram til styring af transportbånd

En pakke er på et transportbånd. Transportbåndet starter når der trykkes på den manuelle startkontakt **S1.** Transportbåndet kan først starte når der trykkes på **S1** samtidig med, at der er signal på sensor **B1.** En pakke ved sensor **B1** giver signal på **B1**.

Transportbåndet starter med at køre **CW** (**C**lock **W**ise – retning med uret) og når pakken aktiverer sensoren **B2** vender motoren retning, så transportbåndet kører **CCW** (**C**ounter **C**lock **W**ise – retning mod uret).
Transportbåndet skal stoppe når pakken kommer tilbage og igen aktiverer **B1**.

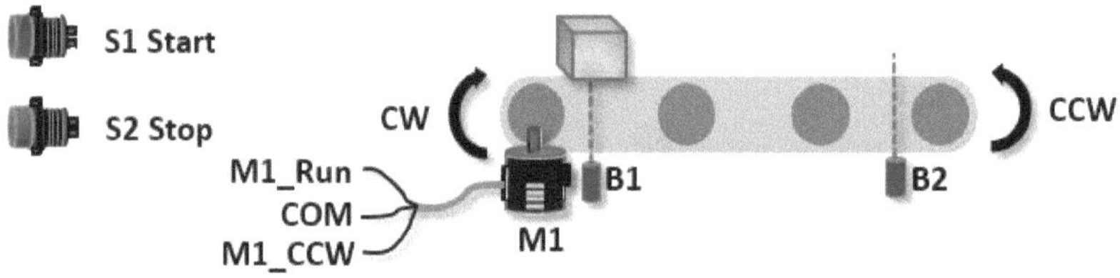

Signal på **M1_CCW**: Ved 0V kører pakken mod højre og ved 24V mod venstre.

Der er flere muligheder når sekvensdiagrammet skal tegnes. Som det første eksempel tegnes sekvensdiagrammet uden at tage hensyn til stopkontakten **S2**:

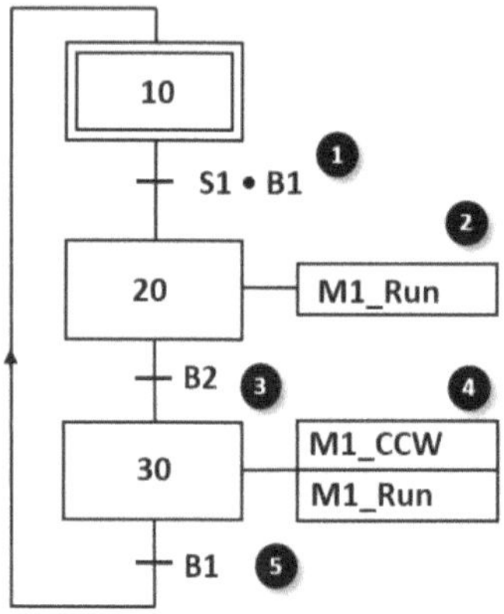

Når PLC starter vil programmet være i step 10.

Betingelsen ❶ angiver at både startkontakten **S1** skal være aktiveret samtidig med at sensor **B1** registrerer ("ser") en pakke. Når betingelsen ved ❶ er opfyldt (**TRUE**) går programmet til step 20. Step 20 har en handling ❷, hvor motoren **M1** skal køre. Dette gøres ved at skrive **M1_Run.**

Når pakken på transportbåndet når hen til sensor **B2** og aktiverer sensoren vil **B2** blive **TRUE**. Dette vil få programmet til at skifte til step 30, da **B2** er overgangsbetingelsen ❸.

Step 20 har to handlinger ❹: Transportbåndet skal skifte retning og derfor sættes **M1_CCW** til **TRUE.** Motoren skal stadig køre og derfor sættes **M1_RUN** til **TRUE**.

Når pakken kommer tilbage til udgangspunktet, vil sensor **B1** registrere pakken og programmet vil skifte fra step 30 til step 10, da **B1** er overgangsbetingelse ❺.

 © 2021 Tom Mejer Antonsen

Sekvensdiagrammet på forrige side kan også tegnes som vist herunder:

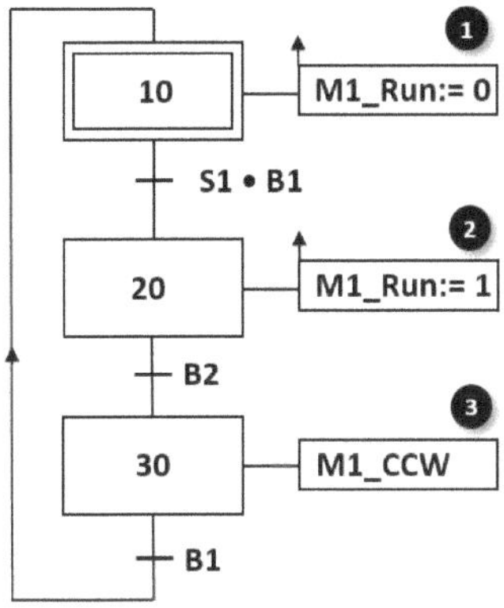

Handlingen ❷ er den samme som tidligere vist.

Variablen som styrer motoren **M1_Run** er nu ændret til at være gemt i hukommelsen mellem de forskellige steps. I Step 20 er det angivet at motoren starter og forsat skal køre selvom step 20 afsluttes ❷. I step 30 kører motoren derfor fortsat.

I step 30 ændres retning på motor ❸.

Når programmet kommer ind i step 10 skal motoren tvinges (forced) til at stoppe, da variablen var gemt i hukommelsen. Dette gøre som vist ved ❶, hvor variablen **M1_Run** sættes til 0 (**FALSE**).

I dette eksempel er stopkontakten **S2** indført:

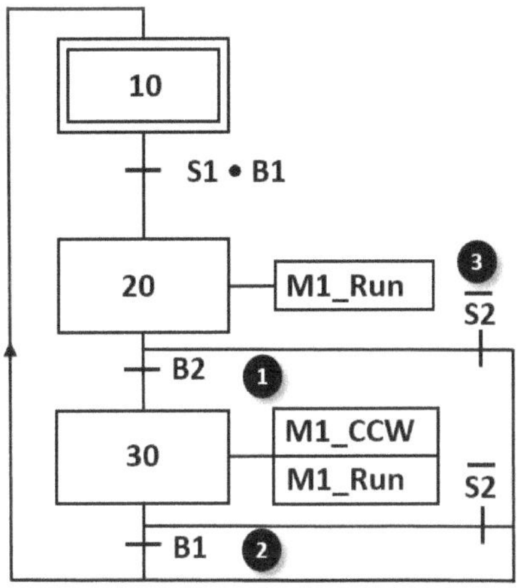

For at håndtere stopkontakten **S2** er der tegnet en linje under step 20 ❶ og en linje er tegnet under step 30 ❷.

Hvis step 20 eller step 30 er aktiv og **S2** aktiveres, vil motoren stoppe og programmet går direkte tilbage til step 10.

Der er en lille vandret streg over **S2** ❸. Dette skyldes at **S2** er en stopkontakt, som er **N**ormally **C**losed (**NC**) og er derfor **TRUE** på den digitale indgang, indtil kontakten bliver aktiveret. Signalet skal derfor inverteres.

© 2021 Tom Mejer Antonsen

21 Programmering efter et sekvensdiagram

Sekvensdiagrammet er grundlaget for programstrukturen i PLC programmet.

Når sekvensdiagrammet er færdigt, skal der vælges en designmetode til PLC programmet. Der kan vælges én af de disse tre designmetoder:

- **SELVHOLD**
- **SET/RESET** (latch / unlatch)
- **MOVE/COMPARE** (sammenlign heltal)

Hvert af de tre designmetoder følger en fastlagt programstruktur, og der skal benyttes samme designmetode til hele programmet.

Sekvensdiagram

De tre designmetoder som er vist på næste side, tager udgangspunkt i dette sekvensdiagram:

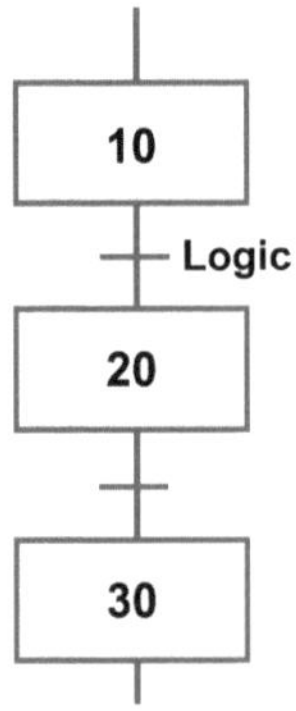

Sekvensdiagrammet består af tre step (tilstande): 10, 20 og 30.

Mellem step 10 og step 20 er en overgangsbetingelse: **Logic**
Når overgangsbetingelsen **Logic** er opfyldt (**TRUE**) skifter programmet fra step 10 til step 20. **Logic** kan være et indgangssignal som f.eks. sensor **B1** eller en startkontakt **S1.**

Programmet kan kun komme til step 20 fra step 10.

Efter step 20 forsættes til step 30 uden betingelse.

Kontrolvariabler

Designmetoderne benytter interne kontrolvariabler, til at styre og fastholde programmet i det enkelte step og styre overgangen til næste trin.

Til designmetoderne **SELVHOLD** og **SET/RESET** benyttes disse kontrolvariabler:

Scope	Name	Address	Data type	Initialization	Comment
VAR	**Step10**		**BOOL**	FALSE	TRUE when in step 10
VAR	**Step20**		**BOOL**	FALSE	TRUE when in step 20
VAR	**Step30**		**BOOL**	FALSE	TRUE when in step 30

MOVE/COMPARE designmetoden benytter kun denne ene kontrolvariabel:

Scope	Name	Address	Data type	Initialization	Comment
VAR	**Seq**		**WORD**	0	Sequence number

De viste variabelnavne er et forslag, og der bør vælges navne som passer til den aktuelle opgave. Variabelnavne kan f.eks. være **StepStart**, **StepRun** eller **StepStop.**

 © 2021 Tom Mejer Antonsen

Designmetode: SELVHOLD

Denne designmetode bruger selvhold til at fastholde programmet i det aktuelle step. Der benyttes kontrolvariablerne **Step10**, **Step20** og **Step30** til at fastholde programmet i det aktuelle step samt til at skifte til og fra step:

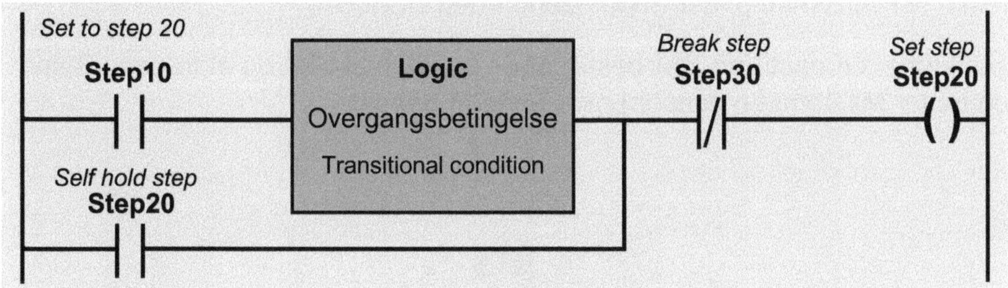

Hvis programmet er i **Step10** og **Logic** er **TRUE** er udgangen **Step20 TRUE**. Kontrolvariablen **Step20** er desuden selvhold for **Logic**, så programmet fastholdes i steppet indtil næste step **Step30** afbryder selvhold.

Designmetode: SET/RESET

Denne designmetode benytter **SET** og **RESET** til at fastholde og afbryde step:

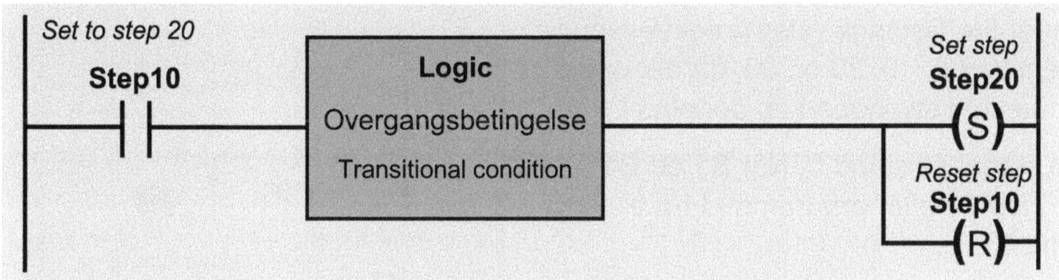

Hvis programmet er i **Step10** og **Logic** er **TRUE** sættes **Step20**. Da der benyttes **SET** er **Step20** konstant **TRUE**. Samtidig afsluttes forrige step og dette gøres ved at nulstille kontrolvariablen **Step10** med **RESET**.

Designmetode: MOVE / COMPARE

Denne designmetode benytter **MOVE** og **COMPARE** funktioner og variablen **Seq:**

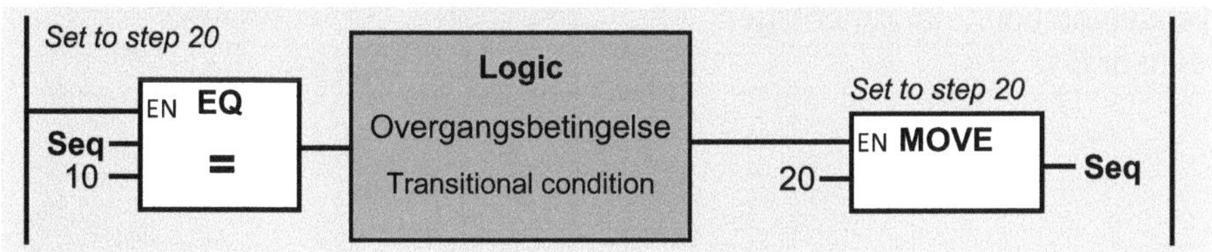

Når programmet er i step 10 er udgangen på **EQ TRUE**. Når **Logic** er **TRUE** benyttes **MOVE** funktionen til at indsætte 20 i variablen **Seq** og dette afbryder step 10.

© 2021 Tom Mejer Antonsen

21.1 Eksempel: Transportbånd med sekvensstyring

Dette eksempel beskriver en styring til et transportbånd, hvor programmet er opbygget som sekvensstyring, der følger standarden DS60848.

Udgangspunktet er en opstilling, der består af en startkontakt **S1** og et transportbånd styret af en motor **M1** samt en sensor i hver ende af båndet:

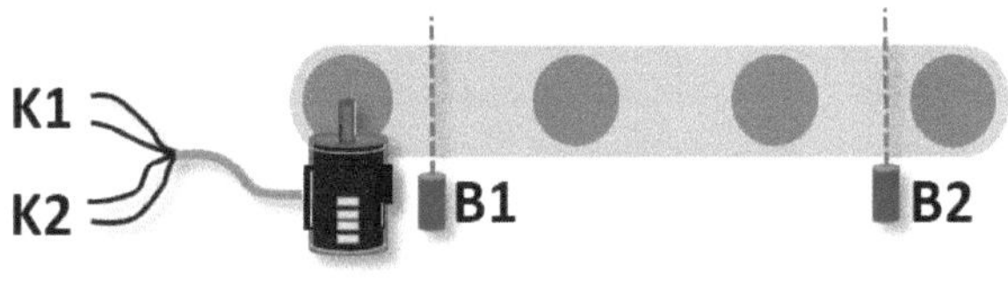

Styringsbeskrivelse:

Båndet starter med at køre mod højre, når et emne ligger ved **B1** og der trykkes på startkontakten **S1**. Når emnet når **B2** stopper båndet i 10 sekunder. Derefter køres emnet tilbage mod venstre. Båndet stopper, når emnet igen når **B1.** Motoren er styret af to digitale signaler: **K1** for start/stop og **K2** for højre/venstre køreretning.

Sekvensdiagrammet er opbygget som vist til højre. Der er fire tilstande (step) i sekvensen, som er benævnt 0, 10, 20 og 30, da det er de fire tilstande som styringen kan opdeles i.

Styringen starter i tilstand 0. Når **S1** og **B1** begge er **TRUE** skifter programmet fra tilstand 0 til tilstand 10.

Der skiftes fra tilstand 10 til tilstand 20, når emnet aktiverer sensor **B2**.

Emnet venter 10 sekunder i tilstand 20. Når tiden er udløbet, skiftes der til tilstand 30, hvorefter emnet køres tilbage til start.

Hele sekvensen stopper, når emnet igen aktiverer sensor **B1**.

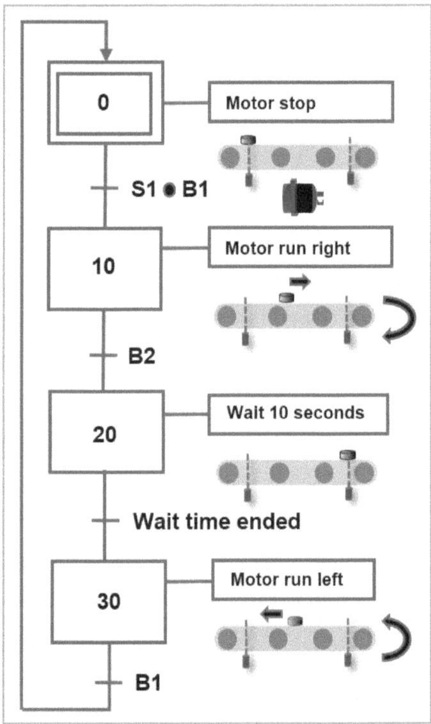

 © 2021 Tom Mejer Antonsen

De variabler som programmet benytter ses i listen herunder:

PROGRAM ConveyorMain

Scope	Name	Address	Data type	Initialization	Comment
VAR	**S1**		**BOOL**		Manuel start switch (NO)
VAR	**B1**		**BOOL**		Sensor at start (NO)
VAR	**B2**		**BOOL**		Sensor at end (NO)
VAR	**Step20timer**		**TON**		Timer used in step 20
VAR	**K1**		**BOOL**		Motor on. TRUE if running
VAR	**K2**		**BOOL**		Motor direction. 0 = Left, 1 = Right

Et program skal altid opdeles i programmoduler. Et program som benytter et sekvensdiagram skal som minimum opdeles i tre programmoduler:

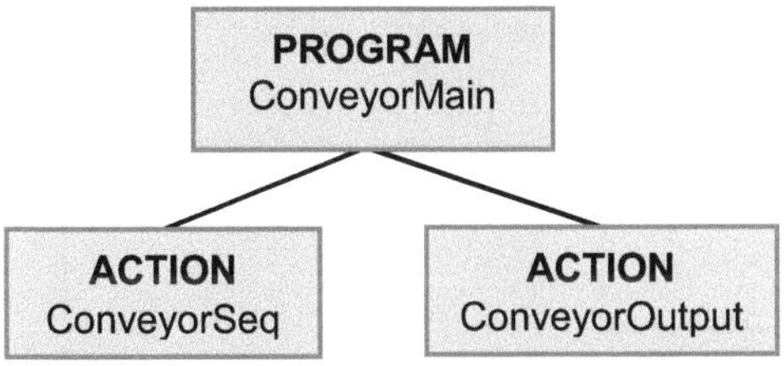

POU
- **ConveyorMain**(PRG)
  - **ConveyorSeq**
  - **ConveyorOutPut**

Hovedprogrammet **ConveyorMain** foretager kald til to underprogrammer:

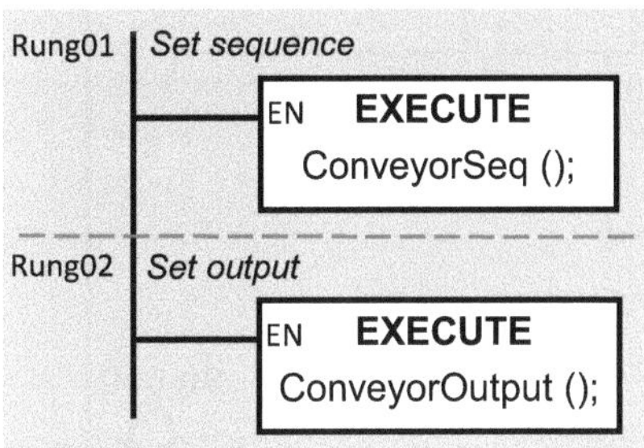

Programmodulet **ConveyorSeq** sørger for at skifte tilstand (step), når overgangsbetingelsen er opfyldt og programmodulet fastholder programmet i de enkelte tilstande (step).

ConveyorOutput sørger for at sætte eller resette udgangene i de specifikke step. Dette programmodul kaldes ofte for udgangsmatrix.

ConveyorSeq og **ConveyorOutput** er oprettet som et **ACTION** programmodul, og de to programmoduler kan således bruge variablerne, som er i hovedprogrammet.

Opdelingen giver en overskuelig og god programstruktur.

De følgende sider viser et programforslag til hver af de tre designmetoder:

- **SELVHOLD**
- **SET/RESET** (latch / unlatch)
- **MOVE/COMPARE** (sammenlign heltal)

© 2021 Tom Mejer Antonsen

Forslag til **ConveyorSeq** programmodul der benytter **SELVHOLD:**

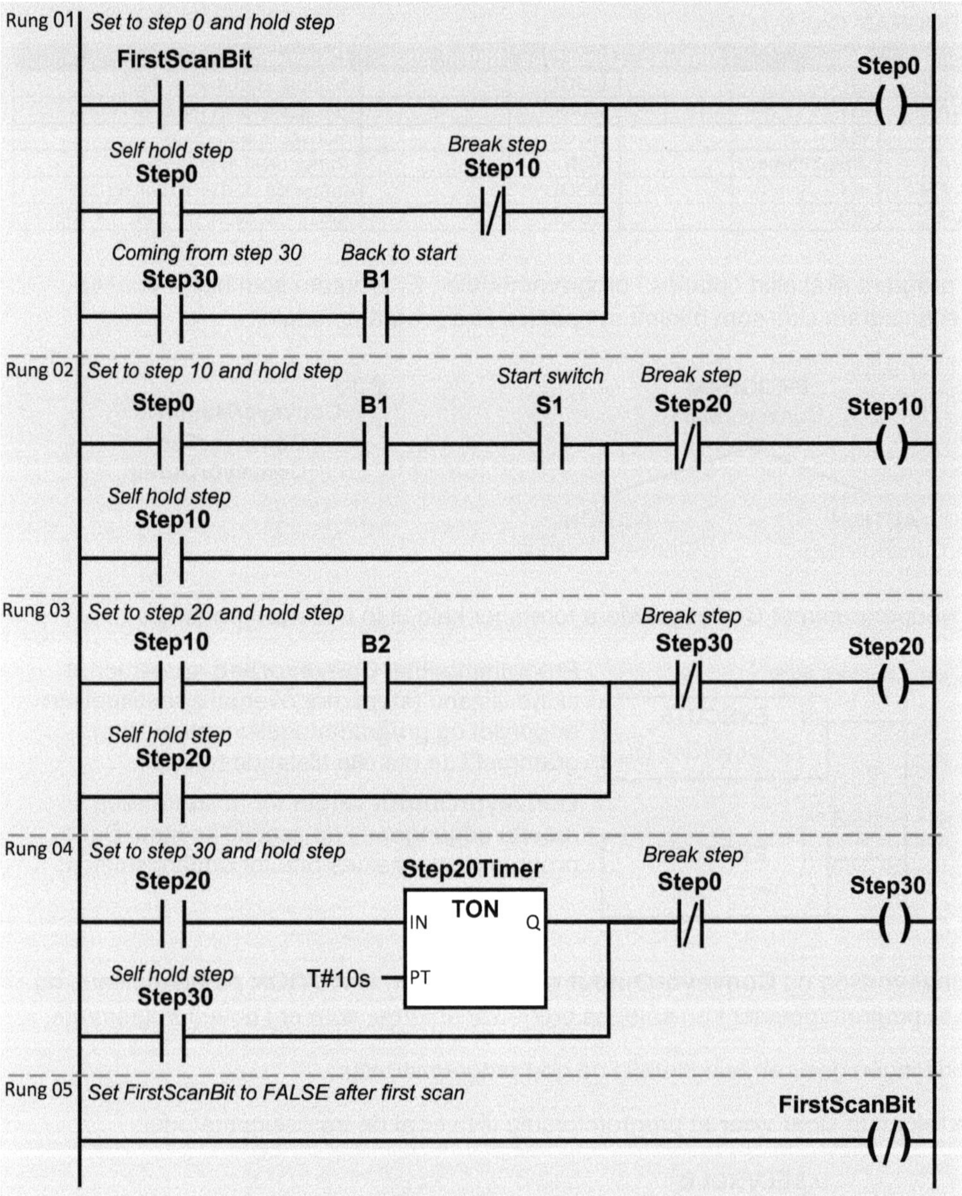

 © 2021 Tom Mejer Antonsen

Variabler til SELVHOLD

Der skal benyttes følgende ekstra kontrolvariabler:

PROGRAM ConveyorMain

Scope	Name	Address	Data type	Initialization	Comment
VAR	**Step0**		**BOOL**		Initialization step
VAR	**Step10**		**BOOL**		Motor running, direction right
VAR	**Step20**		**BOOL**		Wait step
VAR	**Step30**		**BOOL**		Motor running, direction left
VAR	**FirstScanBit**		**BOOL**	**TRUE**	TRUE in first program scan

Programmet består af fem netværk, som har følgende virkemåde:

Rung 01

Når PLC starter op skal programmet komme i opstartstrin som er **Step0.** Måden at sikre dette, er at oprette en variabel **FirstScanBit** som skal sættes til **TRUE** i variabellisten. Når **Rung 01** afvikles første gang, vil udgangen **Step0** blive **TRUE** og selvhold sikrer at **Step0** forbliver **TRUE.** Når **Rung 05** afvikles vil **FirstScanBit** blive **FALSE** og dette sikrer at **Rung 01** senere kan forlade opstartstrinnet.

Rung 02

Det er kun når både **Step0**, **B1** og **S1** er **TRUE** at **Step10** bliver **TRUE**. Selvhold sikrer at programmet fastholdes i step 10. Samtidig afbrydes selvhold i **Rung 01**.

Rung 03

Når både **Step10** og **B2** er **TRUE** bliver **Step20 TRUE**. Selvhold sikrer at programmet derefter fastholdes i step 20. Samtidig afbrydes selvhold i **Rung 02**.

Rung 04

Straks efter **Step20** bliver **TRUE** starter timeren **Step20Timer**. Denne timer kører i 10 sekunder og når tiden er gået bliver udgangen **Step30 TRUE**. Selvhold sikrer at programmet derefter fastholdes i step 30. Samtidig afbrydes selvhold i **Rung 03**.

Når emnet på transportbånd er kommet tilbage til start bliver **B1** aktiveret. **Rung 01** sikrer at programmet nu skifter til step 0, da udgangen **Step0** bliver **TRUE** når både **Step30** og **B1** er **TRUE**. Selvhold i **Rung 01** sikrer at programmet fastholder step 10. Programmet er nu tilbage til udgangspunktet.

Rung 04

Sikrer at **FirstScanBit** sættes til **FALSE** i første programgennemløb.

Det ses at et step bruger selvhold til at fastholde step og næste step afbryder selvhold.

Forslag til **ConveyorSeq** programmodul der benytter **SET/RESET**:

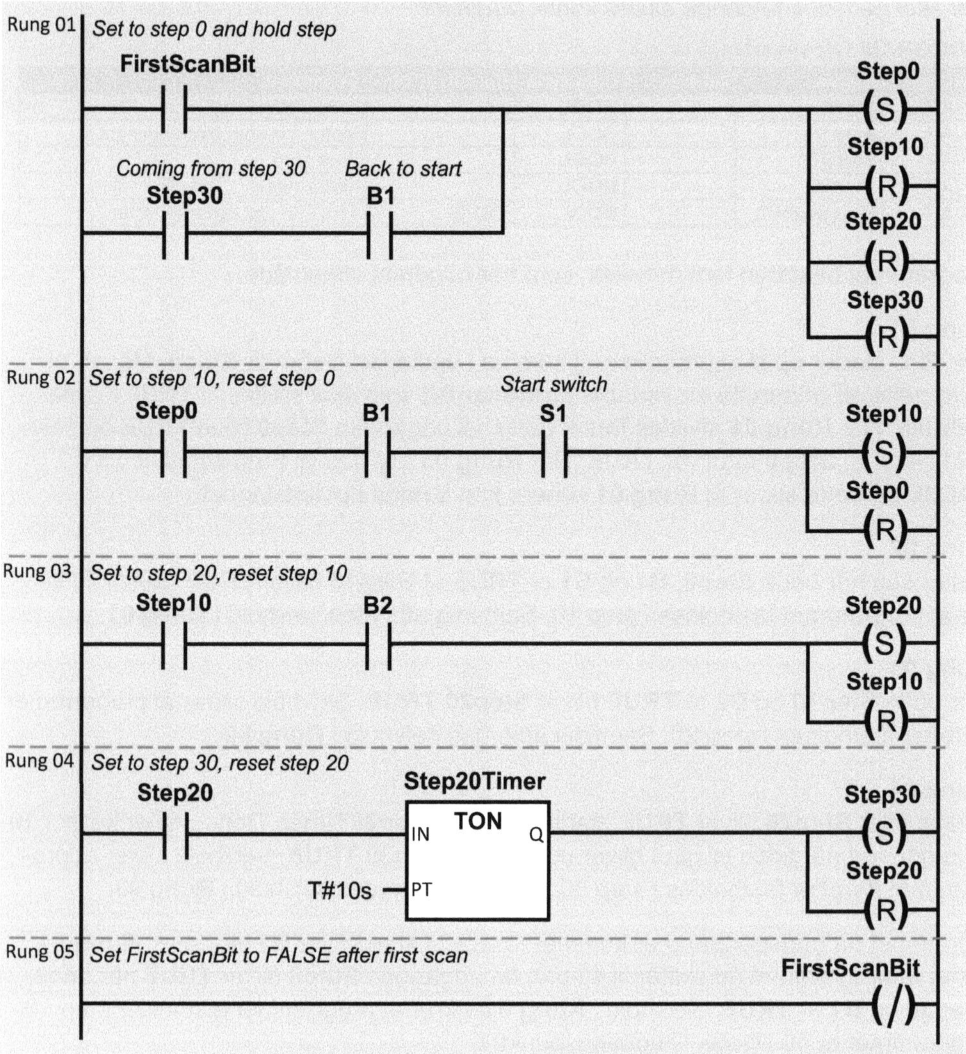

 © 2021 Tom Mejer Antonsen

Variabler til SET/RESET

Der skal benyttes følgende ekstra kontrolvariabler:

PROGRAM ConveyorMain

Scope	Name	Address	Data type	Initialization	Comment
VAR	**Step0**		**BOOL**		Initialization step
VAR	**Step10**		**BOOL**		Motor running, direction right
VAR	**Step20**		**BOOL**		Wait step
VAR	**Step30**		**BOOL**		Motor running, direction left
VAR	**FirstScanBit**		**BOOL**	**TRUE**	TRUE in first program scan

Programmet består at fem netværk, som har følgende virkemåde:

Rung 01
Når PLC starter op skal programmet komme i opstartstrin som er **Step0.** Måden at sikre dette, er at oprette en variabel **FirstScanBit** som sættes til **TRUE** i variabellisten. Når **Rung 01** afvikles første gang, vil udgangen **Step0** blive sat til **TRUE** og fastholdt, da der benyttes **SET** på udgangen**.** Når **Rung 05** afvikles vil **FirstScanBit** blive **FALSE** og dette sikrer at **Step0** ikke bliver sat til **TRUE** i alle programscan.

Rung 02
Det er kun når både **Step0**, **B1** og **S1** er **TRUE** at **Step10** bliver sat til **TRUE**.
Samtidig resettes variablen til det forrige step **Step0**.

Rung 03
Når både **Step10** og **B2** er **TRUE** bliver **Step20** sat til **TRUE**.
Samtidig resettes variablen til det forrige step **Step10**.

Rung 04
Straks efter **Step20** bliver **TRUE** starter timeren **Step20Timer**. Denne timer kører i 10 sekunder og når tiden er gået bliver **Step30** sat til **TRUE** og det forrige step resettes.

Når emnet på transportbåndet er kommet tilbage til start bliver **B1** aktiveret. **Rung 01** sikrer at programmet skifter til step 10, da udgangen **Step0** bliver sat til **TRUE** når både **Step30** og **B1** er **TRUE**. Samtidig resettes **Step20**.

Rung 04
Sikrer at **FirstScanBit** sættes til **FALSE** i første programgennemløb.

Det ses, at et step sætter sig selv aktivt ved bruge SET til at sætte en kontrolvariabel til **TRUE** samtidig med at forrige step resettes med RESET.

© 2021 Tom Mejer Antonsen

Forslag til **ConveyorSeq** programmodul der benytter **MOVE/COMPARE:**

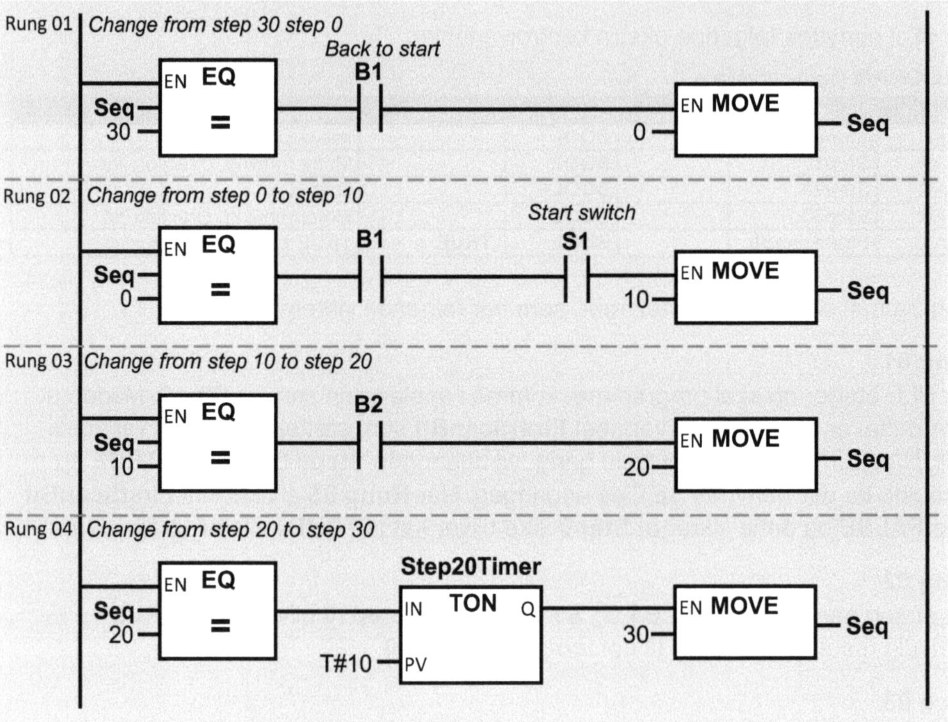

 © 2021 Tom Mejer Antonsen

Variabler til MOVE/COMPARE

Der skal benyttes følgende kontrolvariabel:

PROGRAM ConveyorMain

Scope	Name	Address	Data type	Initialization	Comment
VAR	**Seq**		**WORD**	0	Controls the step sequence

Programmet består af fire netværk, som har følgende virkemåde:

Afviklingen af de enkelte step bliver styret af variablen **Seq.**

Indholdet af variablen **Seq** er et tal: 0,10, 20 eller 30 der viser det aktuelle step som programmet befinder sig i. Ved at benytte én variabel er der sikkerhed for, at programmet kun kan befinde sig i et step ad gangen (kun et step kan være aktivt).

Når PLC starter op skal programmet komme i opstartstrin som er step 0. Måden at sikre dette, er at sætte (initialisere) variablen **Seq** til 0 i variabellisten. Dette bevirker at programmet altid starter i step 0.

Rung 01
Dette netværk sikrer, at når programmet er i step 30 og emnet aktiverer sensor **B1** vil programmet blive sat til step 0.

Rung 02
Når programmet er i step 0 samtidig med at **B1** og **S1** er **TRUE**, bliver **Seq** sat til 10.

Rung 03
Når programmet er i step 10 samtidig med at **B2** er **TRUE**, bliver **Seq** sat til 20.

Rung 04
Straks efter **Seq** bliver 20 starter timeren **Step20Timer**. Denne timer kører i 10 sekunder og når tiden er gået bliver **Seq** sat til 30.

Når emnet på transportbåndet er kommet tilbage til start bliver **B1** aktiveret. **Rung 01** sikrer at programmet skifter til step 0.

Der er bevidst lavet spring mellem sekvens tallene: 0, 10, 20 og 30, så der er plads til at udvide programmet med flere sekvenser (step). Det anbefales at de tal oprettes som konstanter (CONSTANTS), da dette giver færre fejl og gør programudvidelser og fejlsøgning nemmere.

Det ses at hvert step er aktivt med et tal og et step gør sig selv inaktivt, ved at bruge en **MOVE** funktion der overskriver tal med et nyt tal.

© 2021 Tom Mejer Antonsen

Programmodul **ConveyorOutput**

Dette programmodul sætter de digitale udgange på PLC til **TRUE** eller **FALSE** afhængig af hvilket step programmet befinder sig i.

Som det ses på sekvensdiagrammet er det kun i step 10 og 30, der skal være signal på udgange. De andre step er derfor ikke medtaget i **ConveyorOutput**.

Programmodulet **ConveyorOutput** er det samme for **SELVHOLD** og **SET/RESET** designmetoden, da de benytter **BOOL** variabler til at styre programafviklingen:

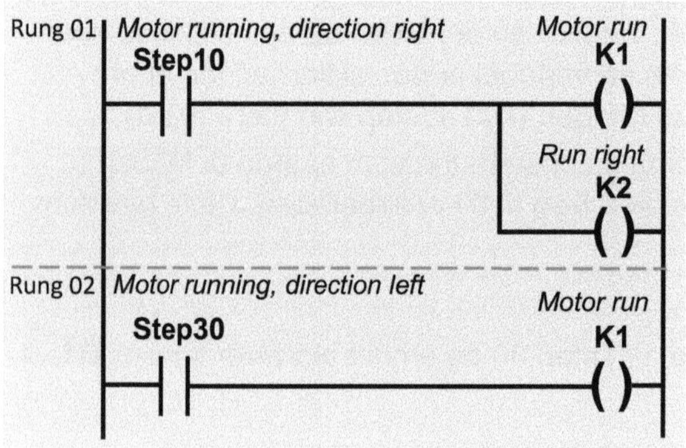

Rung 01
Når programmet er i step 10 skal motor **K1** køre og motorkøreretningen, som er styret af udgangssignalet **K2**, skal være **TRUE.**

Rung 02
I step 30 skal motor **K1** køre.

Programmodulet **ConveyorOutput** for **MOVE/COMPARE** ser således ud, hvor det er indholdet af variablen **Seq** der styrer programafviklingen:

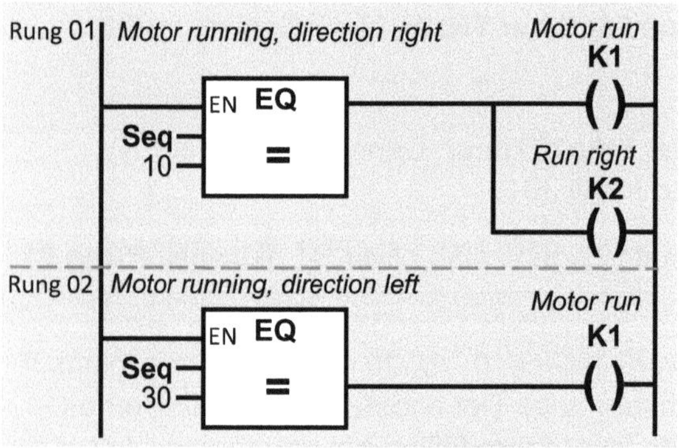

Rung 01
Når programmet er i step 10 skal motor **K1** køre og motorkøreretning **K2** skal være **TRUE.**

Rung 02
I step 30 skal motor **K1** køre.

 © 2021 Tom Mejer Antonsen

21.2 Stopkontakt i sekvensprogrammering

En maskine skal have en manuel stopkontakt, så operatøren kan stoppe maskinen. Der er to typer af stopkontakter på en maskine:

> **Nødstop (Emergency stop / Safety Button):** Et nødstop bruges til at stoppe maskinen straks, hvis der opstår en farlig situation for mennesker eller maskinen. Nødstop er placeret flere steder på maskinen, så der er hurtig adgang til at stoppe maskinen.
>
> **Normal stopkontakt:** En betjeningskontakt på maskinens betjeningspanel. Benyttes til at stoppe maskinen, hvis der skal foretages kontrol af det som maskinen producerer, der er frokostpause eller maskinen har udført opgaven.

I hvert tilfælde er der overvejelser om hvordan maskinen skal stoppe. Skal maskinen færdiggøre den nuværende opgave og stoppe derefter, eller skal maskinen stoppe straks. Valget afhænger meget af hvilken type maskine det er, og hvor langt den er med opgaven. Hvis en maskine blander beton, kan det være kritisk hvis maskinen stopper og betonen størkner (bliver til fast stof). Hvis betonen størkner, vil det være svært at få betonen ud af maskinen.

Afklaring af hvordan en maskine skal stoppe, beskrives sammen med brugerne og dokumenteres i styringsbeskrivelsen inden design af PLC programmet!

Stopkontakt til styring af transportbåndet

Der er flere muligheder når der skal indføres en stopkontakt **S2** til transportbåndet.

PLC programmet kan gøre følgende, når operatøren har aktiveret stopkontakten:

1) Transportbånd skal stoppe straks?
2) Emnet køres tilbage til start?
3) Nuværende step færdiggøres?

Eksemplet tager udgangspunkt i **1)**:

Sekvensdiagrammet viser at der er indført en stopkontakt **S2** som straks afbryder processen og går direkte til step 0. Transportbåndet stopper således straks og emnet bliver liggende på transportbåndet. Operatøren må således manuelt fjerne emnet fra transportbåndet for at kunne starte transportbåndet igen.

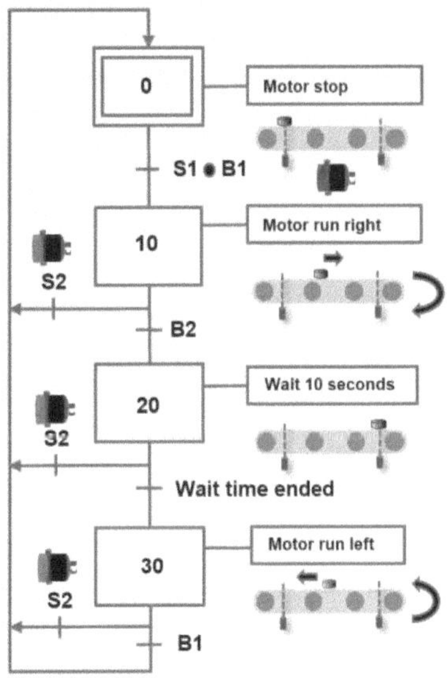

De næste sider viser hvordan stopkontakten indføres i de tre designmetoder.

Programmodul der benytter designmetoden **SELVHOLD**:

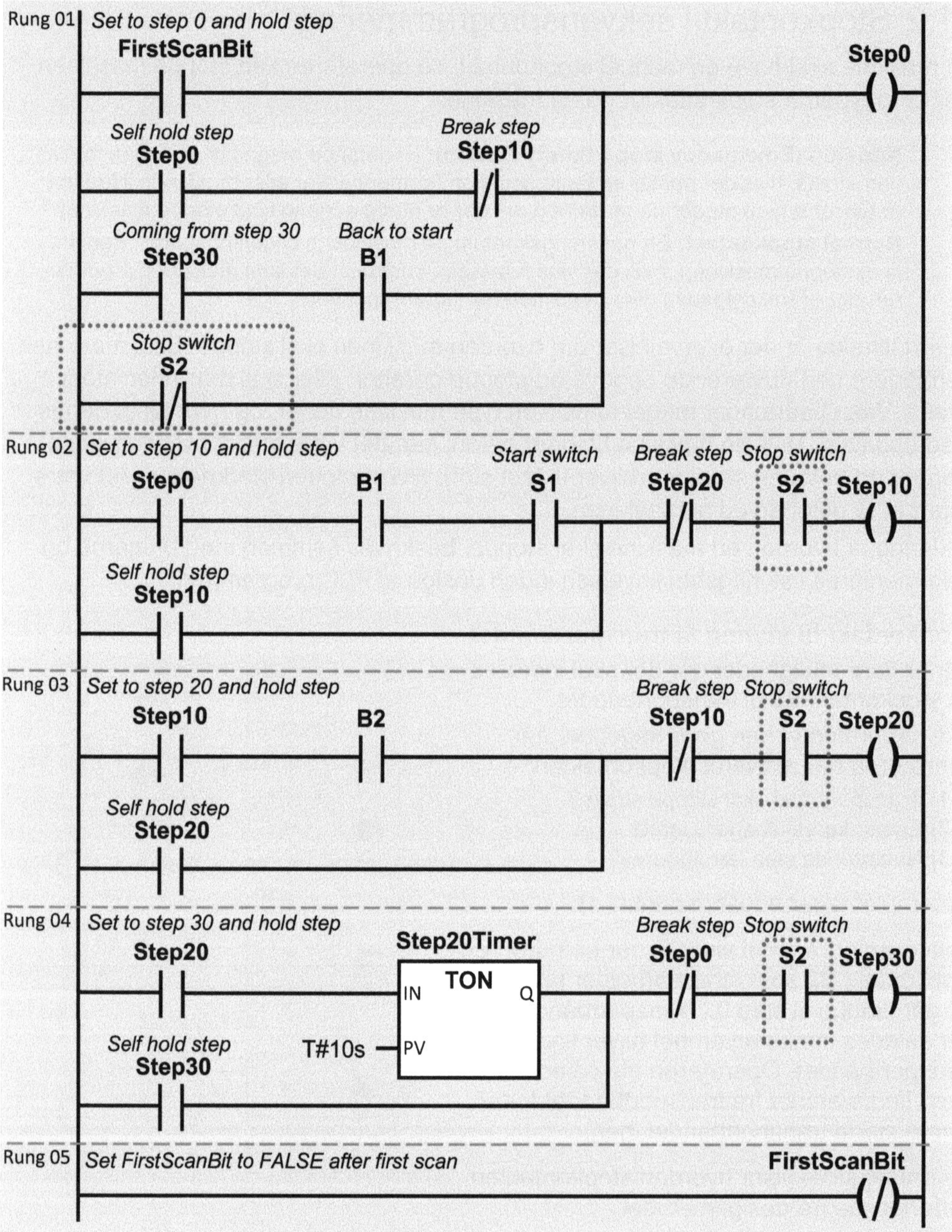

 © 2021 Tom Mejer Antonsen

Stopkontakten **S2** skal indføres i fire steder i programmodulet:

Rung 01
Stopkontakten **S2** sikrer at programmet kommer i step 0.

Rung 02 til **rung 04**
Stopkontakten **S2** afbryder straks det enkelte step.

Stopkontakten **S2** er en **N**ormally **C**losed (NC) kontakt og er derfor **TRUE** på den digitale indgang indtil stopkontakten aktiveres.

Når der benyttes selvhold skal stopkontakten således indføres i alle step for at sikre at alle step bliver afbrudt og det aktive step bliver step 0.

Programmodul der benytter designmetoden **SET/RESET:**

I programmodulet **ConveyorSeq** er det kun nødvendigt at indføre stopkontakten i **rung 01**, da dette netværk resetter alle andre step:

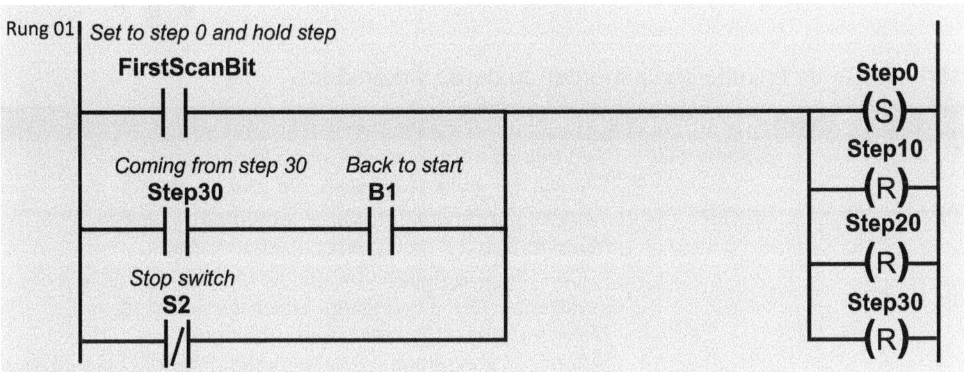

Stopkontakten **S2** er en **N**ormally **C**losed (NC) kontakt og derfor benyttes inverteret symbol, da signalet på den digitale indgang er **TRUE** indtil stopkontakten aktiveres.

Programmodul der benytter designmetoden **MOVE/COMPARE:**

Her er det nødvendigt at indføre et ekstra netværk **Rung 05**, hvor **Seq** variablen bliver overskrevet, når stopkontakten bliver aktiveret. Derfor skal dette netværk være placeret som det sidste netværk i programmet.

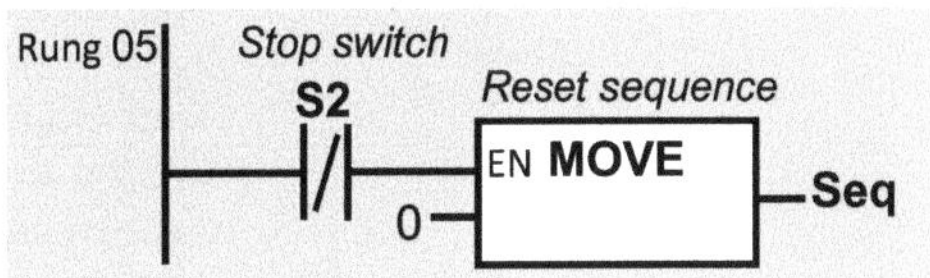

21.3 Eksempel: Opvarmning af væske i tank

Dette eksempel viser en tankstyring, der kan opvarme en bestemt mængde væske.

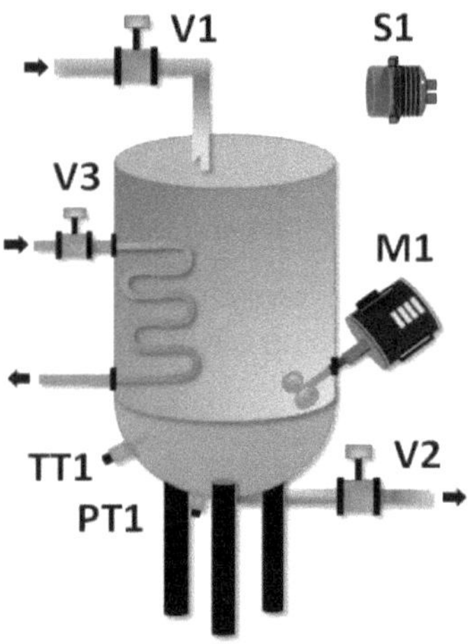

Styringsbeskrivelse:

Når startkontakten **S1** aktiveres, skal ventil **V1** åbne, så væsken løber ind i tanken. Når tanken har den rette mængde væske, lukkes ventil **V1**. Herefter åbnes ventil **V3** for at varme væsken. Når væsken har den rigtige temperatur, åbnes ventil **V2**, så væsken løber ud af tanken igen.

En mixer **M1** skal sikre omrøring, så varmen fordeles jævnt under opvarmning.

Beskrivelse af de enkelte komponenter og deres virkemåde:

Navn	I/O	Komponent	Virkemåde
S1	DI	Startkontakt	Ved tryk på kontakten starter tankstyringen. Der må kun trykkes på start, når tanken er tom.
TT1	AI	Sensor	Temperaturtransmitter. Måler temperatur i tanken. Måleområde 0 til 100 grader. 4-20 mA signal. Forbundet til analog indgangsmodul. Interval 0 til 65335.
PT1	AI	Sensor	Tryktransmitter. Trykmåling. Måler væskehøjde. Måleområde 0 til 2 meter. 4-20 mA signal. Forbundet til analogt indgangsmodul. Interval 0 til 65335.
V1	DO	Ventil	Signal fra PLC åbner ventil og tanken tilføres væske indtil signal fra PLC lukker ventilen automatisk.
V2	DO	Ventil	Signal fra PLC åbner ventilen og tanken tømmes.
V3	DO	Ventil	Signal fra PLC åbner ventilen og varmt vand cirkuleres i et spiral rør inde i tanken. Dette opvarmer væsken i tanken. Mixeren skal køre når ventil V3 er åben.
M1	DO	Mixer	Styret af en motor med frekvensomformer. Hastighed på mixer indstilles direkte på frekvensomformeren. Mixeren må ikke køre, når der ikke er væske i tanken, da mixeren så kan blive for varm. Styret med digitalt signal fra PLC.

De tre ventiler **V1**, **V2** og **V3** lukker automatisk, når de ikke får signal (24V) fra PLC.

 © 2021 Tom Mejer Antonsen

Design og struktur i PLC programmet

For at have en god programstruktur opbygges programmet efter standarden DS60848, der beskriver hvordan et program kan opbygges sekventielt. Dette betyder at programmet opdeles efter de tilstande (step) styringen befinder sig i.

Denne styring har ifølge styringsbeskrivelsen (se forrige side) fire tilstande:

- Vent på at der trykkes på startkontakten **S1**
- Fyld tanken med væske
- Opvarm væsken i tanken
- Tøm tanken for væsken

Dette dokumenteres i et sekvensdiagram efter DS60848 standarden således:

Den første tilstand er step 0, hvor styringen venter på at startkontakten **S1** bliver aktiveret.

Når **S1** er aktiveret, kommer styringen i step 10, hvor ventil **V1** er åben og tanken fyldes med væske.

Når tanken har fået den ønskede mængde væske, skiftes til step 20. Den ønskede mængde væske er opnået, når den målte tankvolumen er større end det, brugeren har indstillet på variablen **SetVolume.**

I step 20 opvarmes væsken. For at det varme vand kan opvarme væsken skal ventil **V3** være åben og mixeren skal køre for sikre varmen fordeles.

En temperatursensor måler løbende temperaturen i tanken. Når der måles en højere værdi, end den indstilling brugeren har foretaget med variablen **SetTemperature** skiftes til step 30.

I step 30 tømmes tanken. Når tanken er tom, skiftes til step 0 og styringen er klar til endnu en omgang.

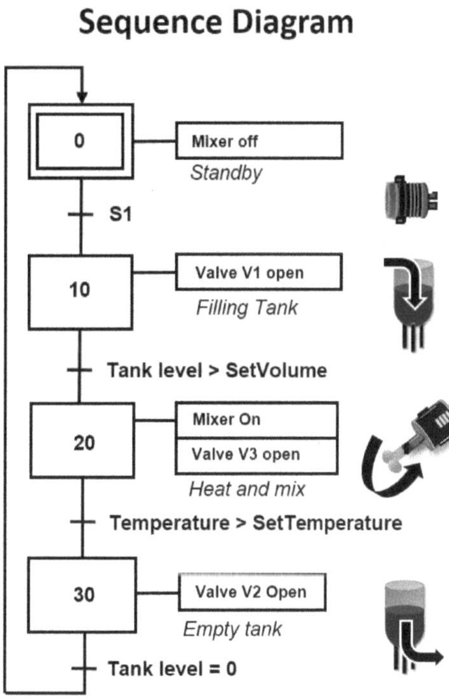

© 2021 Tom Mejer Antonsen

Herefter følger selve programdesignet, hvor styringen skal opdeles i et passende antal funktioner og programmoduler for at opnå en god programstruktur.

Programmet er opdelt således, at ét programmodul benyttes til indgangssignalerne og ét programmodul til udgangssignalerne. Dette giver en god og overskuelig programstruktur. Der er valgt programmoduler fremfor funktioner, da koden i programmodulerne sandsynligvis ikke skal genbruges og programtest er sværere, hvis variablerne fra sensorer oprettes i en funktion eller en funktionsblok.

Programmet er opdelt, som vist i blokdiagrammet herunder:

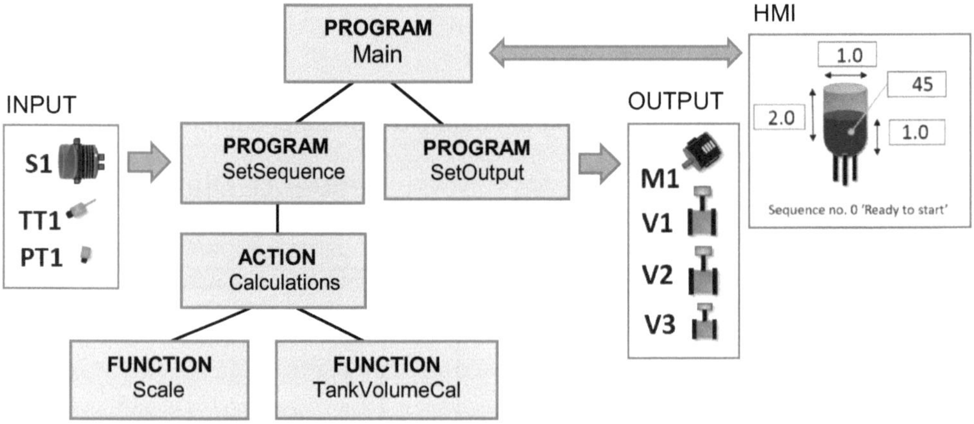

Programmodulet **SetSequence** benytter to funktioner: **Scale** og **TankVolumeCal.**

Funktionen **Scale**:

Benyttes til at skalere de analoge indgangssignaler (temperatur sensor og niveau sensor), da værdierne fra et analogt indgangsmodul ofte ikke kan benyttes direkte i PLC programmet. Koden til funktionen kan ses side 153.

Funktionen **TankVolumeCal:**

Beregner volumen (mængden) af tanken ud fra tankhøjden, tankdiameter og det målte væske niveau. Niveau måles med en niveau sensor som er placeret i bunden af tanken. Programkoden til **TankVolumeCal** er ikke medtaget her i bogen, men hentet fra bogen "PLC Styring med Structured Text(ST)".

På brugerbetjeningspanelet (HMI) vises sekvensnummer, så en service tekniker kan følge med i, hvilket sekvensnummer programmet befinder sig i. Dette kan hjælpe en service tekniker ved søgning efter fejl i programafviklingen. Alle variabler til HMI er placeret i **Main** programmet, så de ikke hentes fra de forskellige programmoduler.

På de følgende sider er forslag til programkode.

 © 2021 Tom Mejer Antonsen

Variabler og programkode til hovedprogrammet **Main**:

PROGRAM Main

Scope	Name	Data type	Initialization	Comment
VAR	**Seq**	**BOOL**	**STEP_0_START**	Sequence control
VAR CONSTANT	**STEP_0_START**	**WORD**	0	Sequence: Start
VAR CONSTANT	**STEP_10_FILL**	**WORD**	10	Sequence: Filling
VAR CONSTANT	**STEP_20_HEAT**	**WORD**	20	Sequence: Heating
VAR CONSTANT	**STEP_30_EMPTY**	**WORD**	30	Sequence: Empty
VAR	**SetTankDiameter**	**WORD**	1	User setting
VAR	**SetTemperature**	**WORD**	45	User setting
VAR	**SetVolume**	**WORD**	1	User setting
VAR	**SetTankHeight**	**WORD**	2	User setting

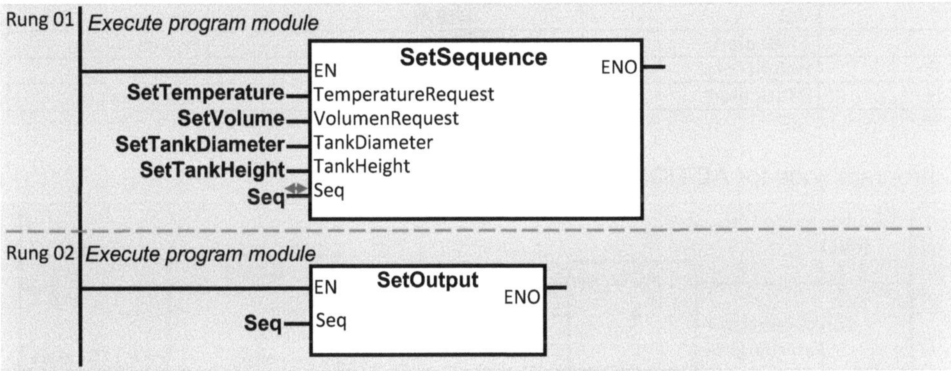

Programmet er opdelt i to netværk, og for at have en god programstruktur bruger **SetSequence** programmodulet ikke variablerne direkte fra **Main**, men variabler bliver kopieret til **SetSequence**. Der tages en kopi af **SetTemperature**, **SetVolume** og **SetTankDiameter** og **SetTankHeight**. Variabelen **Seq** er markeret med en dobbelt pil og det betyder at **SetSequence** programmodulet arbejder direkte på **Seq** i variabellisten i **Main** programmet. Dette er nødvendigt, da **SetSeqence** programmodulet både skal vide hvad indholdet er (vide hvilken sekvens programmet befinder sig i) og ændre indholdet, når der skal skiftes sekvensnummer.

SetOutput programmodulet sørger for at sætte de digitale udgange på PLC til **TRUE** eller **FALSE** afhænging af hvad sekvensnummeret **Seq** er. Der tages en kopi af **Seq** inden programkald til **SetOutput**, så **SetOutput** ikke kan ændre på **Seq** variablen.

Hvert sekvensnummer (0, 10, 20, 30) er oprettet som en **CONSTANT**, da sekvensnummeret benyttes flere gange i hele programmet, og det er mere læsbart at der benyttes en tekst frem for bare et tal.

Seq sættes til STEP_O_START i initalisering, som er opstartssekvensen.

Variabler til **SetSequence** programmodulet:

PROGRAM SetSequence

Scope	Name	Address	Data type	Initialization	Comment
VAR_INPUT	**EN**		**BOOL**		Enable
VAR_INPUT	**TemperatureRequest**		**REAL**		User setting
VAR_INPUT	**VolumeRequest**		**REAL**		User setting
VAR_INPUT	**TankDiameter**		**REAL**		User setting
VAR_INPUT	**TankHeight**		**REAL**		User setting
VAR_IN_OUT	**Seq**		**WORD**		Sequence control
VAR_OUTPUT	**ENO**		**BOOL**		Enable output
VAR	**S1**	%IX0.0	**BOOL**		Start switch
VAR	**TT1**	%IW1.0	**WORD**		Temp. sensor.
VAR	**PT1**	%IW1.1	**WORD**		Pressure sensor.
VAR	**Vol**		**REAL**		Volume
VAR	**TTIScaled**		**REAL**		Scaled value
VAR	**HeightTotal**		**REAL**		Calculate value
VAR	**PT1Scaled**		**REAL**		Scaled value

PLC program kode for **ACTION** modulet **Calculations:**

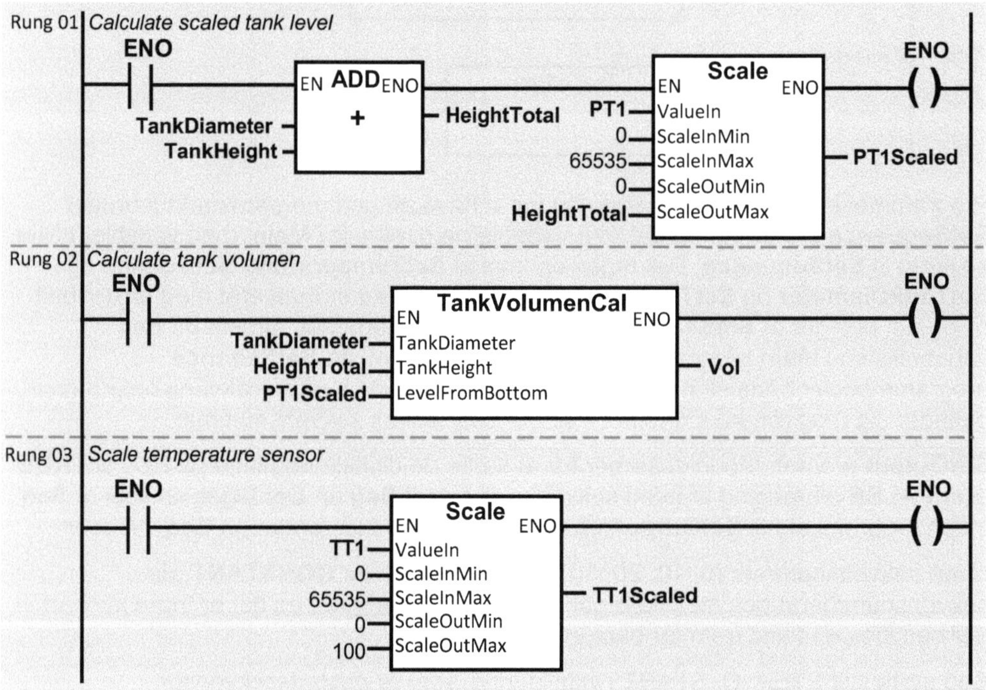

 © 2021 Tom Mejer Antonsen

PLC programkode for programmodulet **SetSequence:**

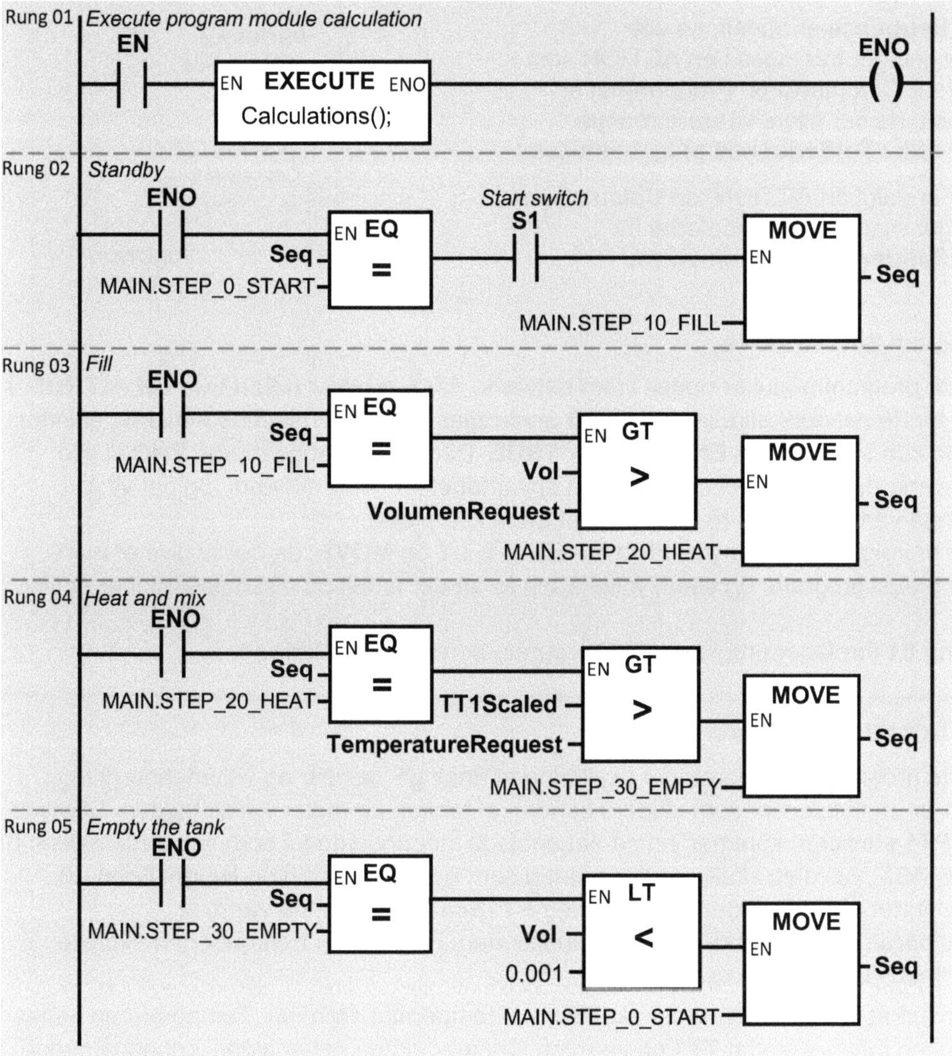

For beskrivelse se næste side.

Beskrivelse af programmodulet **SetSequence**

SetSequence er opdelt, så alle beregninger foretages i en ACTION som hedder **Calculations.** Programmet er opdelt, da der ellers vil være mange netværk i **SetSequence** programmodulet.

Der er valgt en ACTION, da **Calculations** bruger mange af variabelerne fra **SetSequence** programmodulet.

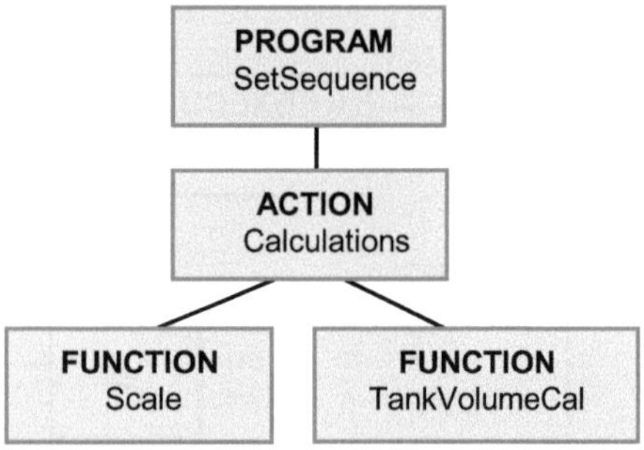

Program **SetSequence**

Dette programmodul er opdelt i fem netværk, der kun bliver udført hvis **EN** er **TRUE**. I det første netværk aflæses **EN**. **ENO** genbruges til alle de følgende netværk, således at de kun udføres hvis **ENO** forsat er **TRUE**. Der er valgt at genbruge **ENO** til alle netværk, da alternativet er at benytte én variabel for hvert netværk, og det vil give mange variabler og gøre programmet mere komplekst.
Der er valgt ikke at benytte **ENO** fra **EQ**, **GT**, **LT** og **MOVE**, da det vil give et mere komplekst program, og sandsynligheden for at der er fejl på disse operationer er lille.

Rung 01 foretager programkald til programmodulet **Calculations**.

ACTION **Calculations**

Dette programmodul foretager skallering af analoge værdier og volumeberegning. **PT1** er en tryksensor som sidder i bunden af tanken og måler væskehøjden. Signalet fra **PT1** sensoren kommer ind på det analoge indgangsmodul som en værdi mellem 0 og 65535. Værdien skalleres til en værdi som ligger mellem 0 og **HeightTotal** (3). Resultatet af skalleringen er i variablen **PT1Scalled** og denne værdi er inputparameter til **TankVolumeCal** funktionen. Funktionen beregner den aktuelle volumen (**Vol**) af tanken.

Netværket **Rung 03** foretager skallering af temperatur værdien. Temperaturen måles i tanken med sensoren **TT1** og værdien kommer ind på det analoge indgangsmodul som en værdi mellem 0 og 65535. Denne værdi skalleres til en værdi mellem 0 og 100 (grader) og gemmes i variablen **TT1Scaled.**

 © 2021 Tom Mejer Antonsen

Variabler og programkode for **SetOutput:**

PROGRAM SetOutPut

Scope	Name	Address	Data type	Initialization	Comment
VAR_INPUT	EN		BOOL		Enable
VAR_INPUT	Seq		WORD		Sequence control
VAR_OUTPUT	ENO		BOOL		Enabl output
VAR	M1	%QX2.0	BOOL		Mixer motor
VAR	V1	%QX2.1	BOOL		Valve to fill
VAR	V2	%QX2.2	BOOL		Valve to empty
VAR	V3	%QX2.3	BOOL		Valve to heat

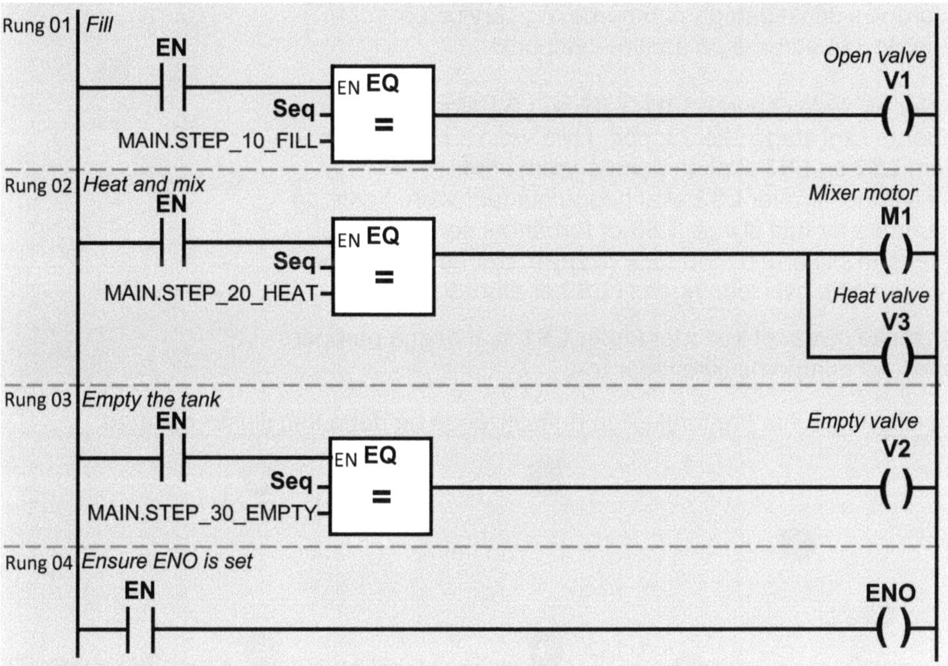

SetOutput har fire netværk, som sikrer at de digitale udgange sættes til **TRUE** eller **FALSE** afhængig af hvilken sekvens (step) programmet befinder sig i.

Rung 04: Sætter **ENO** til **TRUE**, hvis **EN** er **TRUE**.

© 2021 Tom Mejer Antonsen

21.4 Pumpestyring med to pumper

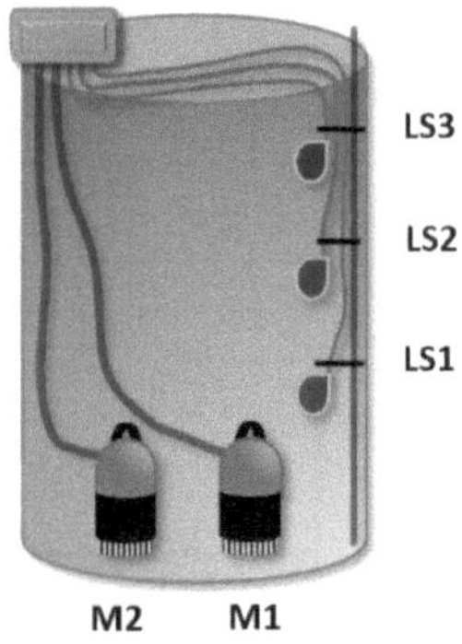

Dette eksempel gennemgår en pumpestyring med to pumper og tre flydevipper (float switch) i en brønd. Flydevipperne hænger i et kabel, og når væske niveauet stiger i brønden, vil flydevipperne blive aktiveret og skifte NC/NO stilling.

De to neddykkede pumper **M1** og **M2** har alternerende drift, hvilket betyder, at de skal starte på skift. Med alternerende drift fordeles driftstiden på pumperne, og service på pumperne kan udføres på samme tidspunkt.

Signaler fra flydevipperne **LS1**, **LS2** og **LS3** afgør, hvornår pumperne skal starte eller stoppe. Hvis væske niveauet er mellem **LS2** og **LS3** skal én pumpe være i drift.
Hvis niveauet er over **LS3** skal begge pumper være i drift, så der pumpes for fuld styrke. **LS3** er forbundet som NC for at have ekstra sikkerhed mod tank overløb, idet begge pumper bør være i drift, hvis ledningen til **LS3** er afbrudt.

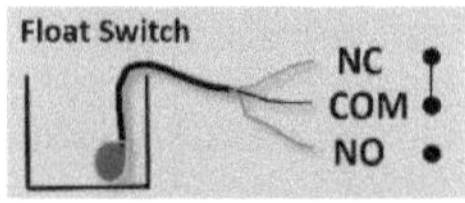

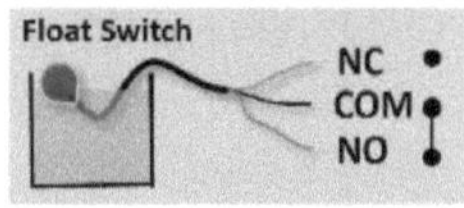

Hvis væske niveauet kommer under **LS1** skal begge pumper stoppes, så pumperne ikke løber tør.

Pumpestyringen har fire forskellige driftstilstande og dette kan illustreres med:

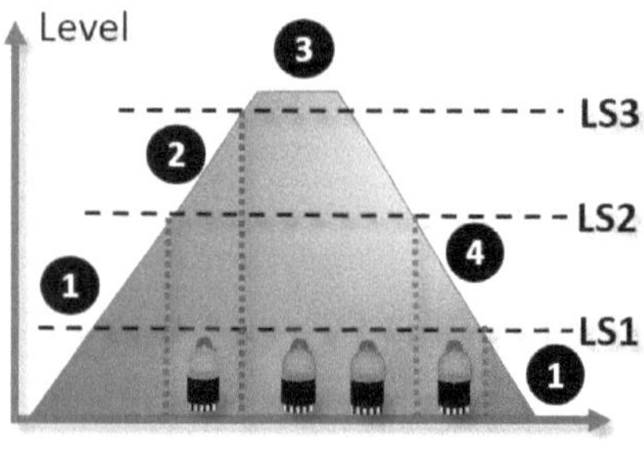

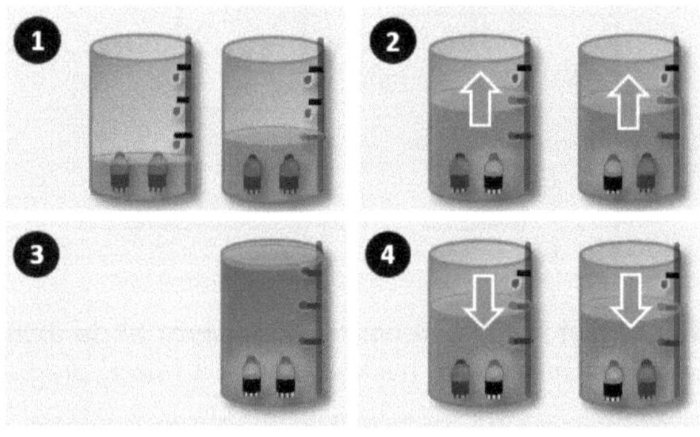

Billede ❶ viser at ingen pumper er i drift. Billede ❷ viser at niveauet er kommet over flydevippe **LS2** og én pumpe er i drift. Når niveauet er over flydevippe **LS3** skal begge pumper være i drift som vist på billede ❸. Billede ❹ viser at når niveauet falder til under flydevippe **LS2**, skal der kun være én pumpe i drift.

 © 2021 Tom Mejer Antonsen

Flydevipperne er forbundet til digitale indgange og pumperne til digitale udgange på PLC. Dette giver følgende variabler:

PROGRAM MAIN

Scope	Name	Address	Data type	Initialization	Comment
VAR	**LS1**		**BOOL**		Float switch (NO), placed bottom
VAR	**LS2**		**BOOL**		Float switch (NO), placed middle
VAR	**LS3**		**BOOL**		Float switch (NC), placed top
VAR	**M1**		**BOOL**	FALSE	Pump 1
VAR	**M2**		**BOOL**	FALSE	Pump 2
VAR	**RunM**		**BOOL**	FALSE	Control the alternation

Pumperne er ved start sat til **FALSE,** for at sikre at de ikke er i drift ved opstart.

Når der benyttes alternerende drift, skal pumperne skiftes til at starte. For at sikre hvilken pumpe der skal starte, benyttes variablen **RunM**. Hvis **RunM** er **TRUE** skal pumpe **M1** starte, og hvis **RunM** er **FALSE** skal pumpe **M2** starte. Variablen **RunM** benyttes også til at bestemme, hvilken af de to pumper der skal slukke, når niveauet igen falder under flydevippe **LS2**.

Der findes flere metoder til programmering af alterende drift med to pumper.

Her er to løsningsforslag:

Alternating solution 1

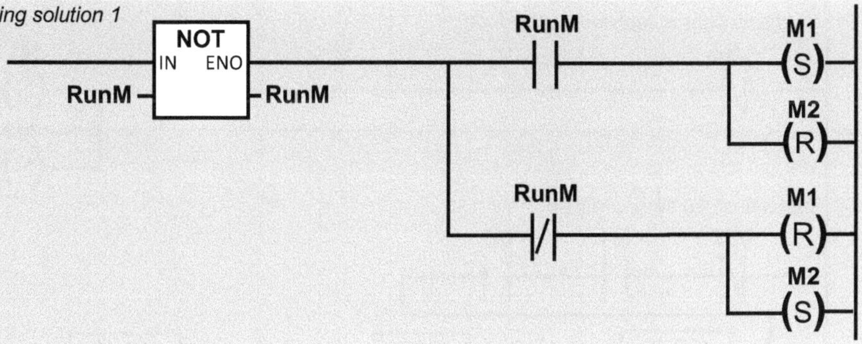

Alternating solution 2

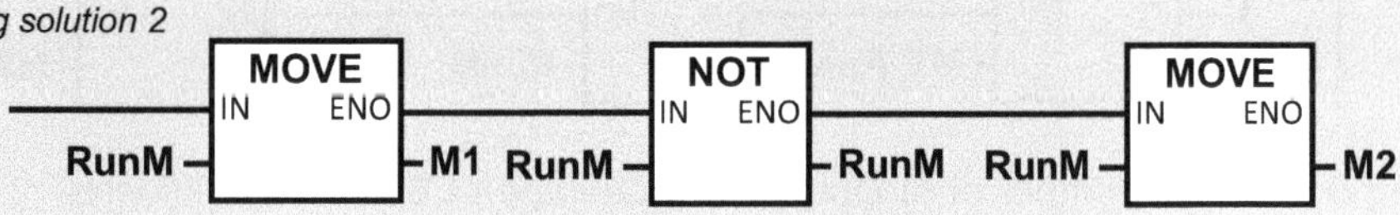

Begge løsningsforslag til alternerende drift bruger en **NOT** operation til at sikre at **RunM** variablen skifter mellem **TRUE** og **FALSE.**

Løsning 1 benytter SET/RESET udgange.

Løsning 2 bruger MOVE operation til at sætte udgange. Den metode fylder ikke på meget skærmen og virker mere overskueligt, så den metode benyttes.

PLC programkode:

Programkoden til pumpestyringen er opdelt i fire netværk, svarende til de fire driftstilstande. De fire tilstande er bestemt af flydevipper og antal pumper i drift, samt stigende eller faldende væske niveau:

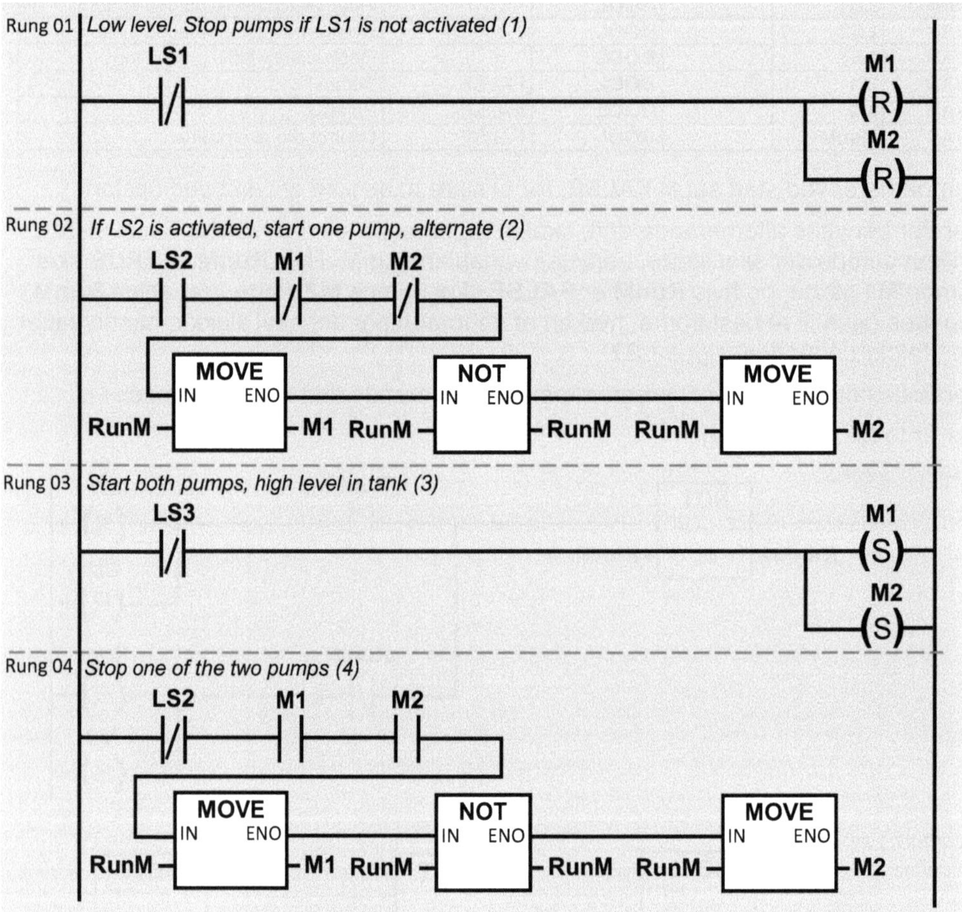

Rung 01: Begge pumper er stoppet, når flydevippen **LS1** ikke er aktiveret.

Rung 02: En pumpe skal sættes i drift, når flydevippen **LS2** bliver aktiveret. Første gang dette forekommer, er pumperne ikke i drift og derfor bliver MOVE/NOT/MOVE operationerne kun aktiveret en gang. Dette virker som en oneshot.

Rung 03: Når flydevippe **LS3** (NC) bliver aktiveret, skal begge pumper være i drift.

 © 2021 Tom Mejer Antonsen

Rung 04: En pumpe skal slukkes, når niveauet falder under **LS2**. Første gang dette forekommer, er begge pumper i drift og derfor bliver MOVE/NOT/MOVE operationer kun aktiveret en gang. Dette virker således som en oneshot.

Optimering af programkode

Som det ses er MOVE/NOT/MOVE operationerne i **rung 02** og **rung 04** ens. Programmet kan forbedres så samme programkode ikke optræder to gange, da dette ofte giver fejl ved programrettelser, da man skal huske at rette begge steder.

I denne løsning bruges en variabel (et flag) **AltP (Alt**ernate **P**umpe, **BOOL** data type), hvis en alternerende pumpe skal sættes i drift eller tages ud af drift:

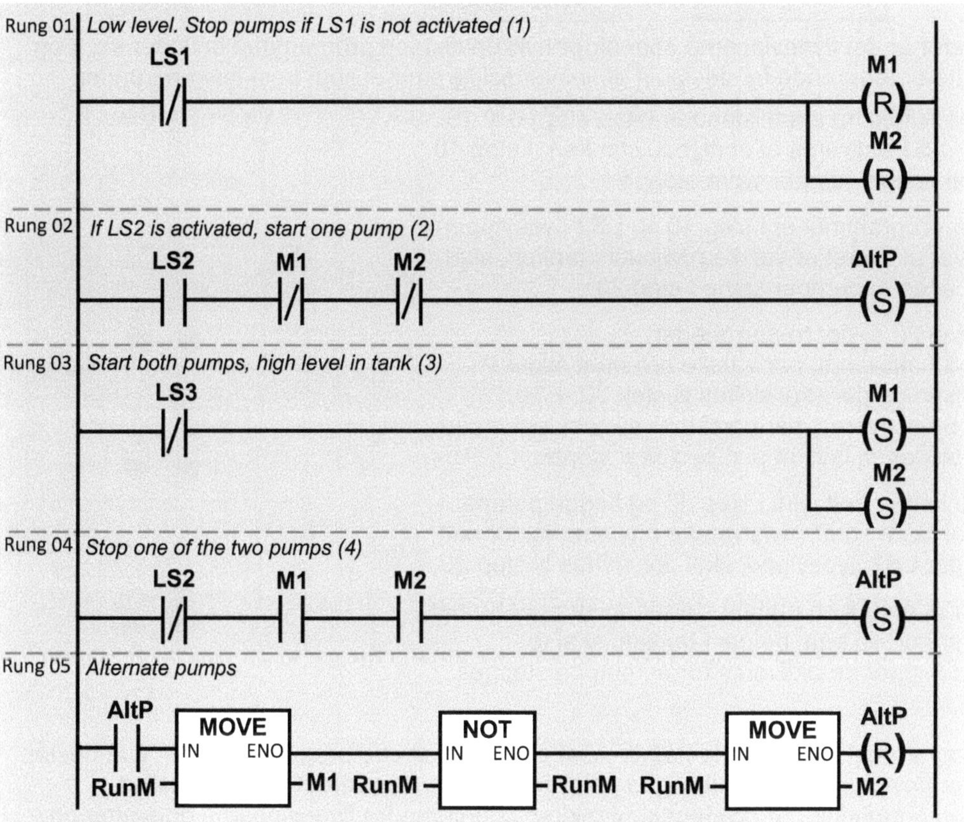

Rung 05: Netværk er tilføjet og afvikles kun når **AltP** er **TRUE.** Netværk sikre at en pumpe er i drift og der alterneres. Tilslut resettes **AltP** så netværk ikke afvikles igen.

21.5 Pumpestyring med sekvensprogrammering

Strukturen i programkoden i forrige afsnit 21.4 kan være svær at fejlfinde i og ændre. Hvis programmet opbygges som sekvensstyring efter standarden DS60848, vil programmet have en meget bedre programstruktur. Dette beskrives i dette afsnit.

Det er vigtigt at have en god forståelse for hvordan styringen virker for at opnå en god programstruktur. I denne styring er det vigtigste væske niveauet i tanken. Niveauet påvirker flydevipper og signalerne fra flydevipperne bestemmer pumpedriften:

Derfor er det flydevipperne som afgør hvilken tilstand programmet befinder sig i, og dette er afgørende for designet af sekvensdiagrammet som beskrevet herunder:

Der skiftes fra starttilstanden (start step) 0 til 10, når **LS1** aktiveres af et niveau i tanken. I step 10 skal begge pumper være stoppet.

Når programmet er i step 10 og **LS2** flydevippen bliver aktiveret af væske niveauet i tanken, skal én af de to pumper starte i step 20.

I step 20 er der to muligheder:
- **LS3** aktiveres, når væske niveauet stiger i tanken og der skal skiftes til step 30. *Eller*
- **LS1** aktiveres, når væske niveauet i tanken nu er blevet så lavt, at pumpen skal stoppe.

Tanken er helt fyldt i step 30 og begge pumper skal være i drift. Hvis væske niveauet falder ned under **LS2** flydevippe, skal der skiftes til step 20.

For at undgå en pumpe starter og stopper hurtigt efter kort tid pga. bølger i tanken, skal to flydevipper de-aktiveres før en pumpe stoppes.

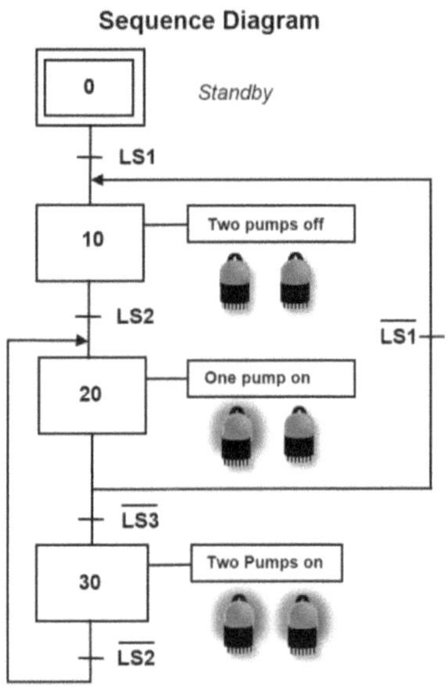

Programmet er vist på de næste sider og er opdelt i tre programmoduler. Det består at et hovedprogram **MAIN** og to programmoduler **SeqSelect** og **SeqOutPut**. Programmodulet **SeqSelect** kontrollerer signalerne fra flydevipperne og sætter programtilstanden ud fra signalerne. Programmodulet **SeqOutput** starter og stopper pumperne ud fra programtilstanden (det aktuelle step).

 © 2021 Tom Mejer Antonsen

Variabler til programmet:

PROGRAM MAIN

Scope	Name	Data type	Initialization	Comment
VAR	**LS1**	**BOOL**		Float switch (NO), placed bottom
VAR	**LS2**	**BOOL**		Float switch (NO), placed middle
VAR	**LS3**	**BOOL**		Float switch (NC), placed top
VAR CONSTANT	**STEP_0_INIT**	**WORD**	0	
VAR CONSTANT	**STEP_10_LOW**	**WORD**	10	
VAR CONSTANT	**STEP_20_MIDDLE**	**WORD**	20	
VAR CONSTANT	**STEP_30_HIGH**	**WORD**	30	
VAR	**M1**	**BOOL**	FALSE	Pump 1
VAR	**M2**	**BOOL**	FALSE	Pump 2
VAR	**RunM**	**BOOL**	FALSE	Controls the alternation
VAR	**Seq**	**WORD**	**STEP_0_INIT**	Active sequence (step) number
VAR	**Step20OneShot**	**R_TRIG**		Only alternate once

Som designmetode til sekvensprogrammeringen vælges MOVE/COMPARE designmetoden, da denne designmetode giver få Ladder symboler.

Der er benyttet konstanter **STEP_XX** til at angive de enkelte step, da konstanterne bruges to gange i programmet, og en konstant er nemt at finde i programkoden.

Programmet er opdelt i et **MAIN** program og to ACTION programmoduler, da det giver en god programstruktur:

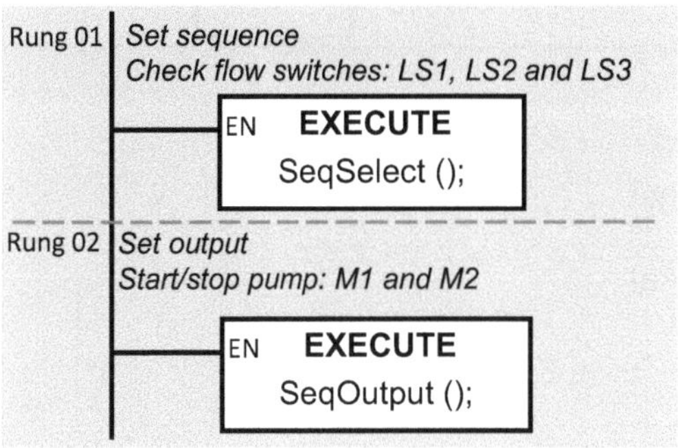

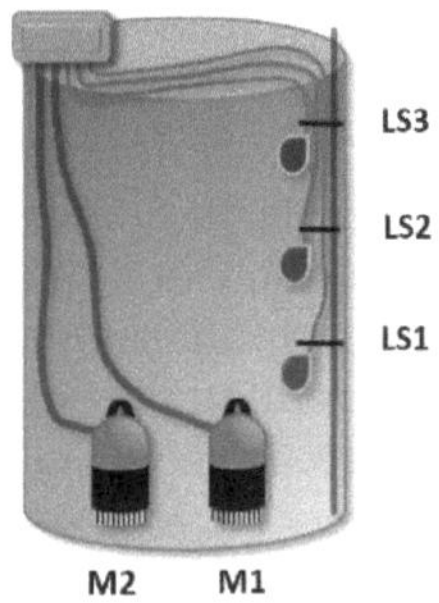

Tank med to pumper og tre flydevipper

ACTION programmodulerne deler variabler med hovedprogrammet (Main program). Der er valgt at **SeqSelect** og **SeqOutput** skal være et ACTION programmodul, for at gøre program eksemplet mere overskueligt og vise hvordan et program kan opdeles.

© 2021 Tom Mejer Antonsen

Programkode til ACTION programmodulet: **SeqSelect**:

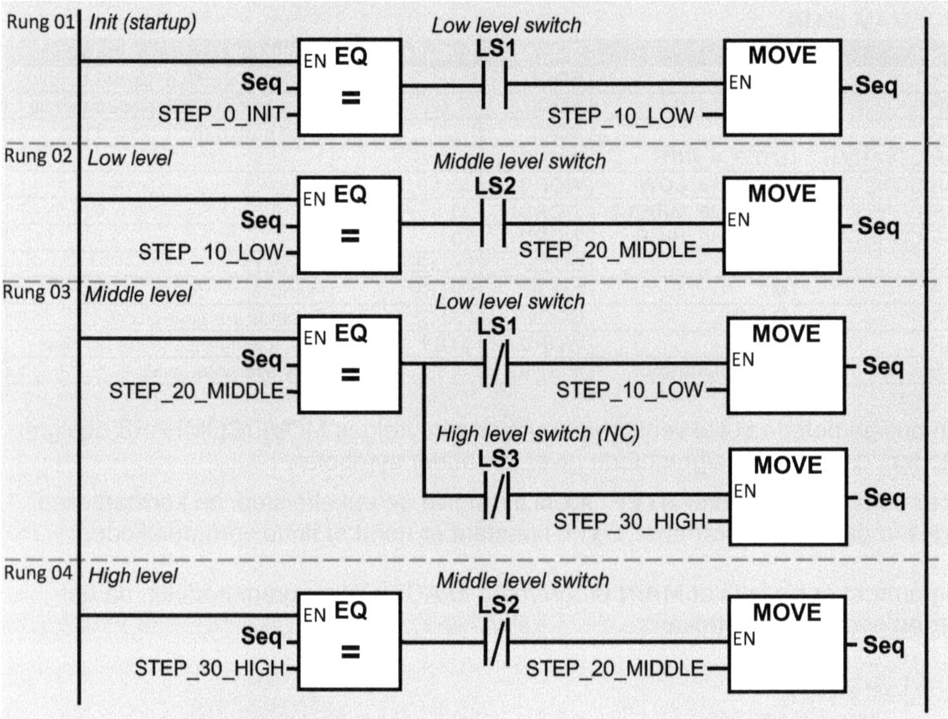

Programmodulet **SeqSelect** er opdelt i fire netværk svarende til de fire tilstande (step) i sekvensdiagrammet. Der er således en meget klar og tydelig sammenhæng mellem sekvensdiagrammet og programkoden, hvilket vil gøre det lettere for dig eller din kollega at ændre programmet på et senere tidspunkt.

Flydevipperne er overgangsbetingelse og variablen **Seq** indeholder et tal som angiver det aktive step: 0, 10, 20 eller 30.

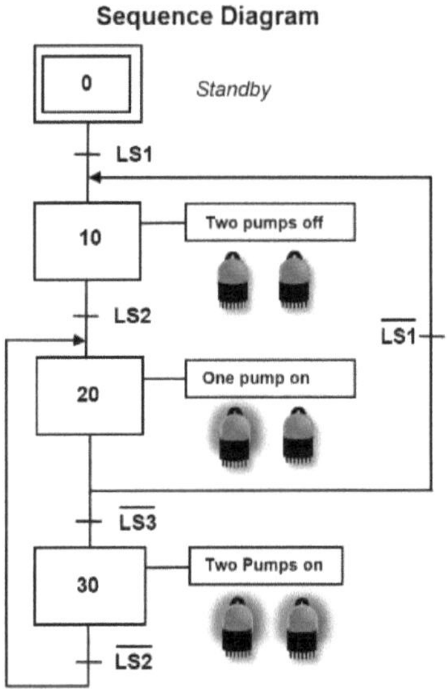

 © 2021 Tom Mejer Antonsen

Programkode til ACTION programmodulet: **SeqOutput**:

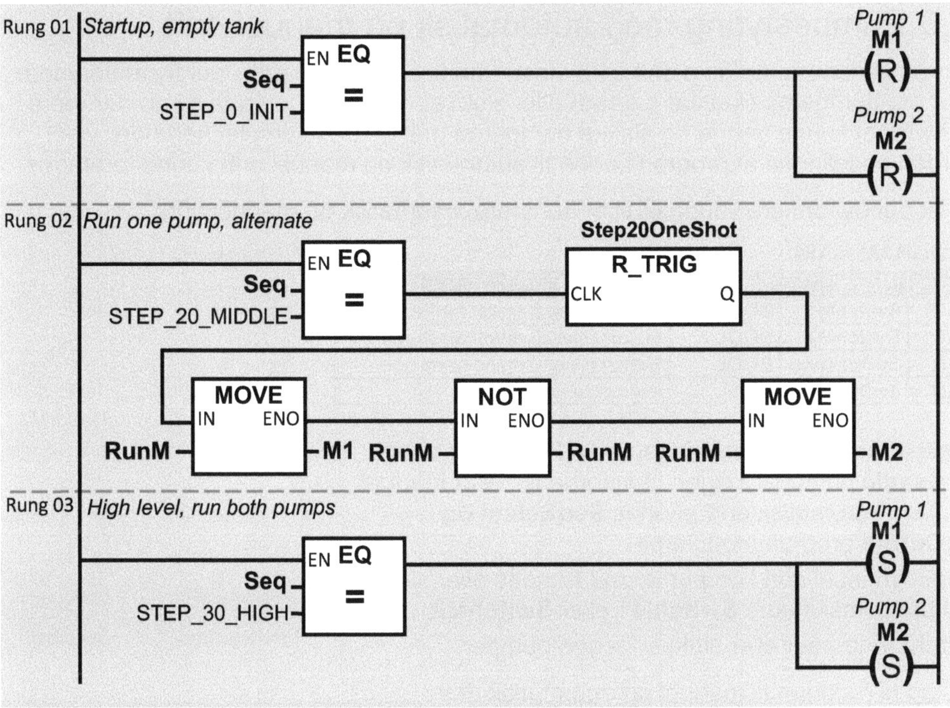

Programmodulet **SeqOutPut** til at styre udgange er opdelt i tre netværk.

Der er valgt at benytte SET/RESET på udgange, da det giver et mere overskueligt program end hvis der benyttes selvhold på udgange, når der benyttes alternering.

Rung 01 slukker begge pumper og **rung 03** tænder begge pumper.

Rung 02 indeholder programkode til alternering. Der skal være én pumpe i drift, og de to pumper skal skiftes til at være i drift. En **R_TRIG** funktionsblok sikrer at der kun alterneres én gang straks efter at step 20 er blevet aktivt.
Når der skal alterneres sættes **M1** til den værdi som **RunM** har. Det kan være **TRUE** eller **FALSE**. Herefter inverteres **RunM**, så den bliver **FALSE** hvis den var **TRUE** eller omvendt. Tilslut sættes **M2** til den inverterede værdi.

© 2021 Tom Mejer Antonsen

21.6 Pumpestyring med automatisk og manuel drift

Programkoden fra forrige afsnit 21.5 virker kun til automatisk drift, idet flydeafbrydere afgør om pumperne skal være tændt eller slukket. Ved service og test kan der være behov for at kunne tænde og slukke pumperne manuelt. Eksemplet herunder viser hvordan opdelingen af programkoden til automatisk og manuel drift kunne foretages.

Der er behov for flere variabler til at håndtere automatisk og manuel drift:

PROGRAM MAIN

Scope	Name	Data type	Comment
VAR	**SwitchM1**	**BOOL**	Manuel switch on/off for Pump 1
VAR	**SwitchM2**	**BOOL**	Manuel switch on/off for Pump 2
VAR	**SwitchAuto**	**BOOL**	Switch for automatic or manuel
VAR	**SwitchOn**	**BOOL**	Power switch on or off

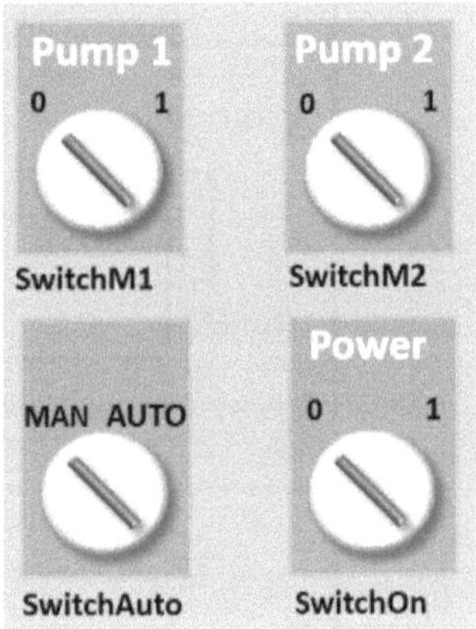

Brugeren kan via et betjeningspanel (HMI) som vist til højre sætte pumpestyringen til automatisk eller manuel drift. Ved automatisk drift afvikles **SeqSelect** og **SeqOutput** programmodulerne.

Vælges manuel drift kan pumperne tændes eller slukkes med drejeomskifterne **SwitchM1** eller **SwitchM2**.

SwitchOn tænder eller slukker begge pumper.

Forslag til program til manuel og automatisk drift:

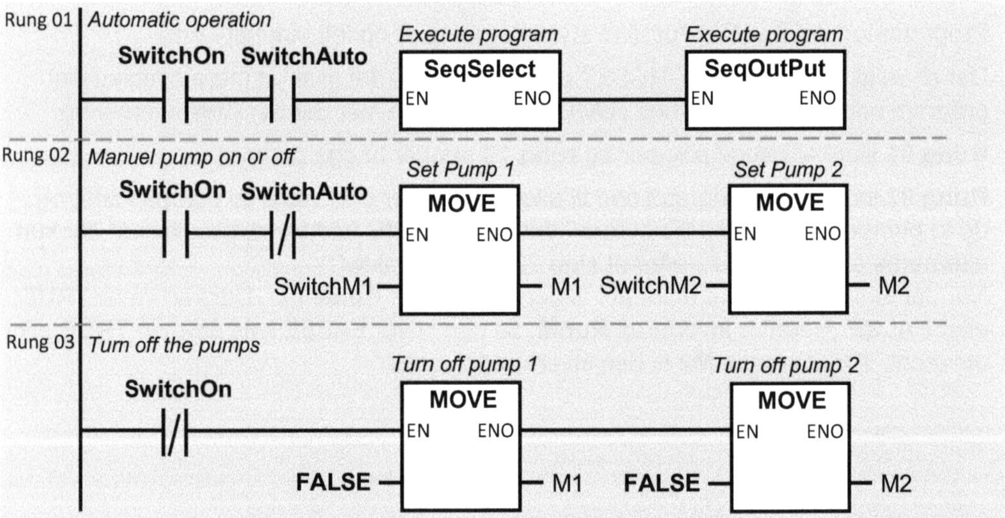

 © 2021 Tom Mejer Antonsen

21.7 Test af pumpestyring

Det er ofte vanskeligt at teste PLC kode til en pumpestyring med flydevipper, da flydevipperne bliver aktiveret ved forskellige væskeniveauer i pumpebrønden.

For at teste PLC koden på en nem måde kan væskeniveauet simuleres.

Niveauet simuleres med et sinus simuleringssignal (se kapitel 13.1.2, side 93). Dette signal skal svinge mellem lavt niveau og maksimum niveau i pumpebrønden. I dette eksempel er niveauet en værdi mellem 0 og 4000. Bliver værdien 1500 skal **LS1** aktiveres. Bliver værdien 2500 aktiveres **LS2** og ved 3500 aktiveres **LS3** som i den rigtige verden.

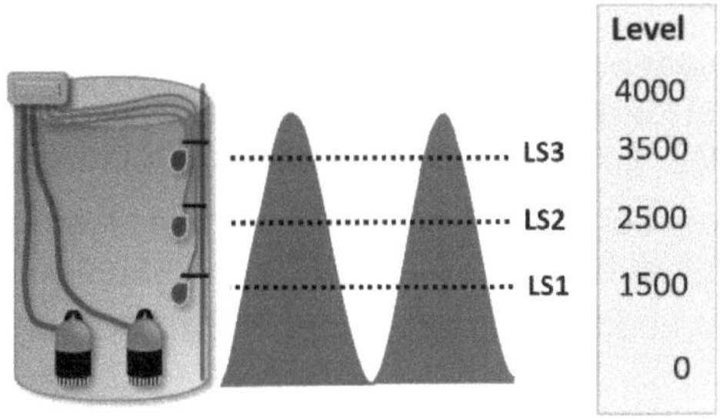

Simulering af niveauet kan udføres med dette kode:

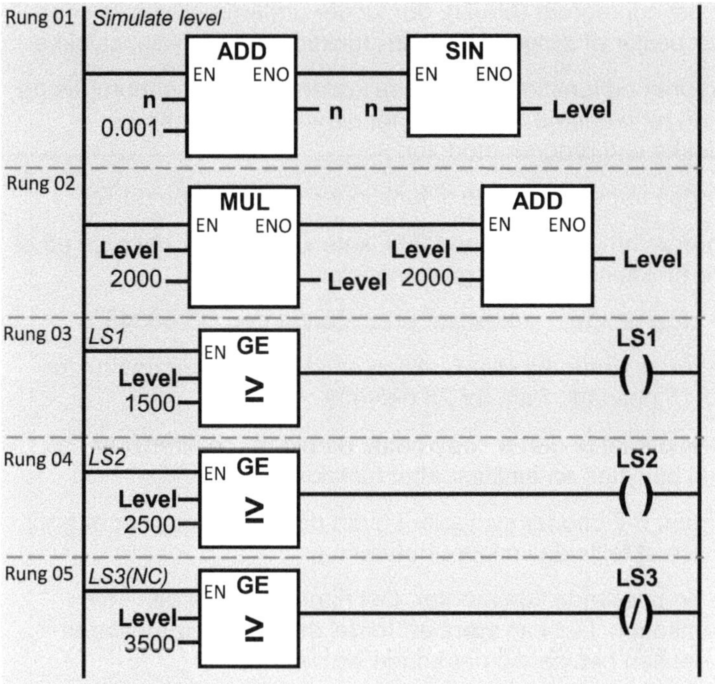

Rung 01 og **02**: Variablen **n** (**REAL** datatype) tæller 1 op for hvert programscan.

Level (**REAL** datatype) er det simulerede niveau i pumpebrønden. **Level** svinger mellem 0 og 4000.

Rung 03 til **05** består af tre logiske betingelser med et **GE** symbol, der sikrer at flydevipperne aktiveres ved de forskellige niveauer.

22 Best Practice LD-programmering

Her følger en række anbefalinger og vejledninger til et LD-program:

22.1 Undgå spaghetti kode

Spaghetti kode er en betegnelse for kode, som har en kompleks og indviklet struktur. Det kommer når der er uklar navngivning på variabler og funktioner, mange **GOTO**, **JMP**, **EXIT** rutiner eller andre ustrukturerede forgreninger i programmet.

Brug kun **GOTO** og **JMP** i særlige tilfælde (for eksempel til udvikling, fejlfinding, test eller debug). Brug af **EXIT** kan forårsage spaghetti kode.

I et Ladder program er det ikke nødvendigt at bruge **GOTO** og **JMP** rutiner.

22.2 God programstruktur

Den bedste måde at få en god programstruktur på, er ved at opdele programmet i mindre programdele. Ved at opdele et stort program i flere mindre programdele, er det muligt at have et lille hovedprogram (MAIN), der kalder underprogrammer efter behov. Underprogrammer består af programmoduler, funktioner og funktionsblokke.

Det er effektivt med funktioner og funktionsblokke, da koden nemt kan genbruges og ved rettelser, skal man kun rette et sted. Typisk er det nemmere at genbruge funktioner og funktionsblokke end programmoduler.

God programstruktur er også fornuftige navne til funktioner og programmoduler.

Har en funktion eller et programmodul mere end 20 lokale variabler, er det tegn på at koden skal opdeles i flere funktioner eller programmoduler.

Hvis det er muligt, opdel programmet i sekvenser efter standarden DS 60848.

Mere end 25 netværk i et programmodul eller funktion er ikke god programstruktur. Dog er det bedst med 10-15 netværk, frem for 25 netværk.

Hvis programkoden indeholder kode der er copy-paste (kopieret) og tilrettet er det ofte et tegn på, at der skal benyttes en funktion eller funktionsblok.

Det er bedst med maksimum 6-7 Ladder symboler i hvert netværk. Det giver et godt overblik, og det er nemmere at fejlfinde i mindre netværk.

Hvert netværk skal have en passende kommentar. Det hjælper dig og den som senere skal rette i programkoden. Det kan være en fordel at skrive kommentarer inden koden skrives, da det kan hjælpe dig når koden skrives.

 © 2021 Tom Mejer Antonsen

22.3 Brug af variabler

Meget ofte skal du beslutte, om der skal bruges lokale eller globale variabler. Brug af globale variabler er praktisk, da du kun skal erklære (oprette) dem en gang i en fælles liste. Men det giver en dårlig programstruktur og man kan komme til at bruge variablerne ved en fejl, da alle funktioner og programmoduler har adgang til dem.

Har en funktion eller et programmodul mere end 20 lokale variabler, kan det være et tegn på en dårlig struktur og programmet bør opdeles mere. Måske kan noget skrives i en funktion eller funktionsblok og genbruges i andre programmer.

Variabler skal have tilføjet en kommentar, hvor variablen er oprettet.

Variabler skal have et navn som passer til det variablen skal bruges til.

Benyt altid en datatype til variablen som har en passende størrelse. Det begrænser brugen af hukommelsen og giver et hurtigt program. Den hurtigste datatype for en PLC at arbejde med er en **INT** datatype, da den passer til CPU størrelsen.

Brug kun de mest almindelige datatyper (**INT**, **REAL**, **BOOL**) til variabler, så er det nemmere på et senere tidpunkt at benytte programkoden i en anden type PLC.

Vær opmærksom på at enkelte PLC typer bruger en hel **INT** i hukommelsen, selvom en variabel er oprettet som en **BOOL** datatype. Det giver derfor ikke nogen besparelse i brug af hukommelsen at bruge en **BOOL** i den PLC type.

22.4 Kode til og fra internettet

Den bedste ven, når man programmerer, kan være google. Der findes meget kode på nettet. Det største problem er at finde brugbar kode. Nogle gange tager det længere tid at finde noget, der kan bruges og koden har ofte fejl. Det gør at man nogle gange kan skrive koden hurtigere selv. Der kan være copy-right på koden der findes på nettet, som gør at du ikke må bruge den, hvis du eller dit firma tjener penge på det program, du er ved at skrive.

En anden udfordring når man finder kode på nettet, er at navne på variabler og strukturer ofte ikke følger den standard og navngivning du har valgt i dit program. Ofte får man ikke lige rettet navne og samlet set, har man måske brugt mere tid på at finde kode, fejlrette og tilpasse det, end den tid man kunne bruge på at skrive koden selv. Pas på med selv at lægge din egen kode på internettet hvis du er ansat i et firma, da koden er firmaets ejendom og det kan betegnes som tyveri.

Undersøg også dit firmas politik omkring det at kommentere og debattere andres kode og programmerings-løsninger på nettet, så der ikke senere opstår problemer. Det kan også være i strid med funktionærloven, idet du yder en ydelse for andre, som ikke direkte skaber værdi for den virksomhed, hvori du er ansat.

© 2021 Tom Mejer Antonsen

22.5 Checkliste til en god programstruktur

Her er en checkliste du kan bruge til at kontrollere, om det færdige program har en god programstruktur. Det er således en opsummering af anbefalingerne:

- ☐ Variabler har fornuftige navne.
- ☐ Alle variabler har en kommentar.
- ☐ Variabler med værdier (f.eks. hastighed eller temperatur) har en enhed.
- ☐ Ubrugte variabler er slettet.
- ☐ Ingen variabler er markeret med røde eller blå bølgelinjer.
- ☐ Max 20 variabler i hver funktion, funktionsblok og programmodul.
- ☐ Funktioner, funktionsblokke og programmoduler har fornuftige navne.
- ☐ Maksimum 25 netværk i hver funktion, funktionsblok og programmodul.
- ☐ Maksimum 7 Ladder symboler i hvert netværk (rung).
- ☐ Der er en relevant kommentar på hvert netværk (rung).
- ☐ Inaktive (ubrugte) netværk (rung) er slettet.
- ☐ Rutediagram og/eller sekvensskema er rettet så det ligner programkoden.
- ☐ Ved beregninger bliver der ikke foretaget division med nul (0).
- ☐ Udgangssignaler er sat til nul ved opstart, så intet udstyr starter op ved en fejl.
- ☐ Testkode, simuleringsværdier og debug kode er fjernet.
- ☐ Tællere og timere har fået den værdi, der skal bruges i det færdige program.
- ☐ Der er benyttet konstanter til faste værdier, der optræder mere end en gang.
- ☐ Tæller værdier har en datatype, så styringen kan køre i 20 år.
- ☐ Ingen brug af **JUMP** og **GOTO** rutiner i programkoden.

 © 2021 Tom Mejer Antonsen

23 Arbejde med programmeringsopgaver

Dette er en guide der kan være en hjælp, når der skal løses programmeringsopgaver.

1) Opstart

Læs opgaven. Gerne flere gange. Det er vigtigt kun at løse det som opgaven beskriver og ikke mere end det, da der ofte er en kunde som skal bruge løsningen og de vil ofte ikke betale for mere. Hvis der løses mere end opgaven beskriver, vil programmet have flere fejl og fejl opleves som dårlig kvalitet.

Hvis opgaven ikke er fuldstændig beskrevet, er det vigtigt at undersøge de uklarheder der er. Dette kan skrives i et dokument, så der er et samlet overblik over, hvordan styringen skal virke. Dette dokument kaldes for funktionsbeskrivelse eller styringsbeskrivelse. Et godt dokument til at fastholde viden, fremvise til kunden og beskrive hvad der skal programmeres.

2) I/O-liste

Udarbejd en I/O-liste. Sæt dig ind i hvad de enkelte sensorer og instrumenter skal måle og hvordan de virker. I/O-listen er et vigtigt redskab både under udviklingen af styringen, idriftssættelse og den senere vedligeholdelse og måske senere udvidelse. Det er vigtigt at I/O-listen er mere end 95% korrekt inden programmeringen begyndes, da ændringer i I/O-listen har indvirkning på programmeringen og den efterfølgende test.

Lav fornuftige navne til variabler/TAGS allerede i I/O-listen, da de navne er gennemgående for hele projektet og I/O-listen er en del af dokumentationen. Indeholder opgaven, diagrammet eller dokumentationen allerede fornuftige navne benyttes disse for at sikre genkendelighed, og det er senere nemme at fejlfinde i PLC-koden.

© 2021 Tom Mejer Antonsen

3) HMI

De fleste styringer indeholder en brugerbetjening. En brugerbetjening består af HMI (skærmbilleder) og måske elektriske on/off – kontakter og lamper. Lav skitse forslag på papir over, hvordan skærmbilleder kunne se ud. Vis de forslag til kunden/brugerne eller en kollega for at få feedback. Det er tidsmæssig krævende senere at skulle rette i billederne, så derfor er det vigtigt at billeder er så korrekte som muligt, *inden* du starter konfigurationen af HMI.

Der kan med fordel udarbejdes en liste over hvilke variabler/TAGS der skal udveksles (flyttes mellem) mellem HMI og PLC-programmet, da denne interface beskrivelse altid giver et godt overblik. Det er ikke sikkert, at det er den samme person som koder HMI og PLC, så listen er en god guide for begge personer.

4) Rutediagram (Flowcharts)

Udarbejd rutediagram for de komplekse programdele, så du får en god fornemmelse af hvordan styringen skal virke. Rutediagram er en god guide til dig selv og andre, der har behov for at forstå programmet og hvordan det virker.

5) Program design fase

Inden programmeringen starter kan man med fordel udarbejde en design skitse på papir. Denne skitse indeholder de forskellige programmoduler, funktioner og funktionsblokke. Det kan minde lidt om flowcharts (rutediagram). Det er muligt at bruge flowcharts til beskrivelsen, og det kan ses som en program design fase. Her fastsættes også navne på programmoduler og funktioner med en kort beskrivelse af hvert programmodul, funktion og funktionsblok. Det kræver en del erfaring at kunne designe et helt program inden programmeringen starter, og derfor kan man med fordel bruge bottom-up metoden, som er beskrevet under næste punkt.

 © 2021 Tom Mejer Antonsen

6) Programmering

Der er 2 muligheder når programmeringen skal starte. Det er top-down metoden eller bottom-up. Top-down er mere for de erfarne programmører, så her beskrives kun bottom-up metoden.

Bottom-up går ud på, at man skriver PLC-kode til de små program stumper, man ved man skal bruge. Man starter så at sige, med det man kan overskue. Har styringen f.eks. en lampe, der skal blinke, skriver man et stykke PLC-kode som kan blinke. Efterhånden har man en række små velfungerende stykker PLC-kode, – små byggeklodser. Undervejs får man en del læring og får mere og mere en fornemmelse af, hvordan hele programmet skal virke. Tilslut er det nemmere at sætte de små program stykker sammen til det færdige program. HMI kan med fordel bruges undervejs til at teste de små program stykker, så man er sikker på, at de små program stykker virker, inden de sættes sammen til det store færdige program. Det er mere vanskeligt, at få det samlede program til at virke, hvis mange af de små program stykker ikke virker og fejlfinding i et stort program, er meget sværere end at finde fejl i små program stykker. Test af de små program stykker kaldes ofte modul test og hvordan de er testet, kan med fordel dokumenteres med f.eks. screen dumps af det kørende program, så man kan dokumentere over for sig selv eller andre, at det virker.

Det kan være en hjælp, at man arbejder med to projekter (i PLC-udviklings-værkøjet) på samme tid. Et projekt som bliver den færdige løsning og et projekt som er til afprøvning (sandkasse) af forskellige små program stykker. Man afprøver således små løsninger i et projekt og når løsningen virker kopieres (copy paste) løsningen (eller koden skrives igen, for at have en pæn struktur) over i det færdige projekt.

Et PLC-udviklingsværktøj der afvikles i et Windows miljø, kan gå ned med en run-time error (eller blue screen of dead), og derfor er det en god idé at gemme PLC-koden ofte. Det er bedst at gemme hver gang, man har noget PLC-kode som virker, som man kan gå tilbage til, hvis uheldet skulle være ude og projektfilen bliver ødelagt.

Hvis man er i tvivl om, hvordan enkelte små programmer skal implementeres kan man bruge google til at få ideer. Der findes mange løsninger på nettet, som man kan få inspiration fra. Men nogle gange, kan man bruge mere tid på, at finde noget på nettet man kan bruge, frem for at prøve at kode det selv.

Husk, hvis du har problemer med noget, så lad være med at bruge så meget tid (max 15 min). Gå videre med andre opgaver og spørg support, google eller en kollega om problemet, så du kan udnytte din tid bedst muligt. Ofte er det en lille ting i programmeringen du har overset – eller som mangler i manualen og kan du ikke løse det inden for 15 min. har du sikkert heller ikke løst det inden for 60 min.

© 2021 Tom Mejer Antonsen

24 Blokdiagram

Et blokdiagram er en grafisk metode, der med kasser og linjer beskriver en kompleks løsning eller sammenhæng. Der skal ikke være nogen nøjagtige detaljer.

Et blokdiagram er et rigtigt godt værktøj til at beskrive sammenhængen mellem programmoduler i et PLC program eller sammenhængen mellem de komponenter, der indgår en automationsløsning.

Brug af blokdiagram

Blokdiagrammets kan bruges til at forklare og beskrive virkemåde, så virkemåde kan forstås af kunder, kollegaer og andre der har en interesse i styringsløsningen.

Blokdiagrammet gør det også muligt at vise hvordan løsningen opdeles i mindre enheder (som evt. kan programmeres af forskellige personer), men frem for alt giver det et godt overblik for en selv. Teknisk set kan de enkelte "kasser" i blokdiagrammet indeholde delfunktioner, som hver for sig løser et eller andet problem fra funktionsbeskrivelen, men det er ikke altid man kan dele det op på denne måde.

Start med et blokdiagram, der viser hele løsningen. Lav det første overordnede blokdiagram rimeligt simpelt, tænk på at det er det første læseren ser af ideerne omkring løsningen. Senere kan blokdiagrammet opdeles endnu mere i et nyt blokdiagram – igen for at bevare overskueligheden.

På den måde understreges den logiske sammenhæng, som skal gælde lige fra projektets indledning til den sidste konklusion.

Eksempel 1 – PLC Hardware

Herover ses 3 blokke der er forbundet med linjer. Det viser sammenhængen mellem sensorer, indgangsmodul og PLC. Der er flere sensorer på en styring, men de er her samlet i én blok for at gøre det overskueligt

Der benyttes firkanter, hvor hver blok har en lille tekst, som angiver hvilken del blokken omhandler.

Hvis der er signaler mellem blokkene, kan signalretningen angives med en pil. Herunder er det vist at signaler fra sensorerne går ind til PLC. Selv om pile her kan virke logisk for mange, så er det medvirkende til at forstå sammenhængen:

 © 2021 Tom Mejer Antonsen

Eksempel 2 – Programmoduler

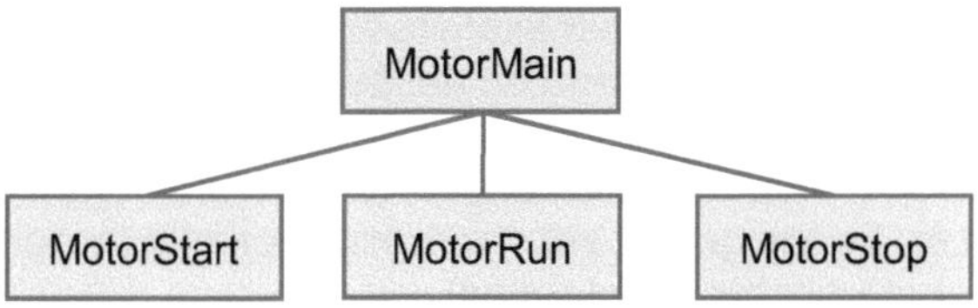

Herover ses 4 blokke der er forbundet med linjer. Dette viser programstrukturen for et PLC program bestående af 4 programmoduler. Blokdiagrammet viser at **MotorMain** programmet, foretager programkald til 3 andre programmoduler. Dette giver læseren et hurtigt overblik over hvordan programmet er sat sammen.

For at give flere detaljer og et bedre overblik til læseren kan der oprettes en tabel, der beskriver formål og virkemåde for de enkelte programmoduler, som vist herunder:

Modul navn	Beskrivelse
MotorMain	Dette er hovedprogrammet.
MotorStart	Dette programmodul har til formål at starte motoren, hvis motoren ikke er i alarm eller slukket. Motoren starter langsomt op og programmodulet sørger for at motoren får den ønskede hastighed
MotorRun	Dette programmodul sikrer at motoren kører den korrekte hastighed
MotorStop	Programmodul som stopper motoren

Blokdiagrammet og tabellen er god design dokumentation og hjælper en når PLC programmet skal skrives og senere ændres.

Hvis blokdiagrammet er svært at tegne er der ofte noget galt med strukturen i programmet og opdelingen af moduler og funktioner. Et pænt overskueligt blokdiagram giver ofte en god struktur på PLC programmet.

Når moduler defineres kan det være en fordel at benytte en tabel, som beskriver hvilke variabler de enkelte moduler kan bruge for at kommunikere med hinanden. Den bedste program struktur opnås, når kun et programmodul deler variabler med et program som ligger under. Derfor bør **MotorRun** ikke direkte dele variabler med **Motorstop**, da det kan give en dårlig programstruktur.

Eksempel på fælles variabler:

Navn	Datatype	Kommentar
RunFlag	**BOOL**	**TRUE** hvis motor kører. **MotorStart** sættes **RunFlag** til **TRUE** og **MotorStop** sættes til FALSE
MotorSpeedPrc	**WORD**	Hastighed på motor i procent. Interval 0 til 100

Eksempel 3 – System løsning

Der er ikke nogle regler for at alle kasser skal være firkantede. Hvis det giver mere mening at bruge en anden illustration end en kasse, så skal man gøre det. Herunder er vist en PLC og en PC der begge er forbundet til Internettet. Internettet er tegnet som en sky. Der er tilføjet "internet" inde i skyen, for at være helt sikker på at læseren er klar over hvad det er. Tegningen er enkel, så derfor er ikke muligt at se om forbindelsen til internettet er med kabel eller trådløs:

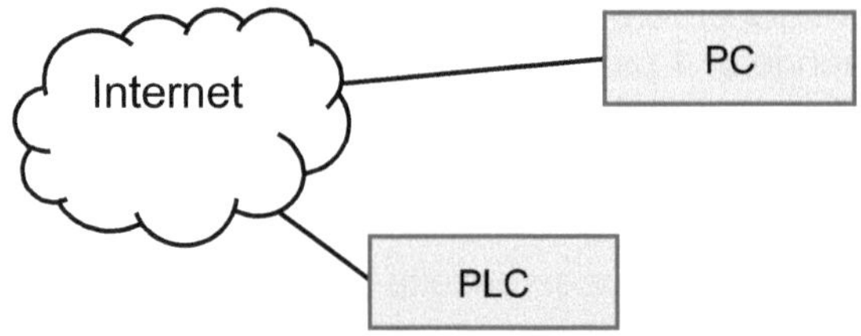

Eksempel 4 – Netværk

Når styringen består af flere enheder som f.eks. en frekvensomformer (VFD) til at styre hastigheden på en motor og en skærm til brugerbetjening (HMI), og disse er forbundet gennem et netværk, er det en fordel at tegne det som et blokdiagram og skrive hvilke IP numre de enkelte enheder har, som vist herunder:

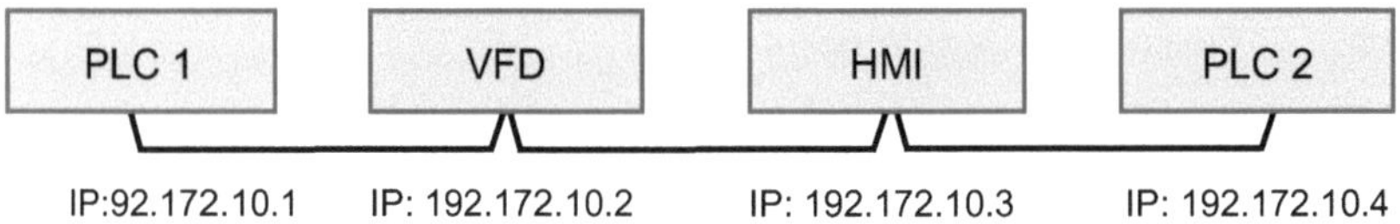

Den store streg er netværksforbindelsen mellem enhederne. Den er tegnet på den måde kablet er fysisk forbundet. PLC 1 sidder således først på kabelforbindelsen, og PLC 2 sidder sidst på forbindelsen. Det giver flere detaljer på blokdiagrammet at tegne hvordan kabel er forbundet, og man skal altid overveje hvor mange detaljer der skal være i et blokdiagram.

Blokdiagrammet kan således tegnes mere simpelt:

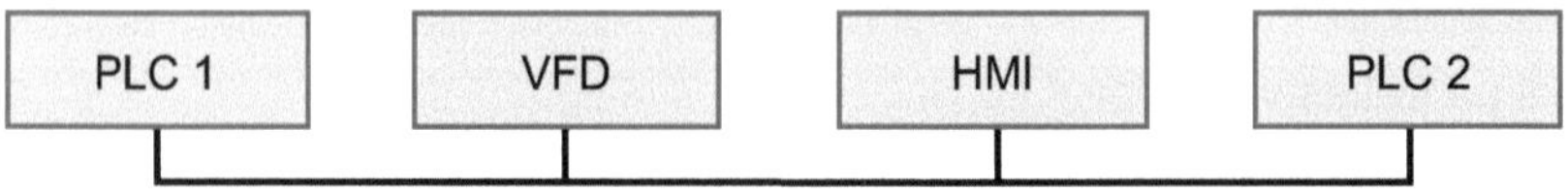

Dette blokdiagram indeholder ikke mange detaljer, hvilket bevirker at der skal tegnes endnu et blokdiagram hvor kabelforbindelser og IP (adresser på netværk) vises.

 © 2021 Tom Mejer Antonsen

Værktøjer

Mange programmer kan bruges til at tegne et blokdiagram. Der findes både gratis programmer og programmer som du måske allerede har installeret på din PLC.

Husk at bruge et program, som de du arbejder sammen med, også har adgang til, så det ikke kun er dig som kan rette i blokdiagrammerne.

Tips til et godt blokdiagram

Husk, at formålet for blokdiagrammet, og i øvrigt for alle illustrationer, tidsdiagrammer og tabeller er at fremme forståelsen for læseren, kollegaen eller kunden, og derfor skal alle disse dele også være læsevenlige.

Et blokdiagram læses altid fra venstre mod højre og oppe fra og ned.

Placer altid blokdiagrammet så det er vandret og med en skriftstørrelse, så man ikke skal vende skærmen og zoome ind og ud.

Placer altid den beskrivende tekst på samme side som blokdiagrammet.

En god håndregel er, at hvis man har mere end 6-8 blokke i sit blokdiagram, så skal man opdele det i flere blokdiagrammer. Man kan godt selv overskue det, fordi man kender udviklingen i det, men det vigtige er at **læseren** kan overskue det.

Det skal også nævnes, at det *ikke* handler om, at du skal vise hvor god du er til at lave illustrationer med farver og kreative tegninger. For mange forskellige kassestørrelser, skygger, 3D effekter og mange forskellige farver er bare med til at gøre mere skade end gavn. Det tager også længere tid at tegne, når du skal afprøve alle de forskellige funktioner et moderne tegneprogram tilbyder.

Det ser godt ud at bruge samme farver, streg størrelser og layout til alle illustrationer i hele sin rapport. Det kan være udfordrende, når flere skriver på den samme rapport, men det ser professionelt ud at blokdiagrammer i hele rapporten er tegnet i den samme stil.

Det kan tage tid at tegne et pænt blokdiagram. Specielt hvis man ikke tidligere har tegnet mange blokdiagrammer. Men det hjælper en selv i design af løsningen og efterhånden bliver man bedre og bedre til at tegne et blokdiagram.

Et tips er at starte med at tegne blokdiagrammet på et papir, da det er hurtigt og man ikke skal bruge tid på at lære tegneprogrammet at kende samtidig med at løsningen gennemtænkes og designes.

Et blokdiagram hjælper dig også når der skal skrives en rapport, da du har noget at kikke på mens du skriver.

Husk at hvis et blokdiagram er grimt og uoverskueligt, så tænker mange at sådan er din løsning sikkert også.

© 2021 Tom Mejer Antonsen

25 Stikordsregister

%

%IX1.0; 41
%QX0.0; 41

1

10 talsystemet; 39
12 bit; 20; 42
16 bit; 20; 38
16-tal system; 35

2

2#; 95
2-tråds sensor; 20
2-vejs kontakt; 152

4

4-20 mA; 20; 23; 153

7

7 betydende cifre; 38

A

ABS Absolut værdi; 90
ACTION; 125; 133
ADD - lægger to tal sammen; 82
Addition; 82
adresse; 41
afrundingsfejl; 23; 77
Afvikling af PLC program; 65
afviklingsprioritet; 29
AI - Analog Input; 20
aktuator; 19
Alarm overvågning; 117
Alarm tekster; 47
AlarmFlag; 117
alternerende drift; 195
ALU (matematik processor); 28
Amount; 48
analog indgangsmodul; 20
Analog to Decimal Converter; 21
analog udgangsmodul; 23
Analogt signal; 10
AND; 94
ANSI/ISA-88; 47
anvende funktioner; 140
AO - Analog Output; 23
automatisk drift; 202

B

Baggrund for LD; 6
BCD; 36
beskyttelserelæ; 24
big data; 9
Binær tal; 36
binære talsystem; 34
Bit Shifts; 100
black-boks; 145
Boolean; 36
boote; 31
Buttom-up; 145
byte; 34

C

CamelCase; 44
CLK (digitalt ur); 28
Clock **W**ise; 54; 64
compile; 27
CONSTANT; 41; 49; 150
Contactor relay; 24
copy-right; 205
Counter **C**lock **W**ise; 54; 64
CPU; 15; 21; 28; 123
CTD; 106
CTU; 106

 © 2021 Tom Mejer Antonsen

CTUD; 106
cylinder; 74; 117; 167

D

DAC – Digital Analog Converter; 23
data kommunikation; 31; 38
datablad; 17
datatype; 36; 84; 88
DATE; 37
DCS; 10
debug; 122
Decentral **C**ontrol **S**ystem; 10
decimal; 34;36
decimal tal; 88
Digital indgangsmodul; 15; 16
Digital Input; 16
Digital Output Module; 18
Digital udgangsmodul; 15
Digitalt signal; 10
Digitalt udgangsmodul; 18
DINT; 36
direkte adressering; 42
Distribueret IO; 15
DIV - dividerer et tal med et andet tal; 82
Division med 0; 85
Dobbelt Float; 37
Dosering af kemikalier; 156
drejekontakt; 11; 58
DS 60848; 204
DS 81346; 46
DS/EN 61131-3; 7
DS60848; 187; 198
DWORD; 36

E

El-diagram tegninger; 45
elektrisk aktuator; 19
Elementære datatyper; 36
el-skab; 15
embedded computer; 38
EN; 76; 147
EN 61131-3; 6
EN60848; 174
Enable; 76
END_VAR; 41
enhed; 48
enkoder; 110
ENO; 76; 147
EQ =; 76
EXECUTE symbol; 128
Exponent; 82

F

F_TRIG; 102
Fahrenheith; 48
faldende flanke; 103
FALSE; 10; 32; 34
Fasthold værdi efter strømsvigt; 41
FBD; 6
feedback signal; 19
fejlfinde; 27
fieldbus; 15; 26; 31
firmware; 31; 32
flag; 32; 69; 127; 197
Float; 37
flow måler; 12; 22
flowchart; 50
Flydevipper; 194
forsinket frafald; 113
forsinket tilkobling; 113
framework; 28
frekvensomformer; 13; 25; 64; 118
FUNCTION; 148
Function Block; 6
Funktion (FC); 142
funktioner; 40; 140
funktions blokke; 46
Funktionsblok (FB); 142
funktionskald; 140

G

GE >=; 76; 77
global variabelliste; 124
globale variabler; 40; 205
GOTO; 204
grader celsius; 48
GRAFCET; 161
GT >; 76; 80
GVL; 125

© 2021 Tom Mejer Antonsen

H

hardware (HW); 24; 31
heartbeat; 86
heltal; 21; 88
Heltal uden fortegn; 36
hex; 35; 36
hexadecimale; 35
High Speed Counter module; 22
high speed udgangsmodul; 156
HMI; 40; 202; 208
hovedprogram; 122
hukommelsen; 33
højniveau programmeringssprog; 7

I

I/O liste; 207
IEC 60848; 161
IEC 61131-3; 36; 161
IEC time; 37
IEEE Floating; 37
IL; 6
Indgangssignal; 13; 57
Indholdsfortegnelse; 1
indputparametre; 153
initialisere; 32
Instruction List; 6
Instruktionsliste; 6
INT; 36
Integer; 36
Interlock, 73
Internettet; 205
IO adresse; 41
IO-kort; 42
IO-listen; 47
IO-modul; 15
ISO 5807; 50

J

JMP; 204

K

Kant trig; 102
KEEP; 66
Kode genbrug; 146
kommatal; 34
konfiguration; 25
Kontakt symbol; 57
kontaktor; 24
kontaktsæt; 24
kvadratroden; 90

L

Ladder Diagram; 6
LADDER-programmering; 7
lampeblink; 166
lampetårn; 13; 18; 158
Latch; 62; 66
LD; 6
LE <=; 76; 77
LIMIT; 97
lineær; 23
lineær skalering; 21; 153
Logik; 94
Logiske operatorer; 76
lokale variabler; 125; 143; 204
LREAL; 37
LT <; 76; 76
LWORD; 37
lys diode; 14; 16; 18; 19

M

Main; 122
mappings-tabel; 42
matematik funktioner; 82; 90
MAX; 96
mekanisk vippearm; 16
MIN; 96
mixer; 116; 186
MOD; 82
motor; 23; 24; 75; 98; 118; 152
Motor værn; 24
MOVE; 99; 101
MOVE/COMPARE; 172
MUL - ganger to tal sammen; 82
mulitimeter; 16
MUX; 97; 99
måleområde; 21; 150

 © 2021 Tom Mejer Antonsen

N

N kontaktsymbol; 103
navngivning; 43
navngivningsmetoder; 45; 47
NC kontakt; 62
Negated Coil; 57
Negated contact; 57
Negative Transistion Contract; 103
netværk (Rung); 67
niveau sensor; 71; 112
niveaukontakt; 79
Niveaumåling; 150
Niveaustyring; 115
normal lukket kontakt; 67
normal åben kontakt; 67
Normally **C**lose (**NC**); 17; 24; 71
Normmaly **O**pen (**NO**); 17; 57; 71
NOT; 94
NPN sensor; 17
Nødstop; 8; 183

O

OEE værdier; 146
OFF signal; 11
Off-delay timer; 103; 113
omdrejninger pr. minut; 25
omregning mellem de 2 temperaturer; 148
ON signal; 13
on/off sensorer); 16
On-delay timer; 113
One Shot; 102
OR; 94
OSR; 102; 113
Overgangsbetingelse; 162
overløb; 39

P

P kontaktsymbol; 103
PAC - **P**rogrammable **A**utomation **C**ontrollers; 27
parallel forbindelse; 61
paramenterbare blokke; 140
parametre; 140
Pascal Case; 44
PERSISTENT; 41
PI; 49
PLC; 5; 10; 14; 27; 37
PLC Hardware; 14
PLC IO-kort; 42
PLC program; 140
PLC programmeringsværktøj; 27
PLC scan-time; 29
PNP sensor; 17
Positive Transistion Contract; 103
potmeter; 12
POU; 125; 135
produceret på et minut; 120
produktionslinje; 10
PROGRAM; 125
Program **O**rganisation **U**nit; 135
programmoduler; 122
programscan; 33; 86
programstruktur; 122; 124; 146
PSU – **P**ower **S**upply **U**nit; 14
pulstog; 22; 156
Pulse **W**ide **M**odulation; 156
Puls-Pause; 156
Pulssignaler; 22
pumpe; 13; 80
pumpestyring; 194

R

R_TRIG; 102
RAM (hukommelsen); 28
Rampestyring; 118
REAL; 37
realtid; 29; 121
relæ; 24
relæ udgang; 18
Reset Coil; 66
RESET udgangssignal; 66
RETAIN; 41; 42
retur parameter; 148
Robot controller; 126; 139
robotarm; 92
Robotstyring; 126
ROL; 100
ROR; 100
RUN mode; 63; 69
run time error; 31; 144

© 2021 Tom Mejer Antonsen

RunBit; 129
Rung; 67
rutediagram; 50; 208

S

S5TIME; 37
S88 standarden; 47
sammenligne to værdier; 76
SCADA; 45
scan-tid; 29; 31; 121; 123
scope; 40
sekvens; 160
Sekvensdiagram; 160
sekvenskæde; 164
sekvensprogrammering; 160
sekvensstyring; 174
sekvenstrin, step; 162
sekventielt; 187
SEL, valg mellem to værdier; 96
selvhold; 62; 73; 81
sensor; 11; 32
Sequencer; 160
Sequential Function Chart; 6
serieforbindelse; 60; 95
Set Coil; 66
SET udgangssignal; 66
SET/RESET; 66; 67; 69; 72
SetPoint; 78
SFC; 6; 161
SHL; 100
SHR; 100
sikkerheds PLC; 8
Simulering; 203
simuleringssignaler; 93
Sink input module; 23
Sink output module; 23
Sinkning Input Module; 17
Sinus funktion; 91
skalering; 153
skifteregister; 101
Snake_case; 45
soft PLC; 27; 41
Source input module; 17, 23
Source output module; 23
Spaghetti kode; 204
SQR - beregner x^2; 90
SQRT - kvadratroden; 90
standard forkortelser; 45
Startkontakt; 17; 183
Statemachine; 160
statiske data; 142
stigende flanke; 102
Stop kontakt; 17
STOP mode; 31
store og små bogstaver; 43
Struktureret tekst; 6
strømforsyning; 14; 15; 16
strømveje; 8
styreskab; 6
styre-strømsskema; 8
styringsbeskrivelse; 50; 183; 207
subrutiner; 140
Subtract; 82

T

TACHO HOURS; 39; 142
TAGS; 32; 43; 45; 207
tank; 70; 115; 150
tankstyring; 186
temperatur sensor; 12
test; 93
Tidsrelæ; 113
tilbagemeldingssignal; 19
tilstande; 160
TIME _OF_DAY; 37
TIME/DATE; 39
TimerOn delay; 112
Titalssystemet; 34
TOF; 112
Toggle Switch; 152
TON; 112
Tooltip; 44
Top-down; 145
totalssystemet; 34
trafiklys; 87
transportbånd; 11; 52; 54; 64; 69; 101; 108; 110; 126; 170; 174
TRUE; 10; 32; 34
trykkontakter; 11; 62: 67
tryksensor; 12
tællefunktion; 106

 © 2021 Tom Mejer Antonsen

U

Udfordringer ved LD-programmering; 9
udgangssignal; 13; 57
Ugyldige tegn; 43
ULINT; 37
Ungarsk Notation; 44
Unit; 48
UNKEEP; 66
UnLatch; 66

V

VAR; 40
VAR_GLOBAL; 40
VAR_IN_OUT; 40
VAR_INPUT; 40
VAR_OUTPUT; 40
variabel overløb; 84
variabel navne; 43
variabel scope; 40
variabler; 32; 40; 43
varmeelement; 78
ventil; 70
ventilator; 98; 114; 168; 169
VFD – **V**ariable **F**requency **D**rive; 25
virkemåde for en PLC; 30
volumen; 83

X

XOR; 94

© 2021 Tom Mejer Antonsen